全国高等职业教育规划教材

移动通信基站工程与测试

主编 卢敦陆 高 健

参编 邱小群 文 海

机械工业出版社

本书采用基于工作过程的方式编写。根据移动通信技术典型岗位的工作过程，全书通过 8 个学习情境，重点介绍 2G、3G、4G 移动通信技术、基站配置及测试优化的基本知识和技能，内容由浅入深，图文并茂，同时结合通信企业工程案例，引入行业规范。

本书可以作为通信类高职高专院校的教材，也可供相关通信领域技术培训及工程技术人员学习参考。

本书配套授课电子课件、习题答案等资料，需要的教师可以登录 www.cmpedu.com 下载，或联系编辑索取（QQ：1239258369，电话：010-88379739）。

图书在版编目（CIP）数据

移动通信基站工程与测试/卢敦陆，高健主编. —北京：机械工业出版社，2014.12

全国高等职业教育规划教材

ISBN 978-7-111-48604-6

Ⅰ.①移…　Ⅱ.①卢…②高…　Ⅲ.①移动通信—通信设备—高等职业教育—教材　Ⅳ.①TN929.5

中国版本图书馆 CIP 数据核字（2014）第 269391 号

机械工业出版社（北京市百万庄大街 22 号　邮政编码 100037）
责任编辑：王　颖　　责任校对：张艳霞
责任印制：乔　宇
北京机工印刷厂印刷（三河市南杨庄国丰装订厂装订）
2015 年 1 月第 1 版·第 1 次印刷
184mm×260mm·13.75 印张·328 千字
0 001—3 000 册
标准书号：ISBN 978-7-111-48604-6
定价：29.90 元

出版说明

《国务院关于加快发展现代职业教育的决定》指出：到 2020 年，形成适应发展需求、产教深度融合、中职高职衔接、职业教育与普通教育相互沟通，体现终身教育理念，具有中国特色、世界水平的现代职业教育体系，推进人才培养模式创新，坚持校企合作、工学结合，强化教学、学习、实训相融合的教育教学活动，推行项目教学、案例教学、工作过程导向教学等教学模式，引导社会力量参与教学过程，共同开发课程和教材等教育资源。机械工业出版社组织全国 60 余所职业院校（其中大部分是示范性院校和骨干院校）的骨干教师共同策划、编写并出版的"全国高等职业教育规划教材"系列丛书，已历经十余年的积淀和发展，今后将更加结合国家职业教育文件精神，致力于建设符合现代职业教育教学需求的教材体系，打造充分适应现代职业教育教学模式的、体现工学结合特点的新型精品化教材。

"全国高等职业教育规划教材"涵盖计算机、电子和机电三个专业，目前在销教材 300 余种，其中"十五""十一五""十二五"累计获奖教材 60 余种，更有 4 种获得国家级精品教材。该系列教材依托于高职高专计算机、电子、机电三个专业编委会，充分体现职业院校教学改革和课程改革的需要，其内容和质量颇受授课教师的认可。

在系列教材策划和编写的过程中，主编院校通过编委会平台充分调研相关院校的专业课程体系，认真讨论课程教学大纲，积极听取相关专家意见，并融合教学中的实践经验，吸收职业教育改革成果，寻求企业合作，针对不同的课程性质采取差异化的编写策略。其中，核心基础课程的教材在保持扎实的理论基础的同时，增加实训和习题以及相关的多媒体配套资源；实践性较强的课程则强调理论与实训紧密结合，采用理实一体的编写模式；涉及实用技术的课程则在教材中引入了最新的知识、技术、工艺和方法，同时重视企业参与，吸纳来自企业的真实案例。此外，根据实际教学的需要对部分课程进行了整合和优化。

归纳起来，本系列教材具有以下特点：

1）围绕培养学生的职业技能这条主线来设计教材的结构、内容和形式。

2）合理安排基础知识和实践知识的比例。基础知识以"必需、够用"为度，强调专业技术应用能力的训练，适当增加实训环节。

3）符合高职学生的学习特点和认知规律。对基本理论和方法的论述容易理解、清晰简洁，多用图表来表达信息；增加相关技术在生产中的应用实例，引导学生主动学习。

4）教材内容紧随技术和经济的发展而更新，及时将新知识、新技术、新工艺和新案例等引入教材。同时注重吸收最新的教学理念，并积极支持新专业的教材建设。

5）注重立体化教材建设。通过主教材、电子教案、配套素材光盘、实训指导和习题及解答等教学资源的有机结合，提高教学服务水平，为高素质技能型人才的培养创造良好的条件。

由于我国高等职业教育改革和发展的速度很快，加之我们的水平和经验有限，因此在教材的编写和出版过程中难免出现问题和疏漏。我们恳请使用这套教材的师生及时向我们反馈质量信息，以利于我们今后不断提高教材的出版质量，为广大师生提供更多、更适用的教材。

机械工业出版社

前　言

自从 20 世纪 80 年代第 1 代移动通信系统开始在我国国内运营，经过 30 多年的发展，我国移动用户的数量和业务有了巨大的飞跃。当前 3G 和 4G 网络建设如火如荼地进行，已经形成了第 2 代、第 3 代、第 4 代移动通信系统并存，三大运营商互相竞争的格局。

随着移动通信技术和网络的发展，我国需要大量熟悉网络维护、测试优化的高技能人才。本书采用基于工作过程的方式编写，根据移动通信技术典型岗位的工作过程，全书分为 8 个学习情境，内容由浅入深，图文并茂，同时结合通信企业工程案例，引入行业规范。通过学习情景 1，读者可以初步认识和了解移动通信网络的结构和基本技术；通过学习情景 2～4，读者可以掌握现有 2G、3G、4G 移动网络的构成、原理以及配置维护技能；通过学习情境 5，读者可以掌握移动通信基站的工程建设过程和规范；通过学习情境 6，读者可以掌握无线网络测试和优化技能；通过学习情境 7，读者可以掌握直放站的特性和室内分布设计技能；通过学习情境 8，读者可以掌握天馈线的选用和安装技能。

本书可以作为通信类高职高专院校的教材，也可供相关通信领域技术培训及工程技术人员学习参考。

本书学习情境 2、3、7 由卢敦陆编写，学习情境 4、5 由高健编写，学习情境 1、8 由邱小群编写，学习情境 6 由文海编写。卢敦陆负责全书的统稿工作。在本书的编写过程中，编者得到了中兴通讯学院、中国移动珠海分公司、珠海市天晟信息技术有限公司、珠海世纪鼎利通信科技股份有限公司等多家企业的大力支持，在此深表感谢。同时也感谢吴清海、张华提供的帮助。

由于编者水平有限，本书内容难免存在疏漏之处，期待广大读者及时提出宝贵的改进意见，以便今后进一步完善。

编　者

目　录

学习情境 1 移动通信网络的构成

移动通信是现代通信技术中不可缺少的部分。顾名思义，移动通信就是通信双方至少有一方在运动状态中进行信息交换。例如，移动物体（车辆、船舶、飞机或行人）与固定点之间，或者移动物体之间的通信都属于移动通信范畴。

现代移动通信技术是一门复杂的高新技术，不但集中了无线通信和有线通信的最新技术成就，而且集中了计算机技术和网络技术的许多成果。移动通信技术诞生于 20 世纪初，但自从 20 世纪 80 年代以来得到了飞速发展，1G、2G 和 3G 一代接一代，令人目不暇接。3G 刚刚走进我们的生活不久，4G 又接踵而至。移动通信为社会生活带来众多新变化，满足了人们随时随地通话、上网的需求。未来移动通信的目标是，能在任何时间、任何地点、为任何人提供任何方式的通信服务。

1.1 移动通信的特点和分类

移动通信是在移动中进行通信，它与传统的固定通信有着截然不同的特点，其分类也是种类繁多。

1.1.1 移动通信的特点

移动通信采用无线通信方式，可以应用于任何条件下，特别是常用在有线通信不可及的情况（如无法架线或埋电缆等）。由于是无线方式，而且是在移动中进行通信，所以形成了它的许多特点。

1. 电波衰落现象

由于电波受到城市高大建筑物的阻挡等原因，移动台接收到的是多径信号，即同一信号通过多种途径到达接收天线，如图 1-1a 所示。这种信号的幅度和相位都是随机的，其幅度是呈瑞利分布的，相位在 0～2π 内均匀分布，如图 1-1b 所示。当出现严重的衰落现象时，其衰落深度可达 30dB，因此要求移动台要具有良好的抗衰落性能。

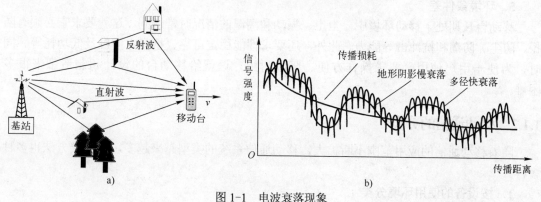

图 1-1 电波衰落现象

a) 多径传播 b) 电波衰落曲线

2．远近效应

当基站同时接收两个距离不同的移动台发来的信号时，距基站近的移动台 B 到达基站的功率明显要大于距离基站远的移动台 A 的到达功率，若二者频率相近，则移动台 B 的信号就会对移动台 A 的信号产生干扰或抑制，甚至将移动台 A 的有用信号淹没，这种现象称为远近效应，如图 1-2 所示。克服远近效应的措施主要有两个：一是使两个移动台所用频道拉开一定间隔；二是移动台增加自动功率控制（APC）功能，使所有移动台到达基站的功率基本一致。由于频率资源紧张，几乎所有的移动通信系统对基站和移动台都采用 APC 工作方式。

图 1-2　远近效应

3．干扰大

移动台通信环境变化是很大的，经常处于强噪声和强干扰区进行通信。噪声主要是由电磁设备引起的，如附近工厂的高频热合机、高频炉等电磁设备，汽车的点火系统等；干扰主要来自移动台附近的发射机，主要有同频干扰、邻道干扰和互调干扰。

4．多普勒效应

高速行进中的移动台所接收到的载频将随运动速度的变化而变化，产生不同的频移，这种物理现象称为"多普勒效应"。频移大小的变化将会引发移动台接收信号强度的不断变化，其变化范围可达 20～30dB。

5．环境条件差

移动台长期处于移动环境中，尘土、振动和潮湿的情况时常遇到，这就要求它必须有防振、防尘、防潮和抗冲击等能力。此外，还要求性能稳定可靠、携带方便以及低功耗等。同时，为便于用户使用，要求操作方便、坚固耐用，这就给移动台的设计和制造带来很多困难。

1.1.2　移动通信的分类

随着移动通信的应用范围不断扩大，移动通信系统的类型越来越多，其分类方法也多种多样。

1．按设备的使用环境分类

按设备的使用环境分类，主要有 3 种类型：陆地移动通信、海上移动通信和航空移动通信。作为特殊使用环境，还有地下隧道矿井、水下潜艇和航空航天等移动通信。

2．按服务对象分类

按服务对象分类有公用移动通信和专用移动通信两类。在公用移动通信中，目前我国有中国移动、中国联通和中国电信三大运营商在经营移动电话业务。由于它是面向社会公众的，所以称为公网。专用移动通信是为了保证某些特殊部门的通信所建立的专用通信系统。由于各个部门的性质和环境有很大区别，因而各个部门使用的移动通信网的技术要求有很大差异，例如：公安、消防、急救、防汛、交通管理和机场调度等。

3．按系统组成结构分类

按系统组成结构分类可分为蜂窝系统、集群系统和无中心系统。蜂窝系统由蜂窝状小区组网构成，是移动通信的主体，具有全球性的用户容量。集群系统是将各个部门所需的无线调度业务进行统一规划建设，集中管理，每个部门都可建立自己的调度中心台。它的特点是共享频率资源，共享通信设施，共享通信业务，共同分担费用。无中心系统没有中心控制设备，这是与蜂窝系统和集群系统的主要区别。它将中心集中控制转化为电台分散控制。由于不设置中心控制，故可以节约建网投资，并且频率利用率最高。

本书将着重介绍公共陆地移动通信系统，简称为 PLMN。

1.2 移动通信的发展历程

现代意义上的移动通信开始于 20 世纪 20 年代初期。1928 年，美国 Purdue 大学学生发明了工作于 2MHz 的超外差式无线电接收机，并很快在底特律警察局投入使用，这是世界上第一种可以有效工作的移动通信系统。20 世纪 30 年代初，第一部调幅制式的双向移动通信系统在美国新泽西警察局投入使用；20 世纪 30 年代末，第一部调频制式的移动通信系统诞生，试验表明调频制式的移动通信系统比调幅制式的移动通信系统更加有效。

在 20 世纪 40 年代，调频制式的移动通信系统逐渐占据主流地位，这个时期主要完成通信实验和电磁波传输的实验工作，在短波波段上实现了小容量专用移动通信系统。这种移动通信系统的工作频率较低、话音质量差和自动化程度低，难以与公众网络互通。在第二次世界大战期间，军事上的需求促使技术快速进步，同时导致移动通信的巨大发展。战后，军事移动通信技术逐渐被应用于民用领域，到 20 世纪 50 年代，美国和欧洲部分国家相继成功研制了公用移动电话系统，在技术上实现了移动电话系统与公众电话网络的互通，并得到了广泛的使用。遗憾的是，这种公用移动电话系统仍然采用人工接入方式，系统容量小。

1978 年，美国贝尔实验室开发了先进移动电话业务系统（AMPS），这是第一种真正意义上的具有随时随地通信能力的大容量的蜂窝移动通信系统。AMPS 采用频率复用技术，可以保证移动终端在整个服务覆盖区域内自动接入公用电话网，具有更大的容量和更好的语音质量，很好地解决了公用移动通信系统所面临的大容量要求与频谱资源限制的矛盾。20 世纪 70 年代末，美国开始大规模部署 AMPS 系统。AMPS 以优异的网络性能和服务质量获得了广大用户的一致好评。AMPS 在美国的迅速发展促进了在全球范围内对蜂窝移动通信技术的研究。到 20 世纪 80 年代中期，欧洲和日本也纷纷建立了自己的蜂窝移动通信网络，主要包括英国的 ETACS 系统、北欧的 NMT 系统和日本的 NTT 系统等。这些系统被称为第 1 代蜂窝移动通信系统。

1.2.1 第1代移动通信系统

第 1 代移动通信系统（1G）是在 20 世纪 80 年代初提出的，主要基于蜂窝结构组网，直接使用模拟语音调制技术，传输速率约为 2.4kbit/s，不同国家采用不同的工作系统。

1G 主要采用频分多址技术（FDMA），这种技术是最古老也是最简单的。但是，由于模拟系统的系统容量小，还有 FDMA 技术在信道之间必须有保护频段来使站点之间相互分开，这样在保护频段就会造成很大的带宽浪费。而且，模拟系统的安全性能很差，任何有全波段无线电接收机的人都可以收听到一个单元里的所有通话。模拟系统主要以语音业务为主，基本上很难开展数据业务。

由于 1G 有很多不足之处，比如容量有限、制式太多、互不兼容、保密性差、通话质量不高、不能提供数据业务、不能提供自动漫游、频谱利用率低、移动设备复杂、费用较贵、通话易被窃听和号码易被盗用等，尤其是其容量已不能满足日益增长的移动用户需求。到 20 世纪 90 年代中期，1G 完全退出历史舞台。

1.2.2 第2代移动通信系统

第 2 代移动通信系统（2G）开始于 20 世纪 80 年代末，至 20 世纪 90 年代末在世界范围内普及。2G 是基于数字传输的，主要采用数字 TDMA 技术和 CDMA 技术，与之对应，全球主要有 GSM 和 CDMA 两种体制。2G 一出现就产生了竞争，就是以美国技术为代表的一个利益集团和以欧洲技术为代表的另一个利益集团的竞争。欧洲提出的 TDMA 技术后来发展成了今天的 GSM 标准，这是大家都熟悉的；而由美国 QUALCOMM 公司提出的 CDMA 技术后来成了 IS-95 标准，其市场基本限于美国。

GSM 是目前使用最普遍的一种 2G 标准，使用 900MHz 和 1800MHz 两个频带，采用数字传输技术并利用用户识别模块（SIM）来鉴别用户，通过对数据加密来防止偷听。GSM 使用频分多址（FDMA）和时分多址（TDMA）技术来增加网络容量，允许一个载频同时进行 8 组通话。GSM 于 1991 年开始投入使用，到 1997 年底，已经在 100 多个国家运营，成为欧洲和亚洲实际上的标准。GSM 具有较强的保密性和抗干扰性、音质清晰、通话稳定，并具备容量大、频率资源利用率高、接口开放、功能强大等优点。

中国移动和中国联通的大部分网络都采用的是 GSM 标准。由于采用了 TDMA 技术，大大地提高了系统的容量，同时，由于采用数字通信，也大大提高了通信质量。美国和欧洲竞争的结果，最终是欧洲的 GSM 标准完全占了上风，就连美国本土的电信运营商都在向 GSM 及其后续的 3G 方向发展。

值得一提的是，2G 中的 CDMA 技术在美国和亚洲也取得了一定成功。原中国联通 CDMA 网络用的就是这种技术。CDMA 的意思就是码分多址，这种通信系统的容量大、通信质量高、抗干扰性好，但是技术上稍微复杂些。可是，技术领先不等于市场领先，GSM 在中国经营了这么多年，网络部署已经很完善，手机品牌也多，这就是 CDMA 网络始终处于相对弱势的原因之一。

针对 GSM 数据通信的不足，人们在 2000 年又推出了一种新的通信技术——GPRS，该技术是在 GSM 基础上的一种过渡技术，故被称为 2.5G。GPRS 的推出标志着人们在 GSM 的发展史上迈出了意义最重大的一步，GPRS 在移动用户和数据网络之间提供一种连接，给移动用户提供无线 IP 连接和 X.25 分组数据接入服务。

在这之后，通信运营商们又推出了 EDGE 技术，它提高了 GPRS 信道编码效率的高速移动数据标准，允许高达 384kbit/s 的数据传输速率，可以满足无线多媒体应用的带宽需求。EDGE 提供了一个从 GPRS 到第 3 代移动通信的过渡性方案（因此也有人称它为"2.75G"技术），从而使现有的网络运营商可以最大限度地利用现有的无线网络设备，传输速率虽然没有 3G 快，但实际应用基本可以达到拨号上网的速度，因此可以发送图片、收发电子邮件等，同时，还可以广泛应用于生产领域，在第 3 代移动网络商业化之前提前为用户提供个人多媒体通信业务。

1.2.3　第 3 代移动通信系统

第 3 代移动通信系统（3G）开始于 20 世纪 90 年代末，2003 年首先在英国投入运营，目前已经在世界范围广泛运营。3G 主要特点是无缝全球漫游、高速率、高频谱利用率、高服务质量、低成本和高保密性等。

3G 基本是以 CDMA 为技术核心，最初只有美国和欧洲两大阵营的较量。美国的 3G 标准（CDMA2000）就是在 QUALCOMM 公司的 2G CDMA 基础上发展而来的，欧洲的 3G 标准（WCDMA）是在其 GSM 网络的基础上结合宽带 CDMA 技术而形成。后来，西门子和中国的大唐公司提出了中国的 3G 标准（TD-SCDMA）。

与之前的 1G 和 2G 相比较，3G 拥有更宽的信道带宽和传输速率，信道带宽可达 5MHz，传输速率可达 2Mbit/s，不仅能传输话音，还能快速传输数据，从而提供快捷、方便的无线应用，如无线接入互联网。能够实现高速数据传输和宽带多媒体服务是 3G 通信的一个主要特点，3G 网络能将高速移动接入和基于互联网协议的服务结合起来，提高无线频率利用效率，满足多媒体业务的需求，从而为用户提供更经济、内容更丰富的无线通信服务。

1.2.4　第 4 代移动通信系统

近几年，第 4 代移动通信系统（4G）开始浮出水面。4G 可以提供更高的传输速率，满足 3G 尚不能支持的高速数据和高分辨率多媒体服务的需要。4G 是集 3G 与 WLAN 于一体，能够高速接入互联网，并能够传输高质量视频图像，传输质量与高清晰度电视不相上下。4G 系统能够以 100Mbit/s 的速度下载，上传的速度也能达到 50Mbit/s，并能够满足几乎所有用户对于无线服务的要求。而在用户最为关注的价格方面，4G 与固定宽带网络在价格方面不相上下，而且计费方式更加灵活机动，用户完全可以根据自身的需求确定所需的服务。很明显，4G 有着不可比拟的优越性。

4G 通信技术并没有脱离以前的通信技术，而是以传统通信技术为基础，利用了一些新的通信技术来不断提高无线通信的网络效率和功能。如果说 3G 能为人们提供一个高速传输的无线通信环境的话，那么 4G 通信会是一种超高速无线网络，一种不需要电缆的信息超级高速公路。与传统通信技术相比，4G 通信技术最明显的优势在于数据通信速度及可靠性。然而，在通话品质方面却有所下降，但移动电话消费者还是能接受的。随着技术的发展与应用，4G 网络中手机的通话质量还会进一步提高。

1.3 移动通信系统的组成

简单来说,公共陆地移动通信系统(PLMN)的网络结构一般由移动台、基站和移动交换中心组成,如图 1-3 所示。

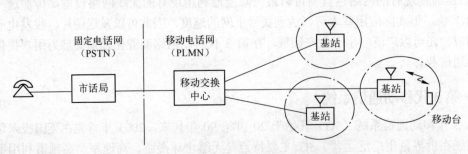

图 1-3 公共陆地移动通信系统的网络结构

移动交换中心主要用来处理信息的交换和整个系统的集中控制管理,负责交换移动台各种类型的呼叫,如本地呼叫、长途呼叫和国际呼叫,提供连接维护管理中心的接口,还可以通过标准接口与基站或其他移动交换中心相连。

图 1-3 中基站包括基站控制器(BSC)和基站收发信台(BTS),它负责管理无线资源,实现移动交换中心与移动台之间的通信连接,传送系统控制信号和用户通话信号。基站和移动交换中心之间采用光纤中继电路传输信号,有时也可采用微波中继方式。

移动台是移动通信系统不可缺少的一部分,其数量巨大。它有手持机、车载台和便携台等类型。在数字蜂窝移动通信系统中,移动台除基本的电话业务以外,还可为用户提供各种非话音业务。

基站收发信台和移动台都有收发信机和天馈线等设备。每个基站收发信台都有一个可靠通信服务范围,称为无线小区。无线小区的大小,主要由基站收发信台的发射功率和天线的高度以及接收机的接收灵敏度等条件决定。

大容量的移动通信系统可以由多个基站构成一个移动通信网。由图 1-3 可以看出,通过基站和移动交换中心就可以实现在整个服务区内任意两个移动用户之间的通信,也可以通过中继线与固定电话网(PSTN)连接,实现移动用户和市话用户之间的通话,从而形成一个有线、无线相结合的移动通信网络。

1.4 多址接入技术

多址接入技术是指把处于不同地点的多个用户接入一个公共传输媒质(如无线信道),实现各用户之间通信的技术,多应用于无线通信。

使用多址接入技术旨在使许多移动用户同时分享有限的无线信道资源,即将可用的资源(如可用的信道数)同时分配给众多的用户共同使用,以达到较高的系统容量。在移动通信系统中,常用的多址接入技术有以下 3 种:频分多址(FDMA)、时分多址(TDMA)和码分多址(CDMA)。

1.4.1 频分多址

频分多址（FDMA）是将给定的频谱资源划分为若干个等间隔的频道（此时一个频道就是一个信道），供不同的用户使用，FDMA 示意图如图 1-4 所示。接收方根据载波频率的不同来识别发射地址，从而完成多址连接。

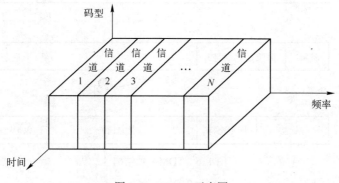

图 1-4　FDMA 示意图

从信道分配角度来看，可以认为 FDMA 方式是按照频率的不同给每个用户分配单独的物理信道，这些信道根据用户的需求进行分配。在用户通话期间，其他用户不能使用该物理信道。在频分全双工（FDD）情形下分配给用户的物理信道是一对信道（占用两段频率），一段频率用作前向信道（即基站向移动台传输的信道），另一段频率用于反向信道（即移动台向基站传输的信道）。

1.4.2 时分多址

时分多址（TDMA）是把信号传输时间分割成周期的帧，每一帧再分割成若干个时隙，然后根据一定的时隙分配原则，使各个移动台在每帧内只能按指定的时隙向基站发送信号，在满足定时和同步的条件下，基站可以分别在各时隙中接收到各移动台的信号而不混扰。同时，基站发向多个移动台的信号都按顺序安排在预定的时隙中传输，各移动台只要在指定的时隙内接收，就能在合路的信号中把发给它的信号区分出来。TDMA 示意图如图 1-5 所示，每个用户占用一个周期性重复的时隙（此时一个时隙就是一个信道）。

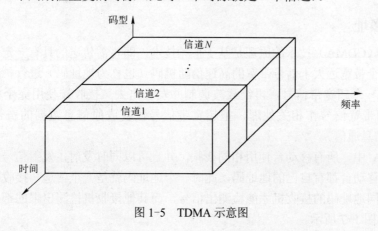

图 1-5　TDMA 示意图

图 1-6 是 TDMA 信号的帧结构。每帧包含前置码、消息码和尾比特。前置码中包括地址和同步信息，以便基站和用户都能彼此识别对方信号；消息码分为 N 个时隙，每个时隙可以看做是一条物理信道；尾比特是对信息进行信道编码处理时需要加入的编码值。

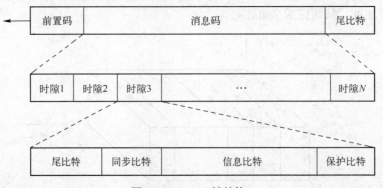

图 1-6　TDMA 帧结构

TDMA 有如下一些特点。

1）TDMA 系统中几个用户共享单一的载频，其中，每个用户占用彼此不重叠的时隙。每帧中的时隙数取决于几个因素，例如调制方式、可用带宽等。

2）TDMA 系统中的数据发射不是连续的而是以突发的方式发射。由于用户发射机可以在不用的时间（绝大部分时间）关掉，因而耗电较少。

3）同 FDMA 信道相比，TDMA 系统的传输速率一般较高，故需要采用自适应均衡。

4）由于 TDMA 系统发射是不连续的，移动台可以在空闲的时隙里监听其他基站，从而使其越区切换过程大为简化。

5）TDMA 必须留有一定的保护时间（或相应的保护比特）。

6）由于采用突发式发射，TDMA 系统需要更大的同步报头。TDMA 的发射是分时隙的，这就要求接收机对每个数据突发脉冲串保持同步。

7）TDMA 系统必须有精确的定时和同步，保证各移动台发送的信号不会在基站发生重叠或混扰，并且能准确地在指定的时隙中接收基站发给它的信号。同步技术是 TDMA 系统正常工作的重要保证，往往也是比较复杂的技术难题。

1.4.3　码分多址

码分多址（CDMA）技术的原理是基于扩频技术，即将需传送的具有一定信号带宽的信息数据，用一个带宽远大于信号带宽的高速伪随机码（也称为地址码）进行扩频调制，使原数据信号成为一个超宽带信号，再经载波调制并发送出去。接收端使用完全相同的伪随机码，与接收的带宽信号作相关处理，把超宽带信号恢复成原信息数据的窄带信号（即解扩），以实现信息通信。

在 CDMA 中，所有移动台使用相同载频，并且可以同时发射，发射信号往往占有较宽的频带。每个移动台都有自己的地址码，此时一个地址码就是一个信道。接收时，对某一地址码，只有相同地址码的接收机才能检测出信号，而其他接收机检测出来的都是宽带噪声。CDMA 示意如图 1-7 所示。

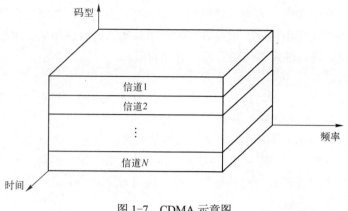

图 1-7　CDMA 示意图

CDMA 的特征是不同用户的地址码相互具有正交性，以区分不同用户，而用户信号在频率、时间上完全是重叠的。

CDMA 方式具有如下一些特点。

1）CDMA 系统中许多用户共享同一频率。

2）与 TDMA 或 FDMA 不同，CDMA 系统容量极限是软极限。CDMA 系统用户数目的增加只是以线性方式增加背景噪声。这样 CDMA 系统用户数目没有绝对的极限，然而，用户数目的持续增加会使系统性能逐渐降低，而用户数减少则能使系统性能逐渐变好。

3）由于信号扩展到较大的频谱范围，多径衰落的影响会显著减小。扩频频带一般总大于信道的相关带宽，其内在的频率分集会降低频率选择性衰落的影响。

4）由于移动台的位置不固定，CDMA 移动通信系统肯定会产生远近效应（即近处无用信号压制远处的有用信号的现象）。所以，必须采取严格的功率控制技术，以保证到达基站的各移动台的信号强度保持一致。

1.5　组网技术

移动通信是移动用户之间或移动用户与固定用户之间点对点的通信，只要将电台设定在同一无线电频道上即可通信。随着经济的发展，移动通信应用日益广泛，有限的无线频率要提供给越来越多的用户共同使用，频道拥挤、相互干扰已成为阻碍移动通信发展的首要问题。解决这一问题的办法就是按一定的规范组成移动通信网络，保障网内用户有秩序地通信。

移动通信组网涉及的技术问题非常多，大致可以分为以下两方面：首先是频率资源的管理与有效利用，频率是人类所共有的一种特殊资源，需在全球内统一管理，在不同的空间域、时间域和频率域可以采用多种技术手段来提高它的利用率；其次是网络结构方面的问题，随着移动通信服务区域的扩大，需要用合理方法对服务区划分并采用相应的覆盖方式。

1.5.1　频率管理与有效利用技术

无线通信是利用无线电波在空间传递信息的。无数的用户共用同一个空间，因此，不能在同一时间、同一场所和同一方向上使用相同频率的无线电波，否则就会形成干扰。当前移动通信发展所遇到的最突出问题，就是有限的可用频率如何有秩序地提供给越来越多的用户使用而不互相干扰，这就涉及频率的管理与有效利用。

1. 频率管理

频率是人类所共有的一种特殊资源，它并不是取之不尽的。与别的资源相比，它有一些特殊的性质，诸如：无线电频率资源不是消耗性的，用户只是在某一空间和时间内"占用"，用完之后依然存在，不使用或使用不当都是浪费；电波传播不分地区国界；它具有时间、空间和频率的三维性，可以从这3方面对其实施有效管理，提高其利用率；它在空间传播时容易受到来自大自然和人为的各种噪声和干扰的污染。基于这些特点，频率的分配使用需在全球范围制定统一的规则。

国际上，由国际电信联盟（ITU）召开世界无线电管理大会，制定无线电规则。它包括各种无线电系统的定义、国际频率分配表和使用频率的原则、频率的分配和登记、抗干扰的措施、移动业务的工作条件以及无线电业务的分类等。国际频率分配表按照大区域和业务种类给定。全球划分为3个大区域：第1区是欧洲、非洲和原苏联及蒙古的部分亚洲地区；第2区是南北美洲（包括夏威夷）；第3区是亚洲和大洋洲。业务类型划分为固定业务、移动业务（分陆、海、空）、广播业务、卫星业务和遇险呼叫等。

各国以国际频率分配表为基础，根据本国的情况，制定国家频率分配表和无线电规则。我国位于第3区，结合我国具体情况做些局部调整，分配给公用移动通信的频段主要在150MHz、450MHz、900MHz到2000MHz。

双工移动通信网规定工作在各频段的收发频率间隔分别为：VHF频段为5.7MHz、UHF450MHz频段为10MHz、UHF900MHz频段为45MHz。并规定基站对移动台（下行链路）为发射频率高、接收频率低；反之移动台（上行链路）为发射频率低、接收频率高。

在我国，统一管理频率的机构是国家无线电管理委员会，设于工业和信息化部。移动通信组网必须遵守国家有关的规定并接受当地无线电管理委员会的具体管理。

2. 频率的有效利用技术

频率的有效利用是根据其时间、空间和频率域的三维性质，从这3个方面采用多种技术来设法提高它的利用率。

1）频率域的有效利用。频率域的有效利用主要是从信道的窄带化上着手，窄带化的方法从基带方面考虑可采用频带压缩技术，如低速率话音编码等；从射频调制频带方面考虑可采用各种窄带调制技术，如窄带和超窄带调频、插入导频振幅压扩单边带调制以及各种窄带数字调制技术，应用窄带化技术减小信道间隔后，可在有限的频段内设置更多的信道，从而提高频率的利用率。

2）空间域的有效利用。在某一地区使用了某一频率之后，只要能控制电波辐射的方向和功率，在相隔一定距离的另一地区完全可以重复使用这一频率，这就是所谓的频率复用。蜂窝移动通信就是根据这一概念组成的。在频率复用的情况下，会有若干收发信机使用同一频率，虽然它们工作在不同的空间，但由于相隔距离有限，仍会有相互之间的干扰，称为同频干扰。在频率复用的通信网设计中，必须使同频工作收发信机之间有足够的距离，以保证有足够的同频道干扰防护比。因此，在采用空间域的有效利用技术时，必须严格掌握好网络的空间结构，以及各基站的信道配置等，这是组网技术的一个重要方面。

3）时间域的有效利用。当某一用户固定占用了某一信道进行通话时，任何其他用户都无法再使用这个信道。实际上它不可能占用全部时间一直在通话，总是有空闲的时间。可是在它空闲时别人却无法插入利用，只能让它闲置着，这是极大的浪费。如何充分利用这些空闲时间是值得研究考虑的一个问题，**CDMA** 技术已经做出了尝试。

计算表明，若多个信道供大量用户所共用，则频率资源的利用率可以明显提高，当然，在信道共用的情况下，当某一用户发出呼叫的当时，有可能信道正被其他用户占用着，因而呼叫不通，即发生"呼损"（如同有线电话的占线）。显然，在信道数一定的条件下，用户越多则频率使用率越高，但同时呼损也越频繁，究竟怎样的呼损率是人们可以接受的，共用信道数、用户数、呼损率、信道利用率之间有怎样的定量关系，这就是多信道共用技术需要研究的问题，也是组网技术的一个重要方面。

1.5.2 网络结构

任何移动通信网都有一定的服务区域，无线电波必须覆盖整个区域。由 VHF 和 UHF 的传播特性知道，一个基站只能在其天线高度的视距范围内为移动用户提供服务。这样的覆盖区称为一个无线小区，或简称为小区。如果网络的服务范围很大，或地形复杂，则需用多个小区才能覆盖整个服务区。例如，公路、铁路和海岸等就需用若干个小区形成带状网络才能进行覆盖，由几个小区组成一个区群见图 1-8，群内不能使用相同信道，不同的群间可采用信道复用技术，此外，影响小区组成方式的还有地形、地物和用户分布等因素。

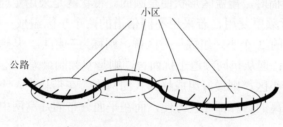

图 1-8 带状网络

一般来说，移动通信网络覆盖方式分为两类：一类是小容量的大区制，另一类是大容量的小区制。除容量上有差别外，这两种制式在控制方式上也有明显的差别，下面分别说明。

1. 大区制

大区制是指一个基站覆盖整个服务区。为了增大单基站的服务区域，天线架设要高，发射功率要大，但这只能保证移动台可以接收基站的信号；反过来，当移动台发射时，由于受到移动台发射功率的限制，就无法保障通信了。为了解决这个问题，可以在服务区内设若干分集接收点与基站相连，利用分集接收来保证上行链路的通信质量，大区制示意图如图 1-9 所示。也可以在基站采用全向辐射天线和定向接收天线，从而改善上行链路的通信条件。

为了增大通信用户量，大区制通信网只有增多基站的信道数（设备数量也随之加大），但这总是有限的。因此，大区制只能适用于小容量的通信网，例如用户数在 1000 以下。这种制式的控制方式简单，设备成本低，适用于工矿以及专业部门，是专用移动通信网可选用的制式。

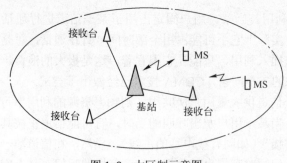

图 1-9　大区制示意图

2．小区制

小区制是将整个服务区划分为若干小区，每一小区设一基站负责与小区内所有移动台的无线电通信。同时设置一个移动交换中心，统一控制这些基站协调地工作，保证移动用户只要在其服务区内，不论在哪一个基站的覆盖范围都能正常进行通信，提供完善的服务。

小区制的主要特点就是应用了空间域的同信道复用技术，解决了信道数少和用户数多之间的矛盾。当然在用户数继续增大时，还可以进一步划小无线小区。小区制也带来一些问题。因为同信道复用，相隔一定距离的基站应用了同一信道，必定会形成同频道干扰。通话过程中若移动用户跨越小区边界，为了保证通信不中断，必须自动切换频道，而且随着无线小区的划小，切换的频度就加大，这种过境切换对控制系统的技术要求是很高的。

基站天线若用全向辐射，覆盖区形状便是圆的。带状网是采用定向天线，使每个小区呈扁圆形。带状网可进行频率复用，若采用不同信道的两个小区组成一个区群，则称为双频制；若采用不同信道组的 3 个小区组成一个区群，则称为三频制。从造价和频率资源的利用而言，当然双频制最好；但从抗同频道干扰而言，则是双频制最差，还应该考虑多频制。

若在平面区域划分小区，则最好组成蜂窝式的网络。在带状中，小区呈线状排列，区群的组成和同频道小区距离的计算都比较方便，而在平面分布的蜂窝网中，这就是一个比较复杂的问题了。

1.6　蜂窝网的应用

公用移动电话系统也称为蜂窝移动通信系统，它采用了小区制覆盖方案，有效地解决了频道数量有限和用户数增大之间的矛盾。

1.6.1　小区形状

全天线辐射的覆盖范围是个圆形。为了不留空隙地覆盖整个平面服务区，一个个圆形辐射区之间一定会出现很多的交叠。在考虑了交叠之后，实际上每个有效覆盖区是一个多边形。根据交叠情况不同，若在周围相间 120° 设置 3 个邻区，则有效覆盖区为正三角形；若相间 90° 设置 4 个邻区，则有效覆盖区为正方形；若相间 60° 设置 6 个邻区，则有效覆盖区为正六边形。由此形成的小区形状如图 1-10 所示。可以证明，要用正多边形无空隙、无重叠地覆盖一个平面的区域，可取的形状只有这 3 种，那么这 3 种形状中哪一种最好呢？在辐射半径 r 相同的条件下，计算出 3 种形状小区的邻区距离、小区面积、交叠区面积如

表 1-1 所示。由表可见，在服务区面积一定的情况下，正六边形小区所需要的基站数最小，也是最经济的。正六边形的网络形同蜂窝，因此把小区形状为六边形的小区制移动通信网称为"蜂窝网"。

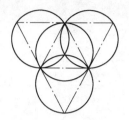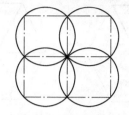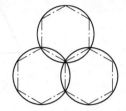

图 1-10　小区的形状

表 **1-1**　各种形状小区的参数

小 区 形 状	正 三 角 形	正 方 形	正 六 边 形
邻区距离	r	$\sqrt{2}\,r$	$\sqrt{3}\,r$
小区面积	$1.3r^2$	$2r^2$	$2.6r^2$
交叠区宽度	r	$0.59r$	$0.27r$
交叠区面积	$1.2\pi r^2$	$0.73\pi r^2$	$0.35\pi r^2$

1.6.2　区群的组成

相邻小区显然不能使用相同的信道，为了保证同信道小区之间有足够的距离，附近的若干小区都不能用相同的信道。这些不同信道的小区组成一个区群，只有不同区群的小区才能进行信道复用。

图 1-11 给出了由 7 个小区构成的区群形状图。

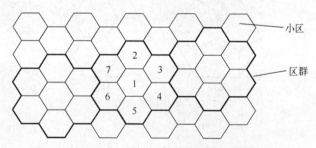

图 1-11　7 个小区构成的区群形状图

1.6.3　小区分裂

移动通信建网初期，各小区大小相等，容量相同。随着城市建设和用户数的增加，用户密度不再相等。为了适应这种情况，在高用户密度地区，要将小区面积划小，或将小区基站中的全向天线改为定向天线（如板状天线，此时覆盖面积呈扇形，故称为扇区），使每个小区分配的频道数增多，满足话务量增大的需要，这种技术称为小区分裂。

小区分裂的方法有两种：在原基站上的分裂和增加新基站的分裂。

1. 在原基站上的分裂

在原小区的基础上，将中心设置基站的全向覆盖区分为几个定向天线的小区（也称为扇区），在原基站上的分裂如图 1-12 所示。

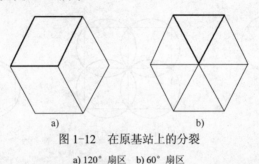

图 1-12　在原基站上的分裂

a) 120°扇区　b) 60°扇区

为了支持从无方向性天线到扇形分区天线的过渡，必须事先有一个频率分配计划，以便在小区分裂过程中不改变现有系统的频道分配，无须关闭、增设系统或重新调谐收发信机的工作频率，仅通过增设频道来使服务区容量增加。

在原基站上分裂的优点有：

1）增加了小区数量，却不增加基站数量。

2）重叠区小，有利于越区切换。

3）利用天线的定向辐射性能，可以有效地降低同频干扰。

4）减小维护工作量和基站建设投资。

2. 增加新基站的分裂

增加新基站的分裂方法是将小区半径缩小，增加新的蜂窝小区，并在适当的地方增加新的基站，如图 1-13 所示。

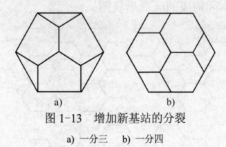

图 1-13　增加新基站的分裂

a) 一分三　b) 一分四

此时，原基站的天线高度要适当降低，发射功率减小。这样可使原小区范围内的使用频道数增加，从而增大系统容量和容量密度。

实际使用时，可以先进行 1∶3 分裂，然后将三叶草形小区再进行 1∶4 分裂，这就是 1×3×4 式二次分裂。

1.7　移动性管理

在移动通信系统中，由于用户经常变换位置，所以网络控制技术相对于固定电话通信网要复杂许多，如要具备位置管理、越区切换和漫游服务等移动性管理功能，只有这样，交换设备才能不断处理移动用户的呼叫与通话。

1.7.1　位置管理

在移动通信系统中，用户可在系统覆盖范围内任意移动。为了能把一个呼叫传送到随机移动的用户，就必须有一个高效的位置管理系统来跟踪用户的位置变化。

位置管理包括两个主要的任务：位置更新和寻呼。位置更新解决的问题是移动台如何发现位置变化及何时报告它的当前位置；寻呼解决的问题是如何有效地了解移动台当前处于哪一个小区。

位置管理涉及网络处理能力和网络通信能力。网络处理能力涉及数据库的大小、查询的频度和响应速度等；网络通信能力涉及传输位置更新和查询信息所增加的业务量和时延等。位置管理所追求的目标就是以尽可能小的处理能力和附加业务量，来最快地确定用户位置，以求容纳尽可能多的用户。

在移动通信系统中，是将系统覆盖范围分为若干个位置区，一个位置区由若干个小区组成。每个用户在移动交换中心（MSC）中都登记有所在的位置区信息。当用户进入一个新的位置区时，要对 MSC 进行位置更新。当有呼叫要到达该用户时，将在位置区内进行寻呼，以确定出该用户在哪一个小区内。位置更新和寻呼信息都在无线接口中的控制信道上传输，因此必须尽量减少这方面的开销。在实际系统中，位置区越大，位置更新的频率越低，但每次寻呼的基站数目就越多。在极限情况下，如果移动台每进入一个小区就发送一次位置更新信息，则这时用户位置更新的开销非常大，但寻呼的开销很小；反之，如果移动台从不进行位置更新，这时如果有呼叫到达，就需要在全网络内进行寻呼，用于寻呼的开销就非常大。

由于移动台的移动性和呼叫到达情况是千差万别的，一个位置区很难对所有用户都是最佳的。理想的位置更新和寻呼机制应能够基于每一个用户的情况进行调整。有以下 3 种动态位置更新策略。

1）基于时间的位置更新策略：每个用户每隔ΔT秒周期性地更新其位置。ΔT的确定可由系统根据呼叫到达间隔的概率分布动态确定。

2）基于运动的位置更新策略：当移动台跨越一定数量的小区边界（运动门限）以后，移动台就进行一次位置更新。

3）基于距离的位置更新策略：当移动台离开上次位置更新时所在的小区的距离超过一定的值（距离门限）时，移动台进行一次位置更新。最佳距离门限的确定取决于各个移动台的运动方式和呼叫到达的参数。

基于距离的位置更新策略具有最好的性能，但实现它的开销最大。它要求移动台能有不同小区之间的距离信息，网络必须能够以高效的方式提供这样的信息。而对于基于时间和运动的位置更新策略实现起来比较简单，移动台仅需要一个定时器或运动计数器就可以跟踪时间和运动的情况。

1.7.2　越区切换

越区切换是指将当前正在通话的移动台与基站之间的通信链路从当前基站转移到另一个基站的过程。该过程也称为自动链路转移。越区切换通常发生在移动台从一个基站覆盖的小区进入另一个基站覆盖的小区的情况下，为了保持通信的连续性，将移动台与当前基站之间的链路转移到与新基站之间的链路。

越区切换包括 3 个方面的问题。

1）越区切换的准则，也就是何时需要进行越区切换。

2）越区切换如何控制。

3）越区切换时信道分配。

越区切换分为两大类：一类是硬切换，另一类是软切换。硬切换是指在新的连接建立以前，先中断旧的连接。而软切换是指维持旧的连接，又同时建立新的连接，并利用新旧链路的分集合并来改善通信质量，当与新基站建立可靠连接之后再中断旧链路。

在越区切换时，可以仅以某个方向（上行或下行）的链路质量为准，也可以同时考虑双向链路的通信质量。

1．越区切换的判断准则

在决定何时需要进行越区切换时，通常是根据移动台所接收的平均信号的强度。也可以根据移动台的信噪比、误码率等参数来确定。

假定移动台从基站 1 向基站 2 运动，其信号强度的变化如图 1-14 所示。判断何时需要越区切换的准则如下。

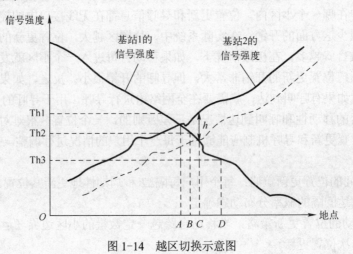

图 1-14　越区切换示意图

1）相对信号强度准则：在任何时间都选择具有最强接收信号的基站。如图 1-14 中的 *A* 处将要发生越区切换。这种准则的缺点是：在原基站的信号强度仍满足要求的情况下，会引起太多不必要的越区切换。

2）具有门限规定的准则：仅允许移动用户在当前基站的信号足够弱（低于某一门限），且新基站的信号强于本基站的信号情况下，才可以进行越区切换。如图 1-14 所示，在门限为 Th2 时，在 *B* 点将会发生越区切换。在该方法中，门限选择具有重要作用。例如，在图 1-14 中，如果门限太高取为 Th1，则该准则与准则 1 相同。如果门限太低取为 Th3，则会引起较大的越区时延，此时，可能会因链路质量较差而导致通信中断；另一方面，它会引起对同信道用户的额外干扰。

3）具有滞后余量的准则：仅允许移动用户在新基站的信号强度比原基站信号强度强很多（即大于滞后余量 *h*）的情况下进行越区切换。如图 1-14 中的 *C* 点。该技术可以防止由

16

于信号波动引起的移动台在两个基站之间重复切换，即"乒乓效应"。

4）具有滞后余量和门限规定的准则：仅允许移动用户在当前基站的信号电平低于规定门限并且新基站的信号强度高于当前基站一个给定滞后余量时进行越区切换。

2．越区切换的控制方式

越区切换的控制方式主要有以下 3 种。

1）移动台控制的越区切换：在该方式中，移动台连续监测当前基站和几个越区候选基站的信号强度和质量。当满足某种越区切换准则后，移动台选择具有可用业务信道的最佳候选基站，并发送越区切换请求。

2）网络控制的越区切换：在该方式中，基站监测来自移动台的信号强度和质量，当信号低于某个门限后，网络开始安排向另一个基站的越区切换。网络要求移动台周围的所有基站都监测该移动台的信号，并把测量结果报告给网络。网络从这些基站中选择一个基站作为越区切换的新基站，把结果通过旧基站通知移动台并通知新基站。

3）移动台辅助的越区切换：在该方式中，网络要求移动台测量其周围基站的信号质量并把结果报告给旧基站，网络根据测试结果决定何时进行越区切换及切换到哪一个基站。

3．越区切换时的信道分配

越区切换时的信道分配是解决当呼叫要转换到新小区时，新小区如何分配信道，使得越区失败的概率尽量小。常用的做法是在每一个小区预留部分信道专门用于越区切换。这种做法的特点是：本小区用户的可用信道数减少了，呼损率增加；但周围小区用户越区切换的成功率提高了，即越区时中断的概率降低了，这样安排更符合用户的使用习惯。

1.7.3　漫游服务

漫游通信就是指在移动通信系统中，移动台从一个移动交换区（归属区）移动到另一个移动交换区（被访区），经过位置登记、鉴权认定后所进行的通信。早期采用的是人工漫游方式，现在均是自动漫游方式。

自动漫游不需要预先登记，当漫游客户到达被访区后，只要打开移动台电源，被访区的系统设备就会自动识别出该客户，并且自动连线该客户归属区的系统设备，查询客户资料，确认客户是否有权，待判明客户为合法客户后，即可为其提供漫游服务。此时，漫游客户仍然使用原电话号码。当有朋友呼叫漫游客户时，电话首先被接到漫游客户归属区的系统设备，归属区的系统设备再将电话转接到被访区的系统设备，最后由被访区的系统设备寻呼到漫游客户，这样便可建立正常通话。

1.8　实训　基站信号的测试

1．实训目的

1）了解无线电频段的基本划分。

2）掌握频谱分析仪操作技巧。

3）熟悉基站和手机的工作频率、信号强度的测试方法。

2．实训设备与工具

频谱分析仪（安泰信）、接收天线、GSM 智能手机、CDMA 智能手机。

3．实训步骤及要求

（1）用频谱仪测试基站信号

1）熟悉频谱分析仪面板上各按键和旋钮的作用。安泰信频谱分析仪外观如图 1-15 所示。

上排按钮的作用：电源开关（红色按钮）、亮度调节和聚焦调节（电源开关下面的两个旋钮）、两个中心频率调节旋钮（大的是粗调，小的是微调）、视频滤波按钮（微调旋钮旁边）；下排按钮的作用：扫频宽度调节（左右按钮）、幅度衰减按钮（4个）、垂直调节旋钮（读数时应调至中间位置）。

2）测量 GSM 基站、CDMA 基站和手机频率和幅度。

将耦合天线连接至频谱分析仪的信号输入端口，调节频谱分析仪的中心频率和扫频宽度，让频率测量范围与 GSM900 频段和 CDMA800 频段的下行频率范围一致，从频谱分析仪上可以读取基站发射信号的频率和幅度。

让手机拨号和进入通话，调节频谱分析仪的中心频率和扫频宽度，让频率测量范围与 GSM900 频段和 CDMA800 频段的上行频率范围一致，从频率分析仪上可以读取手机基站发射信号的频率和幅度。

（2）用智能手机测试基站信号

基站信号的测试有一种简单的方法，我们现在使用的很多都是 Android 系统的智能手机，可以在自己的手机上安装 Android 应用程序来测试移动基站的信号，这些应用程序包括：MiniCell、基站监控等。MiniCell 程序界面如图 1-16 所示。

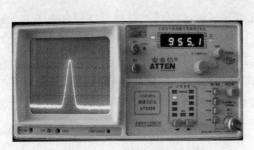

图 1-15　安泰信频谱分析仪外观

图 1-16　MiniCell 程序界面

安装和使用 Minicell 的具体步骤如下：

1）从网上下载 Minicell.apk 应用程序，并写入手机 SD 卡。

2）单击 Minicell.apk 图标，安装程序。

3）单击 Minicell 应用程序图标，运行程序。

4）查看 Minicell 显示的参数，并理解其意义。

5）移动手机，观察参数的变化，找出变化规律。

需要说明的是，用频谱仪和 Minicell 测量的参数非常有限，如果需要测试更详细的参数，需要借助专业的测试手机和测试软件，如爱立信公司的 TEMS 软件、鼎利公司的 Pioneer 软件等，这些软件可以在 Windows 系统中运行，并将手机采集的参数显示在计算机的显示屏上。

1.9 习题

1. 移动通信的定义是什么？移动通信有哪些特点？
2. 移动通信的电波快衰落和慢衰落的原因分别是什么？
3. 第 3 代移动通信系统有哪 3 种主要制式？
4. 移动通信有哪几种多址方式？
5. 相对于大区制，小区制的最大优点是什么？
6. 什么是小区分裂？小区分裂有什么作用？
7. 移动系统如何在位置区内找到被叫用户？
8. 越区切换有哪几种判断准则？

学习情境 2　2G 系统组成与基站配置

20 世纪 80 年代初期，模拟移动通信系统投放市场，这是第一代移动通信系统。该系统采用频分多址方式，小区内所有用户共用若干个信道，信道中传输的是模拟话音信号，所以被称为"模拟移动通信系统"，俗称为"大哥大"。应用不久，电信运营部门就发现该系统存在诸多缺陷，如用户容量小、保密性差和各国制式不兼容等。

面对这一现状，欧洲电信运营部门于 1982 年成立了一个移动特别小组，开始制定一种全球移动通信系统（Global System for Mobile，GSM）的技术规范。经过 6 年的研究、实验和比较，于 1988 年确定了主要技术规范并制定出实施计划。从 1991 年开始，这一系统在德国、英国和北欧许多国家投入试运行，吸引了全世界的广泛关注，使 GSM 向着全球移动通信系统的宏伟目标迈进了一大步。

2.1　GSM 系统组成与基站设备

GSM 系统也称为数字移动通信系统，属于第 2 代移动通信系统。该系统采用频分多址和时分多址结合的方式，扩大了用户容量，信道中传输的全部是数字信号，保密性能提高。我国参照 GSM 标准制订了自己的技术要求，主要内容是：使用 900MHz 频段，即上行频段为 890～915MHz（移动台→基站），下行频段为 935～960MHz（基站→移动台），收发间隔为 45MHz，载频间隔为 200kHz，共 124 个载波，每载波信道数 8 个，小区半径为 0.5～35km，调制类型为 GMSK，传输速率为 270kbit/s。

我国最早使用的是 GSM900，随着通信网络规模和用户数量的迅速发展，原有的 GSM900 网络频率资源变得日益紧张，为更好地满足用户增长的需求，后期又引入了 DCS1800 系统（Digital Cellular System at 1800MHz），启用了 1800 MHz 频段，并采用以 GSM900 网络为依托，DCS1800 网络为补充的组网方式，构成 GSM900／DCS1800 双频网，以缓和高话务密集区无线信道日趋紧张的状况。只要用户使用的是双频手机，就可在 GSM900／DCS1800 两者之间自由切换，自动选择最佳信道进行通话，即使在通话中手机也可在两个网络之间自动切换而用户毫无察觉，接通率提高，掉话率降低。GSM900 和 DCS1800 都是 GSM 标准，两个系统原理和功能相同，主要是频率不同，GSM900 工作在 900MHz 频段，DCS1800 工作在 1800MHz 频段（其中上行为 1710～1785MHz，下行为 1805～1880MHz，双工间隔为 95MHz，载频间隔为 200kHz）。

2.1.1　GSM 系统组成

GSM 系统由 3 部分构成，即交换子系统（SSS）、基站子系统（BSS）和操作维护子系统（OMS），如图 2-1 所示。

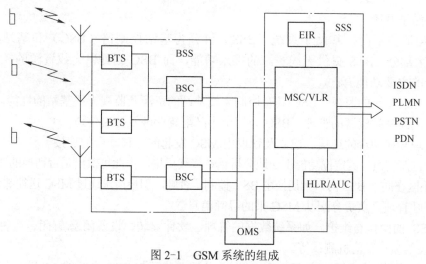

图 2-1　GSM 系统的组成

ISDN-综合业务数字网　PLMN-公用陆地移动网
PSTN-公用交换电话网　PDN-公用数据网

1. 交换子系统

交换子系统（SSS）是整个 GSM 系统的控制和交换中心，它负责所有与移动用户有关的呼叫接续处理、移动性管理、用户设备及保密管理等功能，并提供 GSM 系统与其他网络之间的连接。交换子系统由移动交换中心（MSC）、访问位置寄存器（VLR）、归属位置寄存器（HLR）、设备识别寄存器（EIR）及鉴权中心（AUC）等功能实体所组成。通常 HLR、AUC 合设于一个物理实体中，而 MSC、VLR、EIR 合设于另一个物理实体中，也有将 MSC、VLR、EIR、HLR、AUC 都设在一个物理实体中的产品。

移动交换中心（MSC）是蜂窝通信网络的核心，在它所覆盖的区域中对 MS 进行控制，是交换的功能实体，也是移动通信系统与其他公用通信网之间的接口。它除了完成固定网中交换中心所要完成的呼叫控制等功能外，为了建立移动台的呼叫路由，每个 MSC 还应完成入口 MSC（GMSC）的功能，即查询位置信息的功能。

归属位置寄存器（HLR）是管理部门用于移动用户管理的数据库。每个移动用户都应在某个位置寄存器注册登记。HLR 主要存储两类信息，一是有关用户的参数，二是有关用户当前位置的信息，以便建立至移动台的呼叫路由，例如移动台的漫游号码、VLR 地址等。

访问位置寄存器（VLR）是 MSC 为了处理所管辖区域中 MS 的来话、去话呼叫，所需检索信息的数据库，VLR 存储与呼叫处理有关的一些数据，例如用户的号码、位置区代码、向用户提供本地用户的服务等参数。

设备识别寄存器（EIR）也称为设备身份登记器，是存储有关移动台设备参数的数据库。主要完成对移动设备的识别、监视和闭锁等功能。每个移动台有一个唯一的国际移动设备识别码（IMEI），以防止被偷窃的、有故障的或未经许可的移动设备非法使用本系统。移动台的 IMEI 要在 EIR 中登记。实际上，国内运营商均未启用该寄存器。

鉴权中心（AUC）负责确认移动用户的身份和密码，产生相应的认证参数。这些参数有：随机数（RAND）、签字响应（SRES）和密钥（KC）等。AUC 对任何试图入网的移动用户进行身份认证，只有合法用户才能接入网中并得到服务。

2．基站子系统

根据功能的不同，基站子系统（BSS）可分为基站控制器（BSC）和基站收发信机（BTS）两大部分，BTS 提供无线资源的接入功能，而 BSC 则提供无线资源的控制功能。其中 BSC 的主要功能有：

1）对无线基站的监视。BSC 具有控制无线基站的资源及监视无线基站的性能。

2）对无线基站资源的管理。BSC 为每个小区配置业务及控制信道。

3）处理与移动台的连接。建立及管理由 MSC 发起的与移动台的连接。

4）定位及切换。其定位功能不断地分析话音接续质量，由此可做出是否切换的决定，若切换的目标小区在同一 BSS 内，则切换由 BSC 控制，否则，切换请求通过 MSC 送往邻近 BSC。

5）寻呼管理。负责分配从 MSC 来的寻呼消息。

6）BSS 的操作与维护。如系统数据的管理、软件安装、设备闭塞/解闭、告警处理、测试数据的收集和收发信机测试等。

7）对传输网路的管理。包括 BSC 配置、分配并监视与 BTS 之间的 64kbit/s 信道。其中话音编码在 BSC 内完成。

8）码型变换。将 4 个全速率的 GSM 信道复接成 64kbit/s 信道。

BTS 是无线基站内所有设备的总称，主要包括向移动台提供空中接口的收发信机。BTS 的主要功能有：有线/无线转换、RF 测量、天线分集、加密、跳频、非连续性发射、时间调整、监视和测试。

3．操作维护子系统

操作维护子系统（OMS）用于对通信分系统中的每一个设备实体进行控制和维护，OMS 是网络操作者对全网进行监控和操作的功能实体。当有服务请求等网络外部条件发生变化时，OMS 应相应地进行一系列技术与管理方面的操作。当部分系统出现严重故障时，维护系统应在最短的时间内完成必要的操作来重新装载运行程序，使系统恢复正常工作。OMS 完成的网络管理功能主要有：用户管理、终端设备管理、计费、业务统计、安全管理、操作与性能管理、网络测量、系统变化控制和维护管理等。

2.1.2 GSM 网络接口及信道类型

GSM 网络作为公用电话网的一部分，可与其他通信网相连。其他通信网可以是公用交换电话网（PSTN）、综合业务数字网（ISDN）、公用数据网（PSPDN）和公用陆地蜂窝移动通信网（PLMN）等。

1．网络接口

在 GSM 系统内各主要功能单元之间、GSM 与其他通信网之间都有大量的接口。GSM 系统已对这些接口及其协议作了详细的规定，从而为不同制造商的产品综合到一个 GSM 网络中创造了条件。GSM 系统的各种接口和信令如图 2-2 所示。

BSS 与 MS 之间的空中接口为 Um 接口，习惯上称此接口为无线接口，在此接口实现基站与移动台之间的信息交换。Um 接口是 GSM 系统的诸多接口中最重要的一个。首先，完整规范的无线接口建立了不同国家的 MS 与不同网络之间的完全兼容，这是 GSM 实现全球漫游的最基本条件之一；其次，无线接口决定了 GSM 蜂窝系统的频率利用率，这是衡量一个无线系统的主要经济依据。

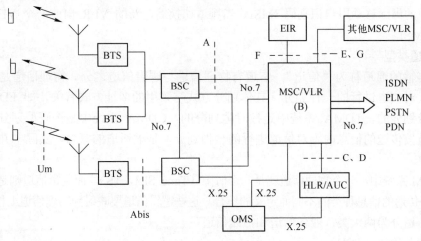

图 2-2　GSM 系统的各种接口与信令

　　基站子系统的两个功能实体 BSC（基站控制器）和 BTS（基站收发信台）之间的通信接口为 Abis 接口，用于 BTS 与 BSC 之间的远端互连方式。该接口支持所有向用户提供的服务，并支持对 BTS 无线设备的控制和无线频率的分配，其物理连接通过 2Mbit/s 的数据链路实现。Abis 接口为私有接口，即 BTS 和 BSC 的协议可以由各设备商自行规定。Abis 接口采用语音压缩技术，并通过信道复用，使传输一路语音只需要 16kbit/s 的带宽，远小于标准 PCM 调制的 64kbit/s 带宽。

　　MSC 与 BSC 之间为 A 接口，主要用于传递呼叫处理，移动性管理、基站管理和移动台管理等信息。在 A 接口上话音传输采用 2Mbit/s 的数字接口方式。

　　MSC 与 VLR 之间为 B 接口，当一个移动台从一个服务区漫游到另一个服务区时，移动台同 MSC 建立新的位置更新关系，MSC 与 VLR 之间通过 B 接口传递某移动用户相关数据或业务信息。

　　MSC 与 HLR 之间为 C 接口，C 接口用于管理和路由选择的信令交换。当建立呼叫时，MSC 通过此接口从 HLR 取得选择路由的信息。呼叫结束后，MSC 向 HLR 发送计费信息。

　　HLR 与 VLR 之间的接口为 D 接口，这个接口用于有关移动用户的位置数据和管理用户数据，主要为移动用户在服务区内提供收、发话业务，VLR 负责通知 HLR 移动用户的位置，并为 HLR 提供移动用户的漫游号码。当移动用户漫游到另一个 VLR 控制的服务区时，HLR 负责通知原先为此移动用户服务的 VLR，消除所有有关此移动用户的信息。当移动用户使用附加业务，用户想要改变其相关信息时，也使用此接口。

　　MSC 之间的接口为 E 接口，主要用于移动用户在 MSC 之间进行越局切换时交换有关信息。当移动用户在通话过程中从一个 MSC 服务区移动到另一个 MSC 服务区时，为维持连续通话，MSC 之间需进行信令交换，以确定哪一个小区适合切换。

　　MSC 与 EIR 之间为 F 接口，用于 MSC 和 EIR 之间的信令交换，EIR 存储国际移动设备识别码，MSC 通过 F 接口查询，以核对移动设备的识别码。

　　VLR 之间为 G 接口，当一个移动用户使用临时移动用户识别号（TMSI）在新的 VLR 中登记时，此接口用来在 VLR 之间传送有关信息，此接口还用于在分配 TMSI 的 VLR 那里检索该用户的国际移动用户识别码 IMSI。当频道切换后，新的 VLR 向前一个 VLR 查询移动用户的 IMSI。

2. 信道类型

信息传输的通道称为"信道"。信道有物理信道与逻辑信道之分。物理信道是按实际物理存在形式对信道进行的一种划分，具体划分方式与采用的多址方式有关，如 FDMA 系统中是按频带划分的，TDMA 系统中是按时隙划分的，CDMA 系统中是按码型划分的；而逻辑信道则是按传送的信息内容对信道进行的一种划分，是虚通道的概念，实际中并不存在这样一条通道。

在 GSM 系统中，一个物理信道就是一个时隙（Time Slot，TS），而逻辑信道则是根据 BTS 与 MS 之间传递的信息种类的不同而定义的集合，这些逻辑信道要映射到物理信道上传送。

逻辑信道分为两大类：业务信道和控制信道。

（1）业务信道（TCH）

承载话音或用户数据，在 TCH 信道上提供以下业务信道。

1）全速率话音业务信道（TCH/FS）。

2）半速率话音业务信道（TCH/HS）。

3）9.6kbit/s 全速率数据业务信道（TCH/F9.6）。

4）4.8kbit/s 全速率数据业务信道（TCH/F4.8）。

5）2.4kbit/s 全速率数据业务信道（TCH/F2.4）。

（2）控制信道

控制信道主要携带信令或同步数据。根据处理任务的不同，可分为 3 类控制信道：广播信道、公共控制信道和专用控制信道。

1）广播信道（BCH）。广播信道是从 BS 到 MS 的一点对多点的单向控制信道，用于向 MS 广播各类信息。广播信道可分为 3 种。

① 频率校正信道（FCCH），用于 MS 频率校正。

② 同步信道（SCH），用于 MS 的帧同步和 BS 识别。

③ 广播控制信道（BCCH），用于发送小区信息。

2）公共控制信道（CCCH）。公共控制信道是一点对多点的双向控制信道，主要携带接入管理功能所需的信令信息，也可用于携带其他信令，CCCH 由网络中各 MS 共同使用，有 3 种类型。

① 寻呼信道（PCH），用于 BTS 寻呼 MS。

② 随机接入信道（RACH），用于 MS 随机接入网络的上行信道。

③ 准予接入信道（AGGH），用于给成功接入的接续分配专用控制信道。

3）专用控制信道（DCCH）。专用控制信道是点对点的双向控制信道。根据通信控制过程的需要，将 DCCH 分配给 MS 使之与 BTS 进行点对点信令传输，它可分为以下几类。

① 独立专用控制信道（SDCCH）。

② 慢速随路控制信道（SACCH）。

③ 快速随路控制信道（FACCH）。

3. 信道组合

根据通信的需要，实际使用时总是将不同类型的逻辑信道映射到同一物理信道上，称为信道组合。下面是一些常见的信道组合。

1）TS0 时隙的信道组合。FCCH+SCH+BCCH+CCCH，如图 2-3 所示。

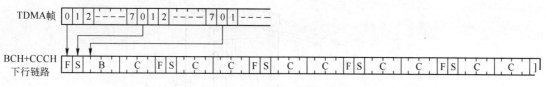

图 2-3　TS0 时隙的信道组合

2）TS1 时隙的信道组合。SDCCH+SACCH，如图 2-4 所示。

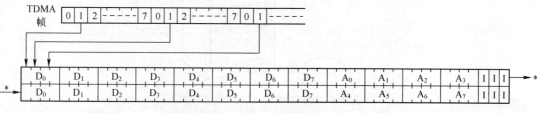

图 2-4　TS1 时隙的信道组合

3）TS2～TS7 时隙的信道组合。TCH+FACCH+SACCH，如图 2-5 所示。

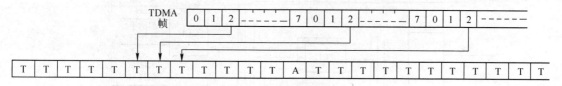

图 2-5　TS2～TS7 时隙的信道组合

2.1.3　爱立信 BTS 设备结构

GSM 系统主要由交换子系统（SSS）、基站子系统（BSS）和操作维护子系统（OMS）3 部分组成。其中基站子系统（BSS）是在一定的无线覆盖区中由 MSC 控制，与 MS 进行通信的系统设备，它主要负责完成无线发送接收和无线资源管理等功能。功能实体可分为基站控制器（BSC）和基站收发信机（BTS），其中 BSC 放置于 MSC 侧，BTS 则放置于基站侧。

BTS 单元提供了以下功能：与 BSC 之间的 Abis 接口和与 MS 之间的 Air 接口，保持 MS 与 BSC 之间的同步，监测来自 MS 的 RACH（随机接入信道），传输速率适配，无线链路的信道编码与解码、交织与反交织、加密与解密，上下行链路的 GMSK 调制与解调，功率放大、滤波、耦合，话务信道的质量监测，对检测结果进行预运算并将结果报告给 BSC，执行跳频等。

下面以瑞典爱立信公司基站设备 RBS2202 为例对 BTS 部分进行介绍，RBS2202 基站的外观结构如图 2-6 所示。

RBS2202 工作在 900MHz 频段，单机柜最大载频配置是 6TRX，可支持 2 机柜的串联连接。对于 RBS2202 每个基站模块，爱立信有一个 RU（Replaceable Unit）的概念，也就是说爱立信每一个基站模块都是可以替换的，许多标准化的硬件模块（RU）组合在一起就构成了 RBS2202 基站的硬件结构。这种特性给日常的维护工作带来了较大的方便。

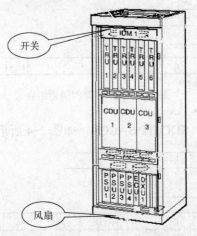

图 2-6　RBS2202 基站的外观结构图

RBS2202 的模块构成和信号流程如图 2-7 所示。

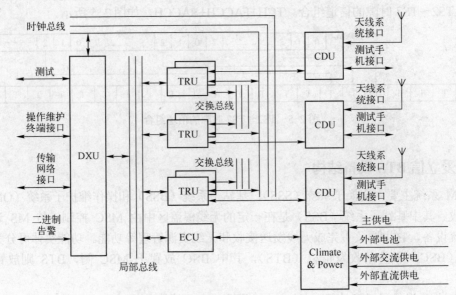

图 2-7　RBS2202 的模块构成和信号流程图

RBS2202 有以下模块：分布式交换单元（DXU）、基站发射和接收单元（TRU）、合路器模块（CDU）、电源供给模块（PSU）和环境控制单元（ECU）。

1．分布式交换单元

分布式交换单元（DXU）是基站的中央控制模块，有以下功能。

1）管理基站 Abis 接口的链路资源，有一个 G.703 的 2M 传输线接口。

2）通过局部总线分配话务信道 TS 到相应的 TRU 上。

3）接收 BSC 传送来的时钟同步信号和相应的信令。

4）存储有关机框配置的数据库。

5）操作维护终端接口，通过该接口可连接计算机查看基站设备状态。

DXU 的面板如图 2-8 所示。

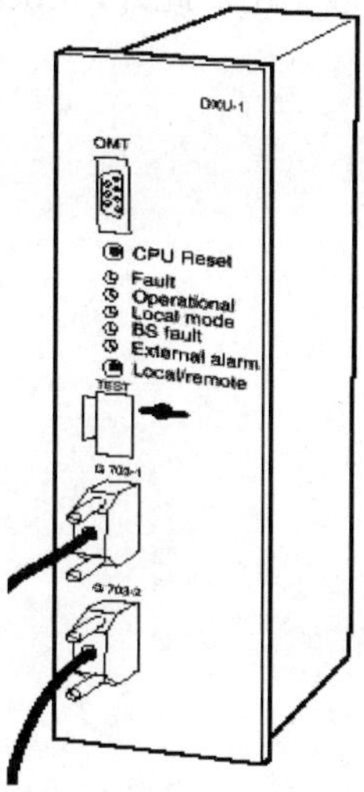

DXU 面板上有一个操作维护终端（OMT）连接端口，通过它可以连接一台计算机，用爱立信的 OMT 软件可以查看基站的硬件设备状态，对基站的硬件和软件进行配置，收集告警。在面板的下面有 G.703-1 和 G.703-2 两个传输接口。在一般情况下基站只用了 G.703-1 这个接口。而 G.703-2 只用于两个基站的串行连接使用，通常这个接口不使用。在面板的中部有 4 个指示灯。当单元的电源开启时，总有一个指示灯被点亮，通过观察指示灯的状态，可以诊断出基站单元的工作状态；当电源切断时，任何一个指示灯都不亮。各指示灯的含义如下：

1）故障（Fault）灯。当 Fault 灯保持为红色时，表示这块 DXU 自检诊断出有故障，在正常情况下 Fault 灯不亮。

2）操作（Operational）灯。保持为绿色时，表示这块 DXU 正常工作；Operational 灯闪烁时，表示 DXU 正从 BSC 装载软件。

图 2-8　DXU 的面板

3）本地模式（Local Mode）灯。当 Local Mode 灯保持为黄色时，表示 DXU 处于本地状态；当 Local Mode 灯不亮时，表示 DXU 处于远端状态（和交换机处于连接状态）。

4）基站故障（BS fault）灯。当 BS fault 灯保持为黄灯时，表示在 DXU 控制下的 TRU 有硬件故障。例如当 DXU 正常工作，而 TRU 有故障时，BS fault 灯就会长亮。

5）外部告警（External alarm）灯。当 External alarm 灯保持在黄灯时，表示基站有外围告警，如门告警、电源告警。

此外还有两个按钮。

1）CPU 重启（CPU Reset）。按这个按钮可以对 DXU 进行重启，对 DXU 装载的软件进行更新。

2）本地模式/远端模式（Local Mode/Remote Mode）。这个按钮用来对 RU 进行本地状态和远端状态之间切换。本地状态表明 DXU 和交换机之间的通信连接处于中断状态，此时交换机无法对基站进行控制。远端状态表明 DXU 和交换机之间的通信处于连接状态，BSC 控制着基站。在正常状态时 DXU 应该在远端状态。在 RBS2202 中只有 DXU 和 TRU 有本地和远端两个状态。按 Local Mode/Remote Mode 这个按钮可以在本地和远端状态之间切换，同时可以通过 Local Mode 灯观察 DXU 是在本地状态还是远端状态。

2．基站发射和接收单元

基站发射和接收单元（TRU）对话音信号进行数字编码和信号处理，接收和传送手机发射的信号，对信号进行功率放大；此外，TRU 还有对 RF 射频部分做回路测试的功能，从而检查 TRU 发射和接收的特性。由于采用了时分多址技术，每个 TRU 可以为 8 个手机用户提供服务。每个 TRU 有一个发射天线接口和两个接收天线接口。两个天线接口是用来对无线信号进行接收分集。TRU 的外形如图 2-9 所示。

TRU 有 5 个指示灯，其中 Fault 灯，Operational 灯和 Local Mode 灯的意义和 DXU 上的指示灯相同。还有 TX 工作状态指示灯（TX not enabled）：当该灯保持为黄色时，表示 TRU 暂时不能工作；而 Test call 灯和按钮只是在对 TRU 进行产品出厂验收时使用，在维护中一般不用。此外，Local Mode/Remote Mode 和 CPU Reset 这两个按钮的意义也和 DXU 相同。

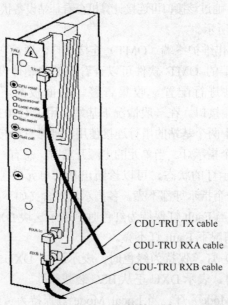

图 2-9 TRU 的外形图

（图中标注：CDU-TRU TX cable、CDU-TRU RXA cable、CDU-TRU RXB cable）

TRU 上方还有一根 TRU–CDU TX 线。是 TRU 和 CDU 发射天线的接口线。下方有 TRU–CDU RXA 和 RU–CDU RXB 线，是 TRU 和 CDU 接收天线的接口线。RXA 和 RXB 是用来对接收信号进行分集接收。

3．合路器模块

合路器模块（CDU）是 TRU 和天线系统的接口，它的作用是将几个 TRU 共享天线系统。所有的信号在发射和接收之前都经过 CDU 中的带通滤波器。主要功能如下：发射信号的合路；接收信号的分路；天线系统驻波比的监视功能；射频信号的滤波。CDU 可以分为两大类：Hybrid（混合型）和 Filter（滤波型），实际应用的 CDU 型号分别是 CDU C 、CDU C+、CDU D 三种型号。

（1）Hybrid（混合型）

混合型的 CDU 是一个宽带合路设备，每一个 Hybrid 的 CDU 能将两路输入信号合路成一路信号输出，但是每进行一次合路会有 3dB 的信号衰减。如按接 4 载频计算，共需进行 3 次合路，有 9dB 衰减，但是它对连接的 TRU 频率间隔要求较低，为 600kHz。每扇区 1 副天线配置可以支持 4 载频，每扇区两副天线配置可以支持 6 载频。CDU C 和 CDU C+就属于这一类，Hybrid 型合路器的工作示意图和相应基站图如图 2-10 所示。

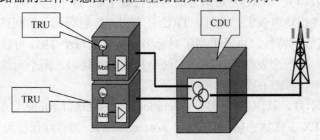

图 2-10 Hybrid 型合路器的工作示意图和相应基站图

（2）FILTER（滤波型）

FILTER 型的 CDU 是一个窄带设备，不论 CDU 合路多少 TRU，它的插入损耗始终是 4dB。但是它对连接的 TRU 频率间隔要求较高，为 1MHz。每扇区一副天线配置可支持 6 载频连接，FILTER 型合路器的工作示意图如图 2-11 所示。

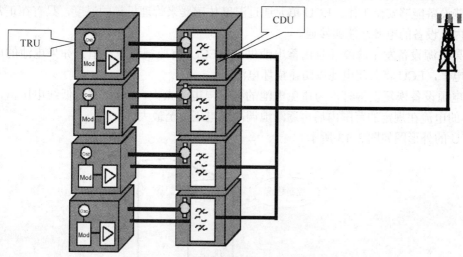

图 2-11 FILTER 型合路器的工作示意图

4. 电源供给单元

电源供给单元（PSU）负责将外部输入的电压转化成基站工作所需的+24V 直流电压，提供给基站内部各个工作单元使用。PSU 支持 AC（交流）和-48V 直流两种电压输入。实际上为了避免电压在高负荷工作时产生波动，PSU 输出的基站工作电压一般为 27.2V（DC）。PSU 的外形图如图 2-12 所示。

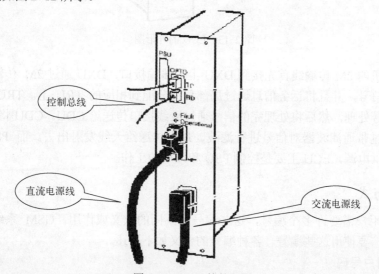

图 2-12 PSU 的外形图

5. 环境控制单元

环境控制单元（ECU）通过局部总线和 DXU 进行通信，控制和管理电源和与之相关的设备（如 PSU 单元、电池、交流连接单元、风扇、加热器、冷气机和热交换设备），并调节机箱内的气候情况以保证设备的工作系统能够正常运作。

ECU 能够在电源故障和突然变冷时对设备进行保护，它通过传送机箱内部、外部的温度和湿度并调节机箱内部的温度和湿度来控制热交换机、加热器、风扇和电源等设备，这样保证这些设备能够安全工作。ECU 单元通过温度传感器来管理机箱的温度，只有在正常的温度范围内，设备的电源才能够接通。

如果电源设备发生故障并且由蓄电池供电，ECU 将监视线电压值。如果电池的电压低于危险电平，ECU 将关闭电池以防止损坏电池。

当电源设备恢复正常时，为避免电池的再充电电流太大，ECU 将调低线电压值，在保持 PSU 的电流在规定的范围内后再逐渐地调高线电压值至最大。

ECU 的外形图如图 2-13 所示。

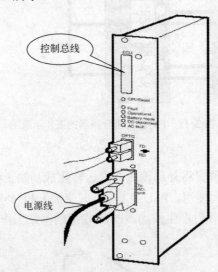

图 2-13　ECU 的外形图

一般交换机的 2M 传输线首先接到 DXU 上的传输接口，DXU 通过 2M 传输线接收交换机的时钟同步信号，并且将话务信息通过局部总线分配到相应的 TRU 上。TRU 将话音信号编码组合和信号处理，然后将处理完的信号通过天线接口传送给 CDU。CDU 将来自 TRU 的信号合成，通过带通滤波器对信号进行滤波，最后传送给天线发射出去。而 PSU 主要为整个基站硬件提供电源，ECU 主要是控制 PSU 和风扇的工作。

2.1.4　编号方式

一个移动用户需要许多个编号，这些编号有不同的意义或作用。GSM 系统在为这个用户提供服务时，要使用这些编号。各种编号的含义如下所述。

1. 移动用户号码

移动用户号码（MSISDN）是指主叫用户为呼叫 PLMN 网中的移动用户所需拨的号码，相当于我们个人住址中的门牌号码，别人据此可以找到你。号码组成格式如下。

国家码（CC）	国内目的码（NDC）	HLR 识别号	用户号码（SN）
86（中国）	13X	$H_0H_1H_2H_3$	XXXX

我国国家号码为 86，国内移动用户号码为一个 11 位数字的等长号码，即国内目的码（NDC）+HLR 识别号+用户号码（SN）。其中，中国移动分配的 NDC 为 134~139，中国联通分配的 NDC 为 130~132，中国电信的 NDC 为 133；HLR 识别号表示用户归属的 HLR，也用来区别移动业务本地网；SN 为 4 位用户号码。

2．国际移动用户识别码

国际移动用户识别码（IMSI）是区别移动用户的标志，储存在 SIM 卡中，可用于区别移动用户的有效信息。它的作用相当于个人身份证，别人可以据此验证你的合法性。IMSI 为总长不超过 15 位数字号码，结构为：

移动国家号码（MCC）	移动网号（MNC）	备用	移动用户识别码
460（中国）	XX	EF	$H_0H_1H_2H_3YYYY$

其中，移动国家号码（MCC）为 3 位数，是唯一用来识别移动用户所属国家号码，我国为 460；移动网号（MNC）由 2 个数字组成，识别移动用户所属的移动通信网，如中国移动为 00、中国联通为 01、中国电信为 03；移动用户识别码是唯一用于识别国内 PLMN 网中移动用户的号码，其中的 $H_0H_1H_2H_3$ 和移动用户 ISDN 号码中的 $H_0H_1H_2H_3$ 可以有对应关系，也可以不对应，YYYY 为自由分配。

3．移动用户漫游号码

移动用户漫游号码（MSRN）指当移动用户漫游到外地后，为使 GSM 网能再进行路由选择，把呼叫转移到移动用户当前所登记的 MSC 而由 VLR 临时分配给移动用户一个号码，该号码在接续完成后即可释放给其他用户使用。MSRN 结构如下：

漫游号码标记	MSC 号码	漫游号码
13X0	$M_0M_1M_2M_3$	ABC

$M_0M_1M_2M_3$ 为漫游地 MSC 端局的号码，ABC 为漫游地 MSC 端局临时分配给移动用户的漫游号码，范围是 000~499。

4．临时移动用户识别码

临时移动用户识别码（TMSI）设置的目的是为了防止非法个人或团体通过监听无线路径上的信令交换而窃得移动用户真实的身份识别码（即 IMSI）或跟踪移动用户的位置。TMSI 由 MSC/VLR 分配，并不断地进行更换，更换周期由网络运营者设置。更换的频次越快，起到的保密性越好，但对客户的 SIM 卡寿命有影响。每当移动用户用 IMSI 向系统请求位置更新、呼叫尝试或业务激活时，MSC/VLR 对它进行鉴权。允许接入网络后，MSC/VLR 产生一个新的 TMSI，通过给 IMSI 分配 TMIS 的命令将其传送给移动用户，写入其 SIM 卡中。此后，MSC/VLR 和移动用户之间的信令交换就使用 TMSI，用户真实的身份识别码（IMSI）便不再在无线路径上传送。当移动用户不在该 VLR 区域流动时，此 TMSI 即由此 VLR 收回。

5．国际移动台识别码

国际移动台识别码（IMEI）是唯一用于识别一个移动台设备的号码，为一个 15 位的 10

进制数字。其结构为：

型号批准码（TAC）	工厂装配码（FAC）	序号码（SNR）	备用（SP）
6 位	2 位	6 位	1 位

其中，型号批准码（TAC）由欧洲型号认证中心分配；工厂装配码（FAC）由厂家编码，表示生产厂家及其装配地；序号码（SNR）由厂家分配；备用（SP）。

6. 位置区识别码

位置区识别码（LAI）由 3 个部分组成：MCC+MNC+LAC。具体格式如下：

移动国家号码（MCC）	移动网号（MNC）	位置识别码（LAC）
460	XX	$X_1X_2X_3X_4$

其中 MCC、MNC 与前相同；LAC 为一个 2 字节 BCD 编码，用 $X_1X_2X_3X_4$ 表示（范围为 0000～FFFF）。全部为 0 的编码保留不用。X_1、X_2 统一分配，X_3、X_4 的分配由各省市自行分配。

7. 全球小区识别码

全球小区识别码（GCI）是在 LAI 的基础上再加上小区识别码（CI）构成的，其结构为：MCC+MNC+LAC+CI，其中 MCC、MNC 和 LAC 同上，CI 为一个 2 字节 BCD 编码，由各 MSC 自定。

8. 基站识别码

基站识别码（BSIC）用于区分不同运营商或同一运营商广播控制信道频率相同的不同小区，为 6bit 编码，其结构为：

网络色码（NCC）	基站色码（BCC）
XY_1Y_2	ABC

其中，网络色码（NCC）用来识别不同国家（国内识别不同的省）及不同的运营商，为 XY_1Y_2。X 代表运营商（如中国移动 X=1），Y_1Y_2 为统一规定；基站色码（BCC）由运营部门设定，用来唯一识别相邻的采用相同载频的不同 BTS。

2.2 GPRS 技术与应用

GPRS（General Packet Radio Service）也称为通用分组无线业务，是 GSM 系统向第 3 代移动通信演进的第一步。在这一步中，有两点重要意义：一是在 GSM 系统中引入分组交换能力，二是将速率提高到 100kbit/s 以上。GPRS 作为第 2 代移动通信向第 3 代过渡的技术是由英国 BT Cellnet 公司早在 1993 年提出的，基于 GSM 的移动分组数据业务，面向用户提供移动分组的 IP 或者 X.25 连接。

2.2.1 GPRS 背景与特点

移动通信和互联网的发展，使得人们对话音通信以外的数据通信，特别是无线数据通信提出了越来越大、越来越迫切的需求。于是，全球移动通信领域引发了一场新的技术革命。运营商在发展话音业务的同时，希望通过提供移动计算机和数据通信设备及业务开辟新的业务增长点，增加收入。但现有移动网大多仍为第 2 代技术，只能满足话音和低、中速数据业务的需求，难以满足中、高速数据业务的要求。以提供移动多媒体业务为特征的第 3 代移动通信，恰恰能适应这一发展，提供了速率高达 2Mbit/s 的数据业务。第 3 代移动通信网明显比第 2 代（无论是 GSM 还是 CDMA）在频谱利用率和业务能力上都有明显的提高，所以运营商会争取尽早提供第 3 代业务，以取得竞争的优势。第 3 代移动通信系统将是发展的必然趋势，而 GPRS 作为其过渡技术在时间上可以提前实现。

GPRS 最显著的优点就是能够提供比现有 GSM 的 9.6kbit/s 更高的数据速率，可达 171.2kbit/s。数据速率的提升改变了以前单一的面向文本的无线应用，使得包括图片、话音和视频的多媒体业务成为现实。移动用户再也不必通过拨号到专门的 ISP 来接收 Email 和浏览 WEB 网页，GPRS 提供了无缝、直接的互联网连接。GPRS 支持 X.25 协议和对互联网具有深远影响的 IP 协议。对于 GSM 网现有电路交换数据业务（CSD）和短消息业务（SMS）来说，GPRS 是一种补充而不是替代。GPRS 根据用户需要灵活地动态分配无线资源，从而实现多用户共享，提高频率利用率。同时计费也将由传统的按时方式改为根据用户数据的传输量来计费。GPRS 不仅被欧洲的第 2 代移动通信系统 GSM 支持，同时也被北美的 IS-136 支持。它的高数据率能够提供第 3 代中的部分多媒业务且在时间进程上提前几年，并且当第 3 代真正到来时候，对于那些没有第 3 代经营权的运营商来说，GPRS 仍不失为一种竞争业务，因此 GPRS 也被称为是第 2.5 代移动通信系统。

GPRS 的特点有以下几项。

1）速率高容量大。

GPRS 能够提供的传输速率最高可达 171.2kbit/s。这改变了以往单一的文本数字形式的数据，各种图片、话音和视频在内的多媒体业务也可实现。

2）永远在线。

当用户访问互联网时，手机就在无线信道上发送和接收数据；若没有数据传送时，手机就进入休眠状态，手机所在的无线信道会让给其他用户使用，但手机与网络之间仍保持着逻辑连接，一旦用户再次访问，手机立即向网络请求无线信道，不像普通拨号上网那样断线后还要重新拨号上网。

3）收费合理。

GPRS 手机的计费是根据用户传输的数据量而不是上网时间来计算。因此只要用户不在网络之间传输数据，即使一直"在线"，也无需付费。

2.2.2 GPRS 网络结构

将 GSM 网络升级到 GPRS 网络，最主要的改变是在网络内加入 SGSN 以及 GGSN 两个新的网络设备节点，同时在 BSC 中增加 PCU，如图 2-14 所示。GGSN 与 SGSN 如同互联网上的 IP 路由器，具备路由交换、过滤与传输数据分组等功能，也支持静态路由与动态路由。多个 SGSN 与 GGSN 构成电信网络内的一个 IP 网络，由 GGSN 与外部的互联网相连接。

1．分组控制单元

分组控制单元（PCU）是在 BSS 侧增加的一个处理单元，主要完成 BSS 侧的分组业务处理和分组无线信道资源的管理。目前，PCU 一般实现在 BSC 和 SGSN 之间。

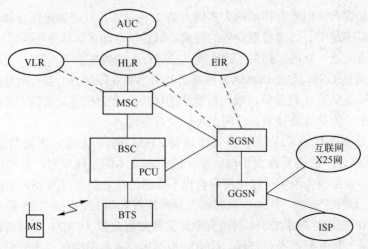

图 2-14　GPRS 网络结构图

2．业务支持节点

业务支持节点（SGSN）主要是负责传输 GPRS 网络内的数据分组，它扮演的角色类似通信网络的路由器，将 BSC 送出的数据分组路由到其他的 SGSN，或是由 GGSN 将分组传递到外部的互联网，除此之外，SGSN 还包括所有管理数据传输有关的功能。

GPRS 移动通信网络与互联网最大的区别，就是 GPRS 网络增加了手机或终端的移动性管理，同 GSM 网一样，SGSN 还负责与数据传输有关的会话管理、移动性管理和手机上的逻辑信道管理，以及统计传输数据量用于收费等功能。

3．网关支持节点

网关支持节点（GGSN）是 GPRS 网络连接外部互联网的一个网关，负责 GPRS 网络与外部互联网的数据交换。在 GPRS 标准的定义内，GGSN 可以与外部网络的路由器、ISP 的服务器或是企业单位的 Intranet 等 IP 网络相连接，也可以与 X.25 网络相连接，不过全世界大部分的移动运营商都倾向于只将 GPRS 网络与 IP 网络连接。

由外部互联网的观点来看，GGSN 是 GPRS 网络对互联网的一个窗口，所有的手机用户都限制在移动运营商的 GPRS 网络内，因此 GGSN 还负责分配各个手机的 IP 地址，并扮演网络上的防火墙，除了防止互联网上非法的入侵外，基于安全的理由，还能从 GGSN 上设置限制手机连接到某些网站。在 GPRS 网络内，通常将由单一的 SGSN 负责某个区域 GPRS 网络业务，移动运营商的 PLMN 内包括许多的 SGSN，但都只有很少数的 GGSN，SGSN 的数量远多于 GGSN。当手机用户登录上 GPRS 网络后，GGSN 负责分配给每个手机用户一个 IP 地址，管理手机传输数据信息的服务质量和统计传输资料量用于收费等功能。

对于原有 GSM 网的设备，例如 BTS、BSC、MSC/VLR 以及 HLR 等，大部分只要将设备的软件升级，增加数据信号处理与传输的能力，只有少许设备需要增加与 SGSN 相连接的硬件接口，因此大致上所有 GSM 网的设备都仍然能继续使用。

过去 GSM 网络内的 MS 几乎都设计成只有作为语音通话与发送短消息的手机，将 GSM 网络升级到 GPRS 网络后，MS 也需要更换，使其具有 GPRS 功能。GPRS 网络内的 MS 要同时具备传输语音的电路交换以及传输数据的分组交换两种方式，因而其功能与用途更加多样化。

2.2.3　主要网络接口

GPRS 网络中的主要接口如图 2-15 所示。

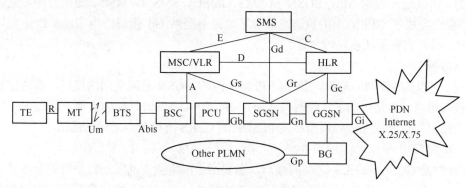

图 2-15　GPRS 网络中的主要接口

1．Um 接口

GPRS MS 与 GPRS 网络侧的接口，通过 MS 完成与网络侧的通信，完成分组数据传送、移动性管理、会话管理和无线资源管理等多方面的功能。

2．Gb 接口

Gb 接口是 SGSN 和 BSS 间接口，通过该接口 SGSN 完成同 BSS 系统、MS 之间的通信，以完成分组数据传送、移动性管理、会话管理方面的功能。该接口是 GPRS 组网的必选接口。在目前的 GPRS 标准协议中，指定 Gb 接口采用帧中继作为底层的传输协议，SGSN 同 BSS 之间可以采用帧中继网进行通信，也可以采用点到点的帧中继连接进行通信。

3．Gi 接口

Gi 接口是 GPRS 与外部分组数据网之间的接口。GPRS 通过 Gi 接口和各种公众分组网如 Internet 或 ISDN 网实现互联，在 Gi 接口上需要进行协议的封装/解封装、地址转换（如私有网 IP 地址转换为公有网 IP 地址）、用户接入时的鉴权和认证等操作。

4．Gn 接口

Gn 接口是 GRPS 支持节点间接口，即同一个 PLMN 内部 SGSN 间、SGSN 和 GGSN 间接口，该接口采用在 TCP/UDP 协议之上承载 GTP（GPRS 隧道协议）的方式进行通信。

5．Gs 接口

Gs 接口是 SGSN 与 MSC/VLR 之间接口，Gs 接口采用 7 号信令上承载 BSSAP+协议。SGSN 通过 Gs 接口和 MSC 配合完成对 MS 的移动性管理功能，包括联合的 Attach/Detach、联合的路由区/位置区更新等操作。SGSN 还将接收从 MSC 来的电路型寻呼信息，并通过 PCU 下发到 MS。如果不提供 Gs 接口，则无法进行寻呼协调，不利于提高系统接通率；如果不提供 Gs 接口，则无法进行联合位置路由区更新，不利于减轻系统信令负荷。

6．Gr 接口

Gr 接口是 SGSN 与 HLR 之间接口，Gr 接口采用 7 号信令上承载 MAP+协议的方式。SGSN 通过 Gr 接口从 HLR 取得关于 MS 的数据，HLR 保存 GPRS 用户数据和路由信息，当发生 SGSN 间的路由区更新时，SGSN 将会更新 HLR 中相应的位置信息；当 HLR 中数据有变动时，也将通知 SGSN，SGSN 会进行相关的处理。

7．Gd 接口

Gd 接口是 SGSN 与 SMS-GMSC、SMS-IWMSC 之间的接口。通过该接口，SGSN 能接收短消息，并将它转发给 MS，SGSN 和 SMS_GMSC、SMS_IWMSC、短消息中心之间通过 Gd 接口配合完成在 GPRS 上的短消息业务。如果不提供 Gd 接口，当 Class C 手机附着在 GPRS 网上时，它将无法收发短消息。

8．Gp 接口

Gp 接口是 GPRS 网间接口，是不同 PLMN 网的 GGSN 之间采用的接口，在通信协议上与 Gn 接口相同，但是增加了边缘网关（BG，Border Gateway）和防火墙，通过 BG 来提供边缘网关路由协议，以完成归属于不同 PLMN 的 GPRS 支持节点之间的通信。

9．Gc 接口

Gc 接口是 GGSN 与 HLR 之间的接口，主要用于网络侧主动发起对手机的业务请求时，由 GGSN 用 IMSI 向 HLR 请求用户当前 SGSN 地址信息。由于移动数据业务中很少会有网络侧主动向手机发起业务请求的情况，因此 Gc 接口目前作用不大。

10．Gf 接口

Gf 接口是 SGSN 与 EIR 之间的接口，由于目前网上一般都没有 EIR，因此该接口作用不大。

2.3 EDGE 技术与应用

EDGE 是英文 Enhanced Data Rate for GSM Evolution 的缩写，即增强型数据速率 GSM 演进技术。EDGE 是一种从 GSM 到 3G 的过渡技术，它主要是在 GSM 系统中采用了一种新的调制方法，即 8PSK 调制，如图 2-16 所示。由于 8PSK 可将现有 GSM 网络采用的 GMSK 调制技术的信号空间从 2 扩展到 8，从而使每个符号所包含的信息是原来的 3 倍。

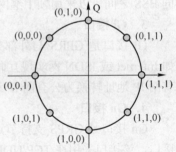

图 2-16　8PSK 调制

之所以称 EDGE 为 GPRS 到第 3 代移动通信的过渡性技术，主要原因是这种技术能够充分利用现有的 GSM 资源。因为它除了采用现有的 GSM 频率外，同时还利用了大部分现有的 GSM 设备，而只需对网络软件及硬件做一些较小的改动，就能够使运营商向移动用户提供诸如互联网浏览、视频电话会议和高速电子邮件传输等无线多媒体服务，即在第 3 代移动网络商业化之前提前为用户提供个人多媒体通信业务。由于 EDGE 是一种介于现有的第 2 代移动网络与第 3 代移动网络之间的过渡技术，比 2.5 代技术 GPRS 更加优良，因此也有人称之为 2.75 代技术。EDGE 还能够与以后的 WCDMA 制式共存，这也正是其所具有的弹性优势。EDGE 技术主要影响现有 GSM 网络的无线访问部分，即收发基站（BTS）和基站控制器（BSC），而对基于电路交换和分组交换的应用和接口并没有太大的影响。因此，网络运营商可最大限度地利用现有的无线网络设备，只需少量的投资就可以部署 EDGE，并且通过移动交换中心（MSC）和服务 GPRS 支持节点（SGSN），还可以保留使用现有的网络接口。事实上，EDGE 改进了这些现有 GSM 应用的性能和效率并且为将来的宽带服务提供了可能。EDGE 技术有效地提高了 GPRS 信道编码效率及其高速移动数据标准，它的最高速率可达 384kbit/s，在一定程度上节约了网络投资，可以满足无线多媒体应用的带宽需求。从长远观点看，它将会逐步取代 GPRS 成为与第 3 代移动通信系统最接近的一项技术。

2.3.1　EDGE 出现的背景

语音通信是第 2 代移动系统的主要服务，但随后，移动通信设备则在大大增强对数据通信的支持能力，一些标准的移动通信设备可以提供速率达 9.6kbit/s 的数据服务。但是，这样低的数据通信速率显然无法满足移动设备多媒体数据通信的需求，因此，厂商们纷纷在开发新的、速率更快的移动数据通信技术，其中最典型的就是 GPRS 和 EDGE。

GPRS 通过多时隙操作实现了较高的比特速率，是一种面向非连接的技术，用户只有真正在收发数据时才需要保持对网络的连接，因此大大提高了无线资源的利用率。但是因为这些技术是基于高斯最小移频键控（GMSK）调制技术的，因此每个时隙能够得到的速率提高是有限的。为此，许多效率更高的调制方案纷纷出台，例如在 TDMA/136+中，多时隙操作和新的调制方案 8PSK（基于 30kHz 的载波带宽）的结合将使数据速率得以提升。

在此基础上，爱立信公司于 1997 年第 1 次向 ETSI 提出了 EDGE 的概念。同年，ETSI 批准了 EDGE 的可行性研究，这对以后 EDGE 的发展铺平了道路。尽管 EDGE 仍然使用了 GSM 载波带宽和时隙结构，但它也能够用于其他的蜂窝通信系统。EDGE 可以被视为一个提供高比特率、并且因此促进蜂窝移动系统向第 3 代功能演进的、有效的通用无线接口技术。在此基础上，统一无线通信论坛（UWCC）评估了用于 TDMA/136 的 EDGE 技术，并且于 1998 年 1 月批准了该技术。

在现有的 GSM 网络中引进 EDGE 技术必然会对现有的网络结构和移动通信设备带来影响。要使 EDGE 易于被网络运营商接受和推广，EDGE 必须将它对现有的网络结构的影响降到最低，并且 EDGE 系统应该允许运营商再次利用现有的基站设备。此外，使用 EDGE，运营商应该不需要修改它们的无线网络规划，而且 EDGE 的引入也不能影响移动通信的质量。

2.3.2　EDGE 的技术特点

EDGE 是一种能够进一步提高移动数据业务传输速率和从 GSM 向 3G 过渡中的重要技术。它在接入业务、网络建设和信道管理方面具有以下特性。

1．接入业务方面

1）带宽得到了明显提高，单时隙信道的速率可达到 48kbit/s，从而使移动数据业务的传输速率在峰值可以达到 384kbit/s，这为移动多媒体业务的实现提供了基础。

2）提供更为精准的位置服务。

2．网络建设方面

1）EDGE 采用新的调制编码技术，它改变了空中接口的速率。

2）EDGE 的空中信道分配方式、TDMA 的帧结构等空中接口特性与 GSM 相同。

3）EDGE 不改变 GSM 或 GPRS 网的结构，也不引入新的网络单元（网元），只是对 BTS 进行升级。

4）EDGE 的速率高，现有的 GSM 网络主要采用高斯最小移频键控（GMSK）调制技术，而 EDGE 采用了八进制移相键控（8PSK）调制，在移动环境中可以稳定达到

384kbit/s，在静止环境中甚至可以达到 2Mbit/s，基本上能够满足各种无线应用的需求。

5）EDGE 同时支持分组交换和电路交换两种数据传输方式。它支持的分组数据服务可以实现每时隙高达 11.2～69.2kbit/s 的速率。EDGE 可以用 28.8kbit/s 的速率支持电路交换服务，它支持对称和非对称两种数据传输，这对于移动台上网是非常重要的。比如在 EDGE 系统中，用户可以在下行链路中采用比上行链路更高的速率。

3．信道管理方面

引入 EDGE 以后，一个 BTS 将包括两类收发机：标准 GSM 收发机和 EDGE 收发机。BTS 中的每个物理信道（时隙）一般至少具有以下 4 种信道类型。

1）GSM 语音和 GSM 电路交换数据（CSD）。

2）GPRS 分组交换数据。

3）电路交换数据、增强电路交换数据（ECSD）和 GSM 语音。

4）EDGE 分组交换数据（EGPRS），它允许同时为 GPRS 和 EDGE 用户提供服务。

虽然标准的 GSM 收发机只支持上述信道类型 1 和 2，但 EDGE 收发机支持上述所有 4 种类型。EDGE 系统中的物理信道将根据终端能力和用户需求动态定义。例如，如果几个语音用户都是活动的，那么 1 类信道的数量就会增加，同时减少 GPRS 和 EDGE 信道。显然，在 EDGE 系统中必须能够实现上述 4 种信道的自动管理，否则将大大削弱 EDGE 系统的效率。

2.3.3　EDGE 对网络结构的影响

无线数据通信速度的提高对现有 GSM 网络结构提出了新的要求。然而，EDGE 系统对现有 GSM 核心网络的影响非常有限，并且由于 GPRS 中的节点 SGSN 和网关 GGSN 或多或少地独立于用户数据通信速率，因此，EDGE 将不需要部署新的硬件。

一个明显的通信瓶颈是 Abis 接口，它当前只能支持每信道时隙 16kbit/s 的速率。而对于 EDGE，每个信道的速率将超过 64kbit/s，这要求为每个通信信道分配多个 Abis 时隙。不过，Abis 接口 16kbit/s 的限制可以通过引入两个 GPRS 编码方案（CS3 和 CS4）来突破，它能够提供每信道 22.8kbit/s 的速率。

对于基于 GPRS 的分组数据服务，其他的节点和接口已经能够处理每时隙更高的比特率。对于电路交换服务而言，Abis 接口可以处理每个用户 64kbit/s 的速率，因此在 MSC 中的修改将只会影响软件部分，而不会涉及原有的硬件设备。

1．无线网络规划

一个决定 EDGE 能否取得成功的重要条件是应该能够允许网络运营商逐步引入 EDGE。具有 EDGE 功能的收发机最早应该部署在最需要 EDGE 覆盖的地方，以补充现有的标准 GSM 收发机，因此，在一个相同的频段，电路交换、GPRS 和 EDGE 用户服务将同时存在。为了将运营商的投资和成本降到最低，与 EDGE 相关的实现不应该要求对现有无线网络规划做广泛修改，包括信元规划、频率规划、功率级和其他信元参数的设置等。

2．覆盖范围规划

非透明无线链路协议（如自动重复请求 APR 的协议）的一个重要特点是，较差的无线链路质量会导致更低的比特率。与语音通信不同的是，低载波-噪声比并不会导致数据会话的丢失，而只会临时地减少用户通信速度。在 GSM 设备中不同的用户间存在的载波干扰，一个 EDGE 收发信机将同时包括具有不同通信速率的用户，接近基站中心的用户通信速率高，接近基站边界的用户通信速率限制在标准 GPRS 的范围内。

根据提供给国际标准化组织的测试结果，一个具有 95%语音通信业务的 EDGE 系统，将有 30%的用户获得超过 45kbit/s 的每时隙通信速率，而全部用户的平均速率为 34kbit/s。

在覆盖范围的问题上，如果网络运营商能够接受在信元边界只具有标准 GPRS 数据通信速率，那么现有的 GSM 站点已经提供了 EDGE 足够使用的覆盖范围。对于一般需要持续比特率的透明数据服务来说，则必须使用链路自适应技术来分配满足比特率和错误比特率（BER）需求时的时隙数量。

3．频率规划

在绝大多数成熟的 GSM 网络中，频率的平均复用系数在 9～12，未来的移动通信系统将向着更低的频率复用系数发展。事实上，随着跳频技术的引进，多重再使用方式（MRP）和非连续传输（DTX）将频率的复用系数降到 3 是可行的，这就是说每 3 个基站就会发生频率被重新使用的情况。

EDGE 支持频率复用。事实上，由于采用了链路自适应技术，EDGE 可以被引入到任何频率计划，包括 EDGE 可以被引入到现有的 GSM 频率规划中，为更高速率的数据通信打下良好的基础。

2.4 CDMA 系统组成与工作原理

前面介绍的 GSM 系统属于第 2 代移动通信系统，它采用的是时分多址（TDMA）方式。在第 2 代移动通信系统中，还有一种系统采用的是码分多址（Code Division Multiple Access）方式，简称为 CDMA 系统。

CDMA 起源于扩频技术。由于扩频技术具有抗干扰能力强、保密性能好的特点，20 世纪 80 年代就在军事通信领域获得了广泛的应用。为了提高频率利用率，在扩频的基础上，人们又提出了码分多址的概念，即在同一频带内，利用不同的地址码来区分无线信道。尽管人们已经看到这种技术的诸多优越性，但实现起来的难度较大。1990 年，美国高通公司在曼哈顿区进行了小型实验，虽然只有 3 个基站和两个原始的移动台，但已证明许多性能都是成功的。1993 年，美国通信工业协会（TIA）正式通过 CDMA 的空中接口标准（IS-95），高通公司已经设计开发了用于 CDMA 系统的超大规模集成电路芯片作为系统用户设备和基站的元件，并于 1995 年生产出 CDMA 的基础设备和配套设备。目前，CDMA 移动通信技术已被众多的通信设备制造商和移动通信运营商使用。

2.4.1 CDMA 基本原理

CDMA 是一种以扩频通信为基础的调制和多址连接技术。

1．扩频通信的基本概念

扩频通信的全称是扩展频谱通信，它代表一种信息传输方式，在发端采用扩频码调制，使已调信号所占的频带宽度远大于所传信息的带宽，在收端采用相同的扩频码进行相关解调来解扩以恢复所传送的信息。扩频通信系统如图 2-17 所示。

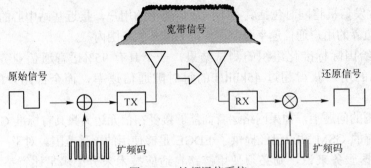

图 2-17　扩频通信系统

扩频通信包含了 3 方面的意思。

首先，信号的频谱被展宽了。众所周知，传输任何信息都需要一定的频带，称为信息带宽或基带信号带度。例如，人类语音主要的信息带宽为 300～3400Hz，电视图像信息带宽为 6MHz。在常规通信系统中，为了提高频谱利用率，通常都是尽量采用大体相当带宽的射频信号来传输信息，即在无线电通信中射频信号的带宽与所传信息的带宽是相比拟的，即一般属于同一个数量级。例如，用调幅（AM）信号来传送语言信息，其带宽为语言信息带宽的两倍；用单边带（SSB）信号来传输其信号带宽更小。即使是调频（FM）或脉冲编码调制（PCM）信号，其带宽也只是信息带宽的几倍。扩频通信中已调信号的带宽与所传信息的带宽之比则高达 100～1000，属于宽带通信。为什么要用这么宽的频带信号来传输信息呢？这样岂不是太浪费宝贵的频率资源了吗？我们将在下面用信息论和抗干扰理论来回答这个问题。

其次，采用扩频码调制的方式来展宽信号频谱。由信号理论知道，在时间上是有限的信号，其频谱是无限的。脉冲信号宽度越窄，其频谱就越宽。作为工程估算，信号的频带宽度与其脉冲宽度近似成反比。例如，1μs 脉冲的带宽约为 1MHz。因此，如果很窄的脉冲序列被所传信息调制，则可产生很宽频带的信号。CDMA 蜂窝网移动通信系统就是采用这种方式获得扩频信号的，该方式称为直接序列扩频系统（简称为直扩，缩写为 DS）。这种很窄的脉冲码序列称为扩频码序列，其码速是很高的。需要说明的是，所采用的扩频码序列与所传的信息数据是无关的，也就是说，它与一般的正弦载波信号是相类似的，丝毫不影响信息传输的透明性，扩频码序列仅仅起展展信号频谱的作用。

第三，在接收端用相关解调（或相干解调）来解扩。正如在一般的窄带通信中，已调信号在接收端都要进行解调来恢复发端所传的信息。在扩频通信中接收端则用与发送端完全相同的扩频码序列与收到的扩频信号进行相关解扩，恢复所传信息。

这种在发端把窄带信息扩展成宽带信号，而在收端又将其解扩成窄带信息的处理过程，会带来一系列好处，我们将在后面做进一步说明。

2．扩频通信的理论基础

长期以来，人们总是想方设法使信号所占频谱尽量窄，以充分提高十分宝贵的频率资源的利用率。为什么要用宽频带信号来传输窄带信息呢？简单的回答就是，主要为了通信的安全可靠。这一点可以用信息论和抗干扰理论的基本观点加以说明。

信息学家香农在其信息论中得出带宽与信噪比互换的关系式，即著名的香农公式：

$$C = B \log_2 \left(1 + \frac{S}{N}\right)$$

式中，C 为信息传输速率（或信道容量），单位为 bit/s；B 为信号带宽，单位为 Hz；S 为信号平均功率，单位为 W；N 为噪声平均功率，单位为 W。

香农公式原意是说，在给定信号功率 S 和噪声功率 N 的情况下，只要采用某种编码系统，就能以任意小的差错概率，以接近于 C 的传输速率来传送信息。这个公式还暗示：在保持信息传输速率 C 不变的条件下，可以用不同带宽 B 和信噪功率比（简称为信噪比）来传输信息。换言之，带宽 B 和信噪比是可以互换的。也就是说，如果增加信号频带宽度，就可以在较低的信噪比的条件下以任意小的差错概率来传输信息。甚至在信号被噪声淹没的情况下，即 $S/N<1$，只要相应地增加信号带宽，也能进行可靠的通信。上述表明，采用扩频信号进行通信的优越性在于用扩展频谱的方法可以换取信噪比上的好处。

综上所述，将信息带宽扩展 100 倍，甚至 1000 倍以上，就是为了提高通信的抗干扰能力，即在强干扰条件下保证可靠安全地通信。这就是扩频通信的基本思想和理论基础。扩频通信具有隐蔽性强、保密性高和抗干扰等优点。

3．扩频方式

最常使用的扩频方式是直接序列扩频（简称为直扩），另外也可采用跳频或跳时方式进行扩频。所谓直接序列扩频就是在发送端用高速率的扩频码与数字信号相乘，由于扩频码的速率比数字信号的速率大得多，因而扩展了信息的传输带宽。在接收端，用相同的扩频码与接收信号相乘，进行相关运算，将信号解扩，还原出原始信号。

直接序列扩频的优点是调制器设计简单，通信隐蔽性好，抗多径能力强，可精确测量信号到达时间，信号易于产生、易于加密，带宽为 1～100MHz，信息包络为常数。缺点是处理增益受扩频码速率限制，同步要求严格，"远近特性"不好，捕获时间较长，且随码长增加而增加，调制多为 PSK。

直接序列扩频系统的构成主要有两种方案。

1）方案一：直接序列扩频系统的构成方案一如图 2-18 所示，发端用户信息首先与对应的地址码相乘，进行地址码调制；再与高速扩频码进行扩频调制。系统中的地址码是采用一组正交码，例如 Walsh 码，各个用户分配其中的一个码，而扩频码在系统中只有一个，用于扩频和解扩，以增强系统的抗干扰能力。该系统由于采用了完全正交的地址码组，各用户之间的相互影响可以完全消除，提高了系统性能，但整个系统更为复杂，尤其是同步系统。

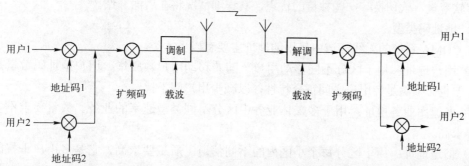

图 2-18　直接序列扩频系统的构成方案一

2）方案二：直接序列扩频系统的构成方案二如图 2-19 所示，发端的用户信息直接与对应的扩频码相乘，进行地址码调制，同时又进行了扩频调制。收端扩频信号经过由本地产生的、与发端完全相同的扩频码解扩，相关检测得到所需的用户信息。CDMA 系统中扩频码不是一个，而是采用一组正交性良好的伪随机码（PN）。其任意两个伪随机码之间的互相关值接近于 0，该组伪随机码既用做用户的地址码，又用于扩频和解扩，增强系统的抗干扰能力。

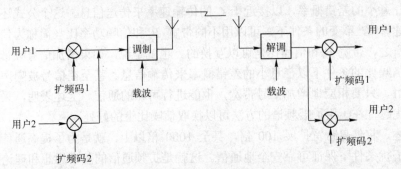

图 2-19　直接序列扩频系统的构成方案二

第二种方案由于去掉了单独的地址码组，用不同的伪随机码来代替，整个系统相对简单一些。但是，由于伪随机码组不是完全正交的，而是准正交的，也就是码组内任意两个伪随机码的互相关值不为 0，各用户之间的相互影响不可能完全消除，整个系统性能将受到一定影响。

扩频通信具有较强的抗干扰性能，但付出了占用频带宽的代价。如果让许多用户共用这一宽频带，则可大大提高频带的利用率。在扩频通信中充分利用正交的地址码序列或准正交的扩频码序列之间的相关特性，在接收端利用相关检测技术进行解扩，则在分配给不同用户以不同码型的情况下可以区分不同用户的信号，提取出有用信号。这样一来，在一宽频带上许多用户可以同时通信而互不影响。它与利用频带分割的频分多址（FDMA）或时间分割的时分多址（TDMA）通信的概念类似，即利用不同的码型进行分割，所以称为码分多址（CDMA）。这种码分多址方式，虽然要占用较宽的频带，但平均到每个用户占用的频带来计算，其频带利用率是较高的。有研究表明，在 3 种蜂窝移动通信系统（使用 FDMA 技术的 AMPS 系统、使用 TDMA 技术的 GSM 系统和 CDMA 蜂窝系统）中，CDMA 蜂窝系统的通信容量最大，即为 FDMA 的 20 倍、TDMA 的 4 倍。除此之外，CDMA 蜂窝移动通信系统还具有软容量、软切换等一些独特的优点，其详细情况将在后面介绍。

4. 地址码类型

在 CDMA 系统的无线信道中使用的地址主要有以下 4 类。

1）用户地址：用于区分不同移动用户。随着移动用户数骤增，用户地址码数量是主要问题，但也必须满足各用户之间正交特性，以减少用户间干扰。

2）多速率业务地址：用于多媒体业务中区分不同类型速率的业务。数量要求不多，但质量要求高。

3）信道地址：用于区分每个小区内的不同信道。质量要求高，它是多用户干扰的主要来源。

4）基站地址：用于区分不同基站与扇区。对地址码数量的要求没有用户地址那样大。

以上 4 类地址中，前两类多用于上行信道，以移动台为主；后两类多用于下行信道，以基站为主。上述 4 类地址，要求不完全一致，很难用同一种地址码同时满足数量与质量上的矛盾。因此，对不同地址，分别设计采用不同类型的地址码组，以解决不同的矛盾，这是当今地址码设计的主导思想。CDMA 中常用的地址码类型有 m 序列码、Walsh 序列码和 Gold 序列码。其中，Gold 序列码常用于用户地址，m 序列码常用于基站地址，Walsh 序列码常用于多速率业务地址和信道地址。

5. 扩频码速率的选择

CDMA 蜂窝系统扩频码的速率规定为 1.2288MHz，这个规定考虑了频谱资源的限制、系统容量、多径分离的需要和基带数据速率等多个因素。

在美国，FCC 规定划分给蜂窝通信的频谱带宽为单向 25MHz，并分配给两家公司，每家分得单向频谱带宽总计为 12.5MHz，其中最窄的一段带宽为 1.5MHz。为获得最大适应性，信号带宽应小于 1.5MHz。选择 1.2288MHz 的码速率，滤波后可获得 1.25MHz 的带宽。在 12.5MHz 宽频带内可以划分出 10 条频道。

决定 CDMA 数字蜂窝系统容量的主要因素是：系统的处理增益、信号比特能量与噪声功率谱密度比、话音占空比、频率复用效率、每小区的扇区数目。为了取得高的系统处理增益，从而获得高系统容量，扩频码速率应尽可能高。通常陆地移动通信环境的多径延迟为 1～100μs，为了充分发挥扩频码分多址技术，实现多径分离的作用，要求扩频码序列的持续时间应小于 1μs，也就是扩频码速率应大于 1MHz。选择 1.2288MHz 的另一个原因是，这个速率可以被基带数据速率 9.6kbit/s 整除（=128），而且除数 128 是 2 的幂指数（$=2^7$）。

6. CDMA 系统的主要优点

CDMA 系统采用码分多址技术及扩频通信的原理，使得系统中可以使用多种先进的信号处理技术，为系统带来了许多优点。

1）大容量。根据上述理论计算以及现场试验表明，CDMA 系统的信道容量是 FDMA 系统的 20 倍，是 TDMA 系统的 4 倍。CDMA 系统的高容量很大一部分因素是由于它的频率复用系数远远超过其他制式的蜂窝系统。

2）软容量。在 FDMA 和 TDMA 系统中，当小区服务的用户数达到最大信道数后，已满载的系统绝对无法再增添一个用户。此时若有新的呼叫，该用户只能听到忙音。而在 CDMA 系统中，用户数目和服务质量之间可以相互折中，灵活确定。例如系统经营者可以在话务量高峰期将误帧率稍微提高，从而增加可用信道数。同时，当相邻小区的负荷较轻时，本小区受到的干扰减少，容量就可适当增加。

体现软容量的另一种形式是小区呼吸功能。所谓"小区呼吸功能"就是指各个小区的覆盖大小是动态的，当相邻两个小区负荷一轻、一重时，负荷重的小区通过减小导频发射功率，使本小区的边缘用户由于导频强度不够，切换到相邻小区，使负荷分担，相当于增加了相邻小区容量。

3）软切换。是指当移动台需要切换时，先与新的基站连通再与原基站切断联系，而不是先切断与原基站的联系再与新的基站连通。软切换只能在同一频率的信道间进行，因此，FDMA 和 TDMA 系统不具备这种功能。软切换可以有效地提高切换的可靠性，大大减少切换造成的掉话，因为据统计，FDMA 和 TDMA 系统无线信道上的掉话 90％发生在切换中。同时，软切换可以提供分集，从而保证通信的质量。但是软切换也相应带来了一些缺点：导致硬件设备的增加，降低了前向容量等。

4）高质量和低功率。由于 CDMA 系统中采用有效的功率控制和强纠错能力的信道编码，以及多种形式的分集技术，从而使基站和移动台以非常节约的功率发射信号，延长手机电池使用时间，同时获得优良的话音质量。

5）话音激活。典型的全双工双向通话中，每次通话的占空比小于 35%，在 FDMA 和 TDMA 系统里，由于通话停等时重新分配信道存在一定时延，所以难以利用话音激活因素。CDMA 系统因为使用了可变速率声码器，在不讲话时传输速率降低，减轻了对其他用户的干扰，这即是 CDMA 系统的话音激活技术。

6）保密性好。CDMA 系统的信号扰码方式提供了高度的保密性，使这种数字蜂窝系统在防止串话、盗用等方面具有其他系统不可比拟的优点。CDMA 的数字话音信道还可将数据加密标准或其他标准的加密技术直接引入。

2.4.2　CDMA 的无线逻辑信道

无线信道用来传输无线信号，包括基站发往移动台的前向无线信道，也称为前向链路；移动台发往基站的后向无线信道，也称为后向链路。

在 CDMA 系统中，各种无线逻辑信道都是由不同的地址码序列来区分的。因为任何一个通信网络除去要传输信息外，还必须传输有关的控制信息。对于大容量系统，一般采用集中控制方式，以便加快建立链路的过程。为此，CDMA 蜂窝系统在基站至移动台的传输方向上（前向链路），设置了导频信道、同步信道、寻呼信道和前向业务信道；在移动台至基站的传输方向上（后向链路），设置了接入信道和后向业务信道。CDMA 的无线逻辑信道的示意图如图 2-20 所示。

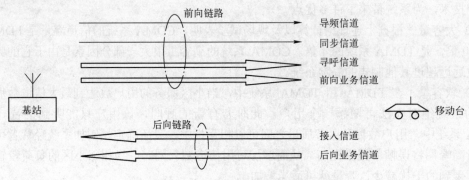

图 2-20　CDMA 的无线逻辑信道的示意图

在 CDMA 系统中，前向链路最多可以有 64 条同时传输的信道，前向链路的逻辑信道组成的结构如图 2-21 所示。从中看出，除了传输业务信息的业务信道之外，还有传输控制信息的控制信道。其中，导频信道 W_0 中是基站连续发送的导频信号，为移动台提供解调用的相干载波，并作为移动台过境切换的测量信号；同步信道 W_{32} 中是基站连续发送的同步信号，为移动台提供同步信息；寻呼信道最多可以有 7 个（$W_1 \sim W_7$），其功能是向小区内的移动台发送呼入信号、信道分配和其他信令，在需要时寻呼信道也可以用作业务信道；业务信道有 55 个（$W_8 \sim W_{63}$，其中 W_{32} 是同步信道），其功能主要是传送业务信息。共有 4 种传输速率：9.6kbit/s、4.8kbit/s、2.4kbit/s 和 1.2kbit/s。

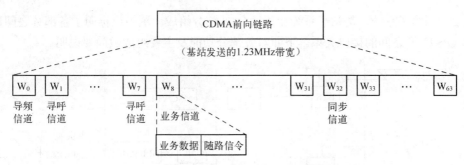

图 2-21　前向链路的逻辑信道组成结构图

后向链路信道有接入信道和业务信道两种，后向链路的逻辑信道组成的结构如图 2-22 所示。接入信道与前向链路的寻呼信道相对应，其作用是在移动台接续开始阶段提供通路，即在移动台没有占用业务信道之前，提供由移动台至基站的传输道路，供移动台发起呼叫或对基站的寻呼进行响应，以及向基站发送登记注册的信息等。接入信道使用一种随机接入协议，允许多个用户以竞争的方式占用。在一个后向链路中，接入信道数 n 最多可达 32 个。在极端情况下，业务信道数 m 最多可达 64 个，每个业务信道用不同的地址码序列加以识别，每个接入信道也采用不同的地址码序列加以区别。后向链路上无导频信道，这样，基站接收后向传输信号时，只能用非相干解调。

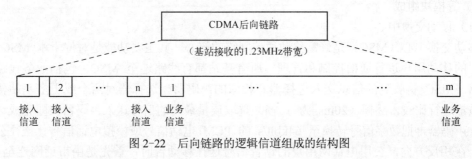

图 2-22　后向链路的逻辑信道组成的结构图

2.4.3　CDMA 系统结构

IS-95 公共空中接口是美国 TIA 于 1993 年公布的双模式（CDMA/AMPS）标准，主要包括下列几部分。

1）工作频率：上行频率为 824~849MHz（移动台发射），下行频率为 869~894MHz（基站发射），上下行频率间隔为 45MHz，带宽为 1.25MHz。

2）调制方式：基站 QPSK，移动台 OQPSK。

3）码片速率：1.2288Mchip/s。

4）帧长度：20ms。

5）功率控制：上行采用开环＋快速闭环，下行采用慢速闭环。

6）扩频码：Walsh＋长 m 序列。

7）Rake 接收：移动台为 3 个，基站为 4 个。

8）话音编码器：QCELP 为 8kbit/s，EVRC 为 8kbit/s，ACELP 为 13kbit/s。

CDMA 蜂窝移动通信系统的结构如图 2-23 所示，它与 GSM 蜂窝系统的网络结构相类似，主要由网络子系统、基站子系统和移动台 3 部分组成。图中已标明了各部分之间以及与市话网（PSTN）之间的接口关系。下面对各部分功能及主要组成做简要说明。

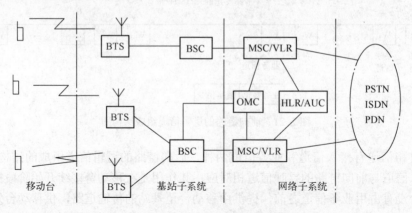

图 2-23　CDMA 蜂窝移动通信系统的结构图

1．网络子系统

网络子系统处于市话网与基站控制器（BSC）之间，它主要由移动交换中心（MSC）、归属位置寄存器（HLR）、访问位置寄存器（VLR）、操作维护中心（OMC）以及鉴权中心（AUC）等模块组成。

（1）移动交换中心

移动交换中心（MSC）是蜂窝移动通信网络的核心，其主要功能是对位于本 MSC 控制区域内的移动用户进行通信控制和管理。所有基站都有线路连至 MSC，包括业务线路和控制线路。MSC 将收到的信息送入选择器和相应的声码器。选择器对两个或更多基站传来的信号质量进行比较，逐帧（20ms 为 1 帧）选取质量最高的信号送入声码器，即完成选择式合并。声码器再把数字信号转换至 64kbit/s 的 PCM 电话信号或模拟电话信号，送往公用电话网。在相反方向，公用电话网用户的话音信号送往移动台时，首先是由市话网连至 MSC 的声码器，再送至一个或几个基站，由基站发往移动台。MSC 的控制器确定话音传给哪一个基站或哪一个声码器，该控制器与每一基站控制器是连通的，起到系统控制作用。

MSC 的其他功能与 GSM 的 MSC 功能是类同的，主要有：信道的管理和分配，呼叫的处理和控制，越区切换与漫游的控制，用户位置信息的登记与管理，用户号码和移动设备号码的登记与管理，服务类型的控制，对用户实施鉴权，为系统连接别的 MSC，为其他公用通信网络（如 PSTN、ISDN）提供链路接口。

由此可见，MSC 的功能与数字程控交换机有相似之处，如呼叫的接续和信息的交换；也有特殊的要求，如无线资源的管理和适应用户移动性的控制。因此，MSC 是一台专用的数字程控交换机。

（2）归属位置寄存器

归属位置寄存器（HLR）是一种用来存储本地用户信息的数据库。每个用户在当地入网时，都必须在相应的 HLR 中进行登记。登记的内容分为两类：一种是永久性的参数，如用户号码、IMSI、接入的优先等级、预定的业务类型以及保密参数等；另一种是临时性的、需要随时更新的参数，即用户当前所处位置的有关参数。即使移动台漫游到新的服务区时，

HLR 也要登记新服务区传来的位置信息。这样做的目的是保证当呼叫任一个移动用户时，均可由该移动用户的 HLR 获知它当时处于哪一个地区，进而能迅速地建立起通信链路。

（3）访问位置寄存器

访问位置寄存器（VLR）是一个用于存储来访用户信息的数据库。一般而言，一个 VLR 为一个 MSC 控制区服务。当移动用户漫游到新的 MSC 控制区时，它必须向该区的 VLR 登记。VLR 要从该用户的 HLR 查询其有关参数，并通知其 HLR 修改该用户的位置信息，准备为其他用户呼叫该移动用户时提供路由信息。如果移动用户由一个 VLR 服务区移动到另一个 VLR 服务区时，HLR 在修改该用户的位置信息后，还要通知原来的 VLR，并删除此移动用户的位置信息。

（4）鉴权中心

鉴权中心（AUC）的作用是可靠地识别用户的身份，只允许有权用户接入网络并获得服务。

（5）操作维护中心

操作维护中心（OMC）的任务是对全网进行监控和操作，例如系统的自检、报警与备用设备的激活，系统的故障诊断与处理，话务量的统计和计费数据的记录与传递，以及各种资料的收集、分析与显示等。

2．基站子系统

基站子系统（BSS）包括基站控制器（BSC）和基站收发信机（BTS）。每个基站的有效覆盖范围即为无线小区，简称为小区。小区可分为全向小区和扇形小区。全向小区采用全向天线，扇形小区采用定向天线，常见的做法是将小区分为 3 个扇形小区（简称为扇区）。

（1）基站控制器

基站控制器（BSC）可以控制多个基站，每个基站含有多部收发信机（BTS）。BSC 通过网络接口分别连接 MSC 和 BTS 群，此外，还与操作维护中心（OMC）连接。基站控制器主要为大量的 BTS 提供集中控制和管理，如无线信道分配、建立或拆除无线链路、越区切换操作以及交换等功能。

BSC 中主要包括代码转换器和移动性管理器。移动性管理器负责呼叫建立、拆除和切换无线信道等，这些工作由信道控制软件和 MSC 中的呼叫处理软件共同完成。代码转换器主要包含代码转换器插件、交换矩阵及网络接口单元。

（2）基站收发信机

基站子系统中，数量最多的是基站收发信机（BTS）等设备。收发信机架顶端第 1 层为滤波器，即接收部分输入电路，选取射频信号，滤除带外干扰。接收部分的前置低噪声放大器（LNA）也置于第 1 层中，其主要作用是为了改善信噪比。第 2 层是发射部分的功率放大器。第 3 层是收发信主机部分，包括发射机中扩频、调制，接收机中的解调、解扩，以及频率合成器、发射机中的上变频、接收机中的下变频等。第 4 层是全球定位系统（GPS）接收机，其作用就是起到系统定时作用。

最底层是数字机架，装有多块信道板，每个用户占用一块信道板。数字机架中信道板以中频与收发信机架连接。具体而言，在前向传输时，即基站为发射状态，往移动台、数字架输出的中频信号经收发信机架上变频到射频信号，再通过功率放大器、滤波器，最后馈至天线；在后向传输时，基站处于接收状态，通过空间分集的接收信号，经天线输入、滤波、低噪声放大（LNA）然后通过收发信机架下变频，把射频信号变换到中频，再送至数字机架。

数字机架和收发信机架均受基站（小区）控制器控制。前已指出，它的功能是控制管理蜂窝系统小区的运行，维护基站设备的硬件和软件的工作状况，为建立呼叫、接入、信道分配等正常运行，并收集有关的统计信息、监测设备故障和分配定时信息等。

需要说明的是，基站接收机除了上述进行空间分集之外，还采用了多径分集，用 4 个相关器进行相关接收，简称为 4 Rake 接收机。所谓 Rake 接收机就是利用多个并行相关器检测多径信号，按照一定的准则合成一路信号供解调用的接收机。需要特别指出的是，一般的分集技术把多径信号作为干扰来处理，而 Rake 接收机采取变害为利，即利用多径现象来增强信号。

3. 移动台

CDMA 系统中的移动台由射频电路与基带电路组成。

射频电路把基带电路处理后的信道数据向上转换为射频信号发送，把接收到的射频信号向下转变为基带信号。射频电路提供时钟和频率信息，并进行发射和功率控制，它直接接到天线上，并由基带电路中的 CPU 来控制。在移动台中必须采用功率控制技术。功率控制可定义为通过调整发送功率来解决所谓的远近问题，目的是在基站以均等的最小功率收到所有使用中的移动台信号。

基带电路由 CPU、存储器、声码器和 CDMA 基带信号处理芯片等组成。发送时，话音首先经编码器数字化，然后经声码器压缩为速率 8.55kbit/s，加上帧指示后变为 9.6kbit/s 数据，通过 CPU 的 8bit 数据总线送入 1/3 卷积编码器，然后进行交织，再用 64 级 Walsh 地址码进行正交调制，得到 307.2kbit/s 的调制信号，接着用 42bit 的长 m 序列码扩频为 1.2288Mchip/s 的芯片速率。扩频数据流送入 I、Q 信道，用 15bit 的短 m 序列码进行 OQPSK 调制。I/Q 信道数据被 FIR 滤波器进行基带滤波后送入射频电路。接收时，I/Q 信号由射频电路经 CPU 的缓存器转移到搜索器。搜索器使用扩频码相关器捕捉最强的导频，与最强基站扩频码进行同步，再分派多径信号到各个支路。每个支路用分派的扩频信号进行相关处理以获取能量，每个支路的输出再汇合到合并器。由 RAKE 接收机（由 3 个支路和合并器组成）输出的解调信号通过维特比译码器译码来进行信道纠错，最后由声码器得到话音信号。

2.5 实训 基站设备的现场认知和现场勘测

1. 基站设备的现场认知

（1）实训目的

1）了解基站设备的结构及型号。

2）熟悉基站设备面板与指示灯含义。

（2）实训设备与工具

爱立信 BTS 设备 RBS2202。

（3）实训内容与步骤

1）现场参观移动通信基站机房。

2）观察并记录基站设备的结构和型号。

3）观察并记录 BTS 机架中各模块的面板结构及接口标记，面板指示灯含义。

4）记录观察结果并对结果进行分析和总结，说明从 BSC 传过来的话音信号经过 BTS 中各模块时的先后顺序。

2．基站现场勘测

（1）实训目的

1）熟悉基站勘测步骤。

2）掌握现场数据的记录方法。

3）能够编制基站勘测的输出文档。

（2）实训设备与工具

数码相机、手机（带 GPS 功能）、皮尺、指南针和站点地图。

（3）实训内容与步骤

1）到达备选站点附近，选择合适角度，拍摄站点所在建筑物或铁塔的全景照片 1～2 张，用文字简单描述建筑物整体情况（包括结构、高度和用途等）及周围环境（如是否有高压线、建筑施工情况等），将有关内容填入表 2-1《基站勘测记录表》中。若周围有更佳站点，请在此描述并说明理由。

表 2-1 基站勘测记录表

工程名称：							
基站类型：	□WCDMA	□TD-SCDMA	□CDMA2000		□GSM900	□LTE	
基站名称：				基站编号：			
基站经度（度）：		基站纬度（度）：			海拔（m）：		
勘测开始时间：			勘测结束时间：				
基站所处区域类型：□闹市区、□市区、□近郊、□远郊、□农村、□公路、□其他							
基站天线安装位置	建筑顶	建筑类型：			建筑高度（m）：		
	楼顶塔	建筑类型：			塔顶高度（m）：		
	落地塔	塔高（m）：					
基站类型	□宏基站		□分布式基站	□其他			
拍摄照片编号	总体拍摄（张）：				基站周围环境：		
	天台信息（张）：						
基站站型	扇区编号	天线挂高（m）	方向角	机械下倾角	电子下倾角	与2G共天线类型	与2G共馈线类型	2G是否有TMA
	扇区1							
	扇区2							
	扇区3							
	扇区4							
	扇区编号	3G是否有TMA（塔放）	馈线长度	馈线规格	天线型号		RRU是否上塔	2G是否合路
	扇区1							
	扇区2							
	扇区3							

（续）

基站站型		扇区 4						
	天线指向场景和覆盖目标描述	扇区 1						
		扇区 2						
		扇区 3						
		扇区 4						
共站点情况描述	（是否有共站点，共站的系统名称、频段、运营商名称、共站位置描述、建站注意事项）							
其他情况描述	（如机箱与天线是否在同一点）							

勘测：　　　　　　审核：　　　　　　日期：

2）在备选站点建筑物的楼顶天台，从天台两面至少各拍摄 1 张照片，画出天台草图，同时标出天线和机箱位置。

3）站在机箱位置，用手机或 GPS 接收机采集 GPS 坐标（注意要将 GPS 的坐标格式选为 WGS-84 坐标，使经纬度显示格式为 xx.xxxx 度），将坐标值及海拔高度填入表 2-1 中。

4）根据指南针的指示，从 0°（正北方向）开始，以 30°为步长，顺时针拍摄 12 个方向的照片，同时在手绘的天台平面图上注明每张照片的拍摄位置及拍摄方向。记录基站周围 500m 范围内各个方向上，与天线高度差不多或者比天线高的建筑物（或自然障碍物）的高度和到本站的距离。填写在表 2-1 中的相关栏目。

5）确定天线和馈线的各项数据，并填入表 2-1 中。

2.6 习题

1．GSM 是什么意思，包含哪两个频段？

2．GSM 系统和 CDMA 系统使用什么多址方式？

3．GSM 系统由哪些单元构成？

4．Abis 接口是哪两个功能单元之间的接口，它是通用接口吗？

5．鉴权和加密有什么作用？

6．TMSI 和 IMSI 分别指什么？

7．叙述位置更新的基本流程。

8．假设一个全向基站配置 3 个载频，请问能允许多少个用户同时通话？

9．画出 GPRS 网络结构图，并解释各模块的功能。

10．EDGE 是什么意思？采用什么调制方式？

学习情境 3　3G 系统组成与基站配置

　　移动通信的发展速度超过人们的预料，手机的迅速普及使得通信向个人化方向发展，互联网用户数的成倍增长又带来了移动数据通信的发展机遇。特别是移动多媒体和高速数据业务的急剧发展，迫切需要设计和建设—种新的网络以提供更宽的工作频带，支持更加灵活的多种类业务，并使移动终端能够在不同的网络间进行漫游。市场的需求促使第 3 代移动通信（简称为 3G）的概念应运而生。3G 系统将形成一个对全球无缝覆盖的立体通信网络，满足城市和偏远地区各种用户密度需求，将高速移动接入和基于互联网协议的服务结合起来，在提高无线频率利用率的同时，为用户提供更经济、内容更丰富的无线通信服务。

3.1　3G 标准的发展

　　早在 1985 年，国际电信联盟（ITU）就提出了 3G 的概念，同时建立了专门的组织机构进行研究，当时称为"未来陆地移动通信系统"。这时，第 2 代移动通信技术还没有成熟，CDMA 技术尚未出现。在此后的 10 年中，研究进展比较缓慢。1996 年后，研究工作进展加速。ITU 于 1996 年为"未来陆地移动通信系统"确定了正式名称——IMT-2000，其含义为该系统预期在 2 000 年以后投入使用，工作于 2 000MHz 频带，数据最高传输速率为 2000kbit/s。IMT-2000 最关键的是无线传输技术，主要包括多址接入技术、调制解调技术、信道编解码与交织、双工技术、信道结构和复用、帧结构和射频信道参数等。

　　鉴于全世界第 2 代移动通信体制和标准不尽相同，而且第 2 代和第 3 代将在一段时间内共存，ITU 提出了"IMT-2000 家族"概念，这意味着只要某系统在网络和业务能力上满足要求，都可以成为 IMT-2000 成员。为了能够在未来的全球化标准的竞赛中取得领先地位，各个国家、地区、公司及标准化组织纷纷提出了自己的技术标准，截止到 1998 年 6 月 30 日，ITU 共收到 16 项建议，针对地面移动通信的就有 10 项之多，其中包括我国电信科学技术研究院提出的 TD-SCDMA 技术。

　　欧洲受第 2 代数字移动系统 GSM 在全球成功应用的鼓舞，决心在 3G 系统的研究开发中继续保持自己的领先地位，前后共提出了 5 种无线传输技术方案，其中比较有影响的是 WCDMA 和 TD-SCDMA 两种。前者主要由爱立信、诺基亚公司提出，后者主要由西门子公司提出。美国提出的方案是 CDMA2000。主要由高通、朗讯、摩托罗拉和北电等公司一起提出。美国还提出了另外一些类似于 WCDMA 的标准和时分多址标准。日本鉴于第 1 代模拟移动系统和第 2 代数字移动系统只在国内占领市场的教训，同时也考虑到 3G 系统提供的多媒体业务会刺激用户需求，因此，日本对 3G 系统的研制与标准化工作非常积极，先后制订出 6 种无线传输技术方案，经过层层筛选和合并，形成了以 NTT DoCoMo 公司为主提出的 WCDMA 方案。日本的 WCDMA 方案和欧洲提出的 WCDMA 极为相似，两者相互融合。

　　在这些提案中，以欧洲的 WCDMA 和美国的 CDMA2000 在技术方面较为成熟。同时，中国的 TD-SCDMA 由于采用先进技术并得到中国政府、运营商和产业界的支持，也很受瞩目。上述 3 种标准的共同点是都使用了 CDMA 技术。通过一年半时间的评估和融合，1999 年 11 月 5 日，ITU 在赫尔辛基举行的会议上，通过了输出文件 ITU-R M.1457，确认了三大主流技术标准，即 WCDMA、CDMA2000 以及 TD-SCDMA，这标志着 3G 标准已基本定型。这些 3G 标准分属于两大标准化组织：3GPP 和 3GPP2。3G 两大标准化组织如图 3-1 所示。

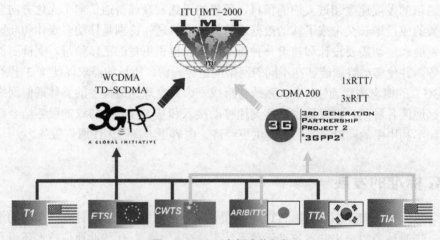

图 3-1　3G 两大标准化组织

3GPP（第 3 代合作伙伴计划的简称）是在 1998 年 12 月成立的，由欧洲的 ETSI、日本的 ARIB 和 TTC、韩国的 TTA、美国的 T1 五个标准化组织发起，主要是制订以GSM核心网为基础、UTRA 为无线接口的第 3 代技术规范。

3GPP2（第 3 代合作伙伴计划 2 的简称）于 1999 年 1 月成立，由北美 TIA、日本的 ARIB 和 TTC、韩国的 TTA 四个标准化组织发起，主要是制订以 ANSI-41 核心网为基础、CDMA2000为无线接口的第 3 代技术规范。

中国无线通信标准研究组（CWTS）于 1999 年 6 月正式签字同时加入 3GPP 和 3GPP2，成为这两个当前主要负责第 3 代伙伴项目的组织伙伴。在此之前，我国是以观察员的身份参与这两个伙伴的标准化活动。

3GPP 致力于从 GSM 向 WCDMA（UMTS）标准过渡，而 3GPP2 致力于从 2G 的 CDMAone 或者 IS-95 向 CDMA2000 标准过渡，两个机构存在一定竞争。

3.1.1　WCDMA 标准

WCDMA 标准由欧洲和日本提出，它的核心网络基于 GSM/GPRS 的演进，充分考虑了与 GSM 系统的互操作性和对 GSM 核心网络的兼容性。2002 年，WCDMA 标准取得稳步发展，一些关键难题得到解决。随着越来越多的世界知名手机厂商的加入，WCDMA 标准终端不再成为制约因素。WCDMA 标准趋于成熟稳定，迄今为止，超过 80%的运营商采用了 WCDMA 标准。WCDMA 标准具有建网成本低、标准开放、应用广泛等诸多优点。

运营商之所以看重 WCDMA 技术，除了因为它具有 3G 的诸多优势之外，最重要的一点就是建网成本低。据业内专家分析，在 3G 的网络成本中，高达 70%的是无线网络成本。而影响 3G 无线网络成本的首先是硬件设备的利用率，硬件设备越少，成本越低。一个大容量的 WCDMA 标准网络配置的硬件利用率相当于其他技术配置的 3 倍；其次是频谱利用率，单位带宽的用户越多，所需的站点数越少；第三是 QoS，如果没有 QoS 功能，会有更多额外的投入，而且仍不能保证提供高水平的服务；第四是规模经济。综上所述，WCDMA 标准在建网成本方面的优势十分明显。

1．WCDMA 标准的演进历程

WCDMA 技术主要起源于欧洲和日本。欧洲和日本的 WCDMA 方案在 ITU 进行融合，形成了现在的 WCDMA 标准。WCDMA 标准分为不同版本，如 R99、R4、R5 和 R6 等。

R99 发布于 1999 年。R99 确定了 WCDMA 无线传输技术的接口，无线接入网络接口都基于 ATM 传输，核心网络基于演进的移动交换中心和 GPRS 服务节点。

R4 发布于 2001 年，在接入网侧引入 IP 传输，在核心网电路域中实现了软交换的概念。

R5 发布于 2002 年，最主要的特点包括：核心网络定义了多媒体子系统，以分组域作为承载传输，更好地控制实时和非实时多媒体业务；提出了高速下行分组接入技术（HSDPA），该技术可提供更高的下行数据速率，最高可达到 10Mbit/s。

R6 发布于 2004 年，提出了高速上行分组接入技术（HSUPA），该技术可提供更高的上行数据速率，最高可达到 5.76Mbit/s。

2．WCDMA 的主要技术特点

WCDMA 的主要技术特点如下。

1）信号带宽为 5MHz；码片速率为 3.84Mchip/s；采用单载波直接序列扩频 CDMA 接入方式；帧长 10ms；调制方式为 QPSK（下行）和 BPSK（上行）。

2）WCDMA 要求实现与 GSM 网络的全兼容，所以它把 GSM 移动应用协议和 GPRS 隧道技术作为移动管理机制的上层核心网络协议。

3）发送分集方式：TSTD、STTD、FBTD。

4）信道编码：卷积码和 Turbo 码，支持 2Mbit/s 速率的数据业务。

5）解调方式：导频辅助相干解调。

6）WCDMA 系统不同的基站可选择同步（需 GPS）或异步（不需 GPS）两种工作方式。

7）语音编码采用 AMR（自适应多速率）方式，与 GSM 兼容。

8）内环、外环功率控制，控制速率 1500 次/秒。

9）支持软切换、频间切换与 GSM 间切换。

3.1.2 TD-SCDMA 标准

从 ITU 向全世界征求 IMT-2000 无线传输技术方案开始，我国就意识到对第 3 代移动通信技术标准研究的重要性，积极参加第 3 代移动通信系统标准的研究和制订。

1．TD-SCDMA 标准的形成

TD-SCDMA 标准是大唐电信集团在国家主管部门的支持下，根据多年的研究而提出的具有一定特色的 3G 系统标准。该标准文件在我国无线电通信标准组最终修改完成后，经原邮电部批准，于 1998 年 6 月提交到 ITU 和相关国际标准组织。TD-SCDMA 标准公开之后，在国际上引起强烈反响，得到西门子等许多著名公司的重视和支持。1999 年 11 月在芬兰赫尔辛基召开的 ITU 大会上，TD-SCDMA 被列入 ITU 文件 ITU-RM.1457，成为 ITU 认可的 3G 主流技术标准之一。这是近百年来我国通信发展史上第一个具有完全自主知识产权的国际标准，它的出现在我国通信发展史上具有里程碑的意义，标志着中国在移动通信技术方面进入世界先进行列。这是整个中国通信业的重大突破，它将产生深远影响。

2．TD-SCDMA 的技术特点

TD-SCDMA 系统全面满足 IMT-2000 的基本要求。它采用不需配对频率的 TDD 双工方式，以及 FDMA/TDMA/CDMA 相结合的多址接入方式。TD-SCDMA 核心网络基于 GSM/GPRS 的演进，充分考虑了与 GSM 系统的互操作性和对 GSM 核心网络的兼容性。它的基本特点如下。

1）信号带宽为 1.6MHz；码片速率为 1.28Mchip/s；单载波直接序列扩频；时分多址＋同步码分多址接入；帧长为 10ms；调制方式为下行 QPSK、上行 BPSK；内环、外环功率控制，控制速率为 200 次/秒。

2）与 CDMA2000 和 WCDMA 采用频分双工（FDD）模式不同，TD-SCDMA 采用时分双工（TDD）模式，这使它具有独特的优势。FDD 模式因为其上行链路和下行链路是相互独立的，资源不能相互利用。对于对称业务，FDD 有很好的频谱利用率，而对于不对称业务，其频谱利用率将有所降低。TD-SCDMA 的 TDD 模式有如下优点：①TDD 能使用各种频率资源，不需要成对的频率。②采用在周期性重复的时间帧里传输 TDMA 突发脉冲的工作方式（和 GSM 相同），通过周期性地切换传输方向，在同一载波上，交替地进行上下行链路传输。上下行链路的转折点可以因业务的不同而任意调整，从而可以实现 3G 所要求的两类通信业务，即对称的电路交换业务和非对称的分组交换业务。③TDD 上下行工作于同一频率，对称的电波传播特性使之便于使用诸如智能天线等新技术，达到提高性能、降低成本的目的。

3）TD-SCDMA 采用同步码分多址接入技术，降低上行用户间的干扰和保护时隙的宽度。TDD 的上行链路和下行链路是根据时间而不是频率来区分的，因此它需要同步化的基站来管理哪一个链路进行发射以及何时进行发射的问题，否则将导致严重的干扰。上行同步技术是根据一定的算法由网络向终端发送 SS（同步移位）命令来实现的，因为 SS 的最小修正步长为 1/8chip，所以系统最终可以达到 1/8chip 精度的上行同步。精确的上行同步使移动终端的数据到达基站保持同步。其次，在 TD-SCDMA 系统中，上行链路和下行链路都采用正交码扩频，只有精确的上行同步才能保证接收到的扩频码保持正交，从而可以有效地减少码间干扰，大大提高系统容量，并降低基站接收机的复杂度。

4）TD-SCDMA 采用接力切换技术。接力切换不同于传统的硬切换和软切换，其出发点是利用移动台的位置信息，结合切换算法和上行同步技术，准确地将需要切换的移动台切换到新的小区。接力切换结合了软切换成功率高、硬切换占用系统资源少的优点，提高了系统容量。在切换时也可根据系统需要，采用硬切换或软切换的机理。

5）多用户联合检测技术。在 TD-SCDMA 系统中，每个时隙最多由 16 个不同的资源用户组成。多用户联合检测技术先用扩频序列通过相关运算，对移动信道进行估计，然后对每个时隙中的多信道信号进行联合处理，在处理过程中把其他用户信息视为干扰，消除干扰和多径分量，进而精确地解调出各个用户的信号。多用户联合检测技术使接收信号的动态范围可达 20dB 左右，比 Rake 接收等单信道检测的效果要好得多。由于多用户检测算法复杂，实现比较困难，多用户检测仅可用于改善上行链路的性能，只适合在基站使用。多用户检测无法克服小区外干扰等问题。

6）基站采用主从同步方式，需借助全球定位系统（GPS）。

7）智能天线技术。TDD 模式的 TD-SCDMA 的优势是用户信号的发送和接收都在相同的频率上，因此在上行和下行两个方向中的传输条件是相同的或者说是对称的，使得智能天线能够根据上行波束来估算下行波束，从而将小区间干扰降至最低，获得最佳的系统性能。

8）采用软件无线电技术。

9）采用 AMR 语音编码，支持可变速率，与 GSM 兼容。

3．TD-SCDMA 系统的主要问题

TD-SCDMA 采用了 TDD 技术，而 TDD 技术存在的主要问题有以下两方面。

1）允许终端移动的速度较低。目前，ITU 要求 TDD 系统允许移动速度达到 120km/h，而 FDD 系统则要求达到 500km/h。这是因为 FDD 系统是连续控制，而 TDD 系统是时分控制的。在高速移动时，多普勒效应将导致快衰落，速度越高，衰落深度越深。基于目前芯片的处理速度和算法，TD-SCDMA 只能做到数据速率为 144kbit/s 时，移动速度最大可达 250km/h。

2）覆盖范围较小。TDD 小区半径只有几千米，FDD 的小区半径可达几十千米。原因在于 TDD 使用相同频率，而用时间来划分上下行时隙。由于电波传播需要时间，在上下行时隙之间必须留下保护时隙。小区半径越大，保护时隙越长，系统开销就越大，系统效率将降低。若小区半径超过 12km，则系统容量将难以保证人口密集地区的需求。另外，CDMA 的 TDD 系统要求比较大的峰值/平均功率比（超过 10dB）。由于 CDMA 系统必须工作在线性状态，故要求放大器有较大的线性输出能力，这就限制了手机的通信距离（考虑到成本及电池容量）。

3.1.3　CDMA2000 标准

以美国为代表的北美电信标准化组织向 ITU 提出的 3G 方案称为 CDMA2000，其核心是由高通、朗讯、摩托罗拉和北电等公司联合提出的宽带 CDMAone 技术。

1．CDMA2000 系列的演进历程

IS-95A：1995 年美国正式颁布了窄带 CDMA 标准，定名 IS-95A，最高比特率为 14.4kbit/s。

IS-95B：1998 年制定的标准，是从 IS-95A 发展而来，目的是满足更高比特率业务的需求，IS-95B 理论上可提供的最高比特率为 115.2kbit/s。IS-95A 和 IS-95B 总称为 IS-95。

CDMAone：这是以 IS-95 为标准的各种第 2 代 CDMA 产品的总称。

CDMA2000：这是美国向 ITU 提出的 3G 无线传输标准，是 IS-95 标准向 3G 演进的体制方案，是宽带 CDMA 技术。CDMA2000 在室内环境时速率在 2Mbit/s 以上；步行环境时速率为 384kbit/s；车载环境时速率为 144kbit/s 以上。

CDMA2000-1X：指 CDMA2000 的第一阶段（速率高于 IS-95，低于 2Mbit/s），可支持 307.2kbit/s 速率的数据传输，网络部分引入分组交换，可支持移动 IP 业务。

CDMA2000-3X：也称为宽带 CDMAone，是基于 IS-95 标准演化的一个重要组成部分。它与 CDMA2000-1X 的主要区别是下行 CDMA 信道采用 3 载波方式，而 CDMA2000-1X 用单载波方式。因此它的优势在于能提供更高的数据速率。3X 表示 3 载波,即 3 个 1.25MHz,共 3.75MHz 的频带宽度。增加 CDMA2000 的载波数量可以提高系统的传输速率,但载波数量的增加,将使系统硬件复杂和成本提高。与其他的标准类似,CDMA2000-3X 将在 CDMA2000-1X 标准的基础上提供附加的功能和相应的业务支持。这些特性包括:①提供比 CDMA2000-1X 更大的系统容量;②提供 2Mbit/s 的数据速率;③实现与 CDMA2000-1X 和 CDMAone 系统的后向兼容性等。

CDMA2000-1X EV: CDMA2000-1X 的演进,包括 CDMA2000-1X EV-DO 和 CDMA2000-1X EV-DV,可在 1.25MHz 带宽内,提供 2Mbit/s 以上速率的数据业务。

2. CDMA2000 的主要技术特点

CMDA2000 信号带宽为 1.25MHz;码片速率为 1.2288Mchip/s;采用单载波直接序列扩频 CDMA 多址接入方式;帧长为 20ms;调制方式为 QPSK(下行)和 OQPSK(上行);CDMA2000 的容量是 IS-95A 系统的两倍,可支持 2Mbit/s 以上速率的数据传输;兼容 IS-95A/B。

CDMA2000 要求完全兼容 CDMAone,因此,它支持 ANSI-41 作为自己的核心网络协议并与其兼容。

CDMA2000 引入了分组交换方式。在上下行信道,通过发送辅助信道指配消息,可以建立辅助码分信道,使数据在消息指定的时间段内,通过辅助码分信道发送给移动台或基站。如果后向链路需要的分组数据传输量很多,移动台通过发送辅助信道请求消息与基站建立相应的后向辅助码分信道,使数据在消息指定的时间段内通过后向辅助码分信道发送给基站。

CDMA2000 采用开环、闭环功率控制,速率为 800 次/秒;上、下行同时采用导频辅助相干解调;网络采用全球定位系统 GPS 同步,给组网带来一定的复杂性;信道编码采用卷积码和 Turbo 码;支持软切换、频间切换与 IS-95B 间切换;前向分集:OTD、STS。

3.1.4　3 种标准的性能比较

1. CDMA 技术的利用程度

TD-SCDMA 在充分利用 CDMA 方面较差,原因是:一方面,TD-SCDMA 要和 GSM 兼容;另一方面,由于不能充分利用多径,降低了系统的效率,而且软切换和软容量能力实现起来相对较困难,但联合检测容易。

2. 同步方式、功率控制和支持高速能力

目前的 IS-95 采用 64 位的 Walsh 正交扩频码序列,后向链路采用非相关接收方式,成为限制容量的主要问题,所以在 3G 系统中后向链路普遍采用相关接收方式。WCDMA 采用内插导频符号辅助相关接收技术。CDMA2000 和 TD-SCDMA 需要 GPS 同步,而 WCDMA 则不需要小区之间的同步。此外,TD-SCDMA 继承了 GSM900/DCS1800 前向、后向信道同步的特点,从而克服了后向信道的容量瓶颈效应。而同步意味着帧后向信道均可使用正交码,从而克服了远近效应,降低了对功率控制的要求。

在多速率复用传输时,WCDMA 实现较为容易。而 TD-SCDMA 采用的是每个时隙内的多路传输和时分复用。为达到 2Mbit/s 的峰值速率须采用十六进制的 QAM 调制方式,当动态的传输速率要求较高时需要较高的发射功率,又因为和 GSM 兼容,所以无法充分利用资源。

3．在频谱利用率方面

TD-SCDMA 具有明显的优势，被认为是目前频谱利用率最高的技术。其原因一方面是 TDD 方式能够更好地利用频率资源；另一方面在于，TD-SCDMA 的设计目标是要做到设计的所有信道都能同时工作，而在这方面，目前 WCDMA 系统 256 个扩频信道中只有 60 个可以同时工作。此外，不对称的移动互联网将是 IMT-2000 的主要业务。TD-SCDMA 因为能很好地支持不对称业务，而成为最适合移动互联网业务的技术，也被认为是 TD-SCDMA 的一个重要优势，而 FDD 系统在支持不对称业务时，频谱利用率会降低，并且目前尚未找到更为理想的解决方案。

4．在应用技术方面

TD-SCDMA 技术在许多方面非常符合移动通信未来的发展方向。智能天线技术、软件无线电技术和高速下行分组接入技术等将是未来移动通信系统中普遍采用的技术。显然，这些技术都已经不同程度地在 TD-SCDMA 系统中得到应用，而且 TD-SCDMA 也是目前唯一明确将智能天线和高速数字调制技术设计在标准中的 3G 系统。

WCDMA、CDMA2000 和 TD-SCDMA 这 3 种 3G 主流标准的比较见表 3-1。

表 3-1　3 种 3G 主流标准的比较

	WCDMA	CDMA2000	TD-SCDMA
信道带宽/MHz	5（单向）	1.25（单向）	1.6（双向）
码片速率/Mchip/s	3.84	1.2288	1.28
双工方式	FDD	FDD	TDD
帧长/ms	10	20	10
调制	数据调制：QPSK/BPSK 扩频调制：QPSK	数据调制：QPSK/BPSK 扩频调制：QPSK/OQPSK	接入信道：DQPSK 接入信道：DQPSK/16QAM
相干解调	前向：专用导频信道（TDM） 后向：专用导频信道（TDM）	前向：共用导频信道 后向：专用导频信道（TDM）	前向：专用导频信道（TDM） 后向：专用导频信道（TDM）
功率控制	FDD：开环+快速闭环（1.5kHz） TDD：开环+慢速闭环	开环+快速闭环（800Hz）	开环+快速闭环（200Hz）
基站同步	异步（不需 GPS）	同步（需 GPS）	主从同步（需 GPS）

3.2　3G 涉及的若干技术

3G 系统中引入了一些新技术，主要有信道编码和交织、智能天线、软件无线电、多用户检测、动态信道分配以及高速下行分组接入等技术。

3.2.1　信道编码和交织

信道编码和交织依赖于信道特性和业务需求。不仅对于业务信道和控制信道应采用不同的编码和交织技术，而且对于同一信道的不同业务也应采用不同的编码和交织技术。

在 IMT-2000 中，在语音和低速率、对译码时延要求比较苛刻的数据链路中使用卷积码；在高速率、对译码时延要求不高的数据链路中使用 Turbo 码，Turbo 码具有接近香农极限的纠错性能。

3.2.2 智能天线

天线有两大特性：一是阻抗特性，研究阻抗特性的目的是使馈线与天线阻抗匹配，提高传输效率；二是天线的方向特性，研究方向性的目的是使天线发射的电磁波指向所希望的方向，提高发射效率，减少对其他用户的干扰。

智能天线能根据外界信号的变化，通过信号处理对它本身的发射和接收方向图自动进行优化，产生空间定向波束，使天线主波束对准用户信号到达方向，旁瓣或零陷对准干扰信号到达方向，达到高效利用有用信号，抑制干扰信号的目的。智能天线通常是由多个天线单元组成的天线系统。智能天线的外观及产生的定向波束如图 3-2 所示。

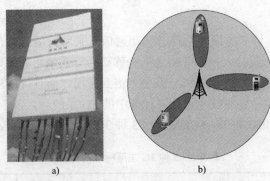

图 3-2　智能天线的外观及产生的定向波束

a) 智能天线外观　b) 智能天线产生的波束

传统的多址方式有 FDMA、TDMA 和 CDMA 方式，智能天线引入了第四种多址方式：空分多址（SDMA）方式，即在相同频率、相同时隙和相同扩频码的情况下，用户还可以根据信号不同的空间传播路径加以区分。

智能天线分为两大类：多波束智能天线与自适应阵智能天线，简称为多波束天线和自适应阵天线。

多波束天线利用多个并行波束覆盖整个用户区，天线方向图形状基本不变。它通过测向确定用户信号的到达方向，然后根据信号到达方向选取合适的阵元加权，将方向图的主瓣指向用户方向，从而提高用户的信噪比。因为用户信号并不一定在固定波束的中心处，当用户位于波束边缘，干扰信号位于波束中央时，接收效果最差，所以多波束天线不能实现信号最佳接收。但是与自适应阵天线相比，多波束天线具有结构简单的优点。

自适应阵天线是由多个天线单元组成的，一般采用 4~16 天线阵元结构，阵元间距 1/2 波长，阵元分布方式有直线形、圆环形和平面形。它可自动测出用户方向，并通过调节各阵元信号的加权幅度和相位来改变阵列的天线方向图，使主波束对准用户信号方向，实现波束随着用户走；而在干扰信号方向恰为天线方向图零陷或较低的功率方向，从而抑制干扰，提高信噪比和天线增益，减少信号发射功率，延长电池寿命，减小用户设备的体积。

智能天线可以成倍地扩展通信容量，和其他复用技术相结合，能够最大限度地利用有限的频谱资源。在移动通信中，时延扩散、瑞利衰落、多径、共信道干扰等，使通信质量受到严重影响。采用智能天线可以有效地解决这些问题。

天线技术是当前移动通信发展的最有活力的技术领域之一，目前有以下几个趋势值得注意。

1）对天线不断提出各种要求，如小体积、宽频带、多频段、高方向性及低副瓣等。

2）新材料天线层出不穷，如陶瓷介质材料、超导天线等。

3）新的天线形式，如金属介质多层结构、复合缝隙阵、各种阵列天线等不断涌现。

4）随着电磁环境的日益恶化，将空分多址 SDMA 技术和 TDMA、CDMA、智能天线和软件无线电技术综合运用，将是解决问题的良好出路。

3.2.3 软件无线电

软件无线电是近几年发展起来的技术，它基于现代信号处理理论，尽可能在靠近天线的部位（中频，甚至射频），进行宽带 A-D 和 D-A 转换。无线通信部分把硬件作为基本平台，把尽可能多的无线通信功能用软件来实现。软件无线电为 3G 手机与基站的无线通信系统提供了一个开放的、模块化的系统结构，具有很好的通用性、灵活性，使系统互联和升级变得非常方便。其硬件主要包括天线、射频部分、基带的 A-D 和 D-A 转换设备以及数字信号处理单元。在软件无线电设备中所有的信号处理（包括放大、变频、滤波、调制解调、信道编译码、信源编译码、信号流变换，信道、接口的协议/信令处理、加/解密、抗干扰处理和网络监控管理等）都以数字信号的形式进行。由于软件处理的灵活性，使其在设计、测试和修改方面非常方便，而且也容易实现不同系统之间的兼容。

3G 所要实现的主要目标是提供不同环境下的多媒体业务、实现全球无缝覆盖；适应多种业务环境；与第 2 代移动通信系统兼容，并可从第 2 代平滑升级。因而 3G 要求实现无线网与无线网的综合、移动网与固定网的综合、陆地网与卫星网的综合。

由于 3G 标准的统一是非常困难的，IMT-2000 放弃了在空中接口、网络技术方面等一致性的努力，而致力于制定网络接口的标准和互通方案。

对于移动基站和终端而言，它面对的是多种网络的综合系统，因而需要实现多频、多模式、多业务的基站和终端。软件无线电基于统一的硬件平台，利用不同的软件来实现不同的功能，因而是解决基站和终端问题的利器。具体而言，软件无线电解决了以下问题。

1）为 3G 基站与终端提供了一个开放的、模块化的系统结构。开放的、模块化的系统结构为 3G 系统提供了通用的系统结构，功能实现灵活，系统改进与升级方便。模块具有通用性，在不同的系统及升级时容易复用。

2）智能天线结构的实现、用户信号到来方向的检测、射频通道加权参数的计算、天线方向图的赋形。

3）各种信号处理软件的实现，包括各类无线信令处理软件，信号流变换软件，同步检测、建立和保持软件，调制解调算法软件，载波恢复、频率校准和跟踪软件，功率控制软件，信源编码算法软件以及信道纠错算法编码软件等。

3.2.4 多用户检测技术

CDMA 传输的普遍问题在于，大量码分的用户信号分别在每个载波和每个收发信机上同时传送。所有传送信号的功率汇总到基站的收发信机中。信号成功检测的先决条件是各个接收信号的电平相互之间的偏差小于 1.5dB。由于手机和基站间的距离不同，多个用户信号经不同的路径到达基站时有不同的衰减。另外，每个信号都有由用户移动所带来的不同延迟扩展和信号抖动。为了将基站收信机输入的所有接收信号电平控制在一定的范围内，必须进行多环路快速功率控制。经过平衡的多址接入信号，在基站的收信机输入里，会产生对每个被检测用户信号的较强干扰。这种多址接入干扰限制了 CDMA 系统的容量。传统 CDMA 系统接收机检测器模型如图 3-3 所示。

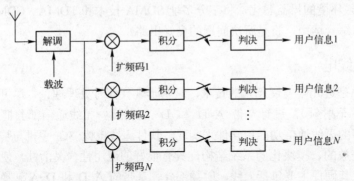

图 3-3　传统 CDMA 系统接收机检测器模型

传统 CDMA 接收机的缺点是在对一个用户解调时没有利用已知的其他用户的信息。多用户检测接收技术正是针对这一点提出的。多址干扰实质上是一种有结构性的伪随机序列信号，多用户检测（又称为联合检测）的基本思想是设法将所有用户信号都检测出来，再将其他用户信号从总信号中减掉，仅保存有用信号，如图 3-4 所示。CDMA 系统是干扰受限系统，多用户信号检测提供了一种有效地减少多址干扰的方法，从而增加了系统的容量。

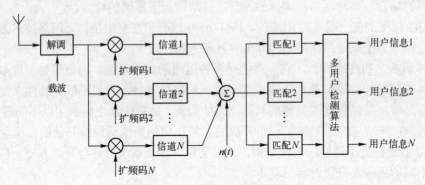

图 3-4　多用户检测系统模型

由于最佳的多用户检测太复杂，难以实用。因此，一般是在接收机的复杂度和性能之间寻找一个比较好的平衡点，这样便衍生出许多种次优的多用户检测方案，这些方案基本上可以分成两大类，即线性多用户检测和干扰抵消多用户检测。

3.2.5　动态信道分配

CDMA 系统受到两种系统自身干扰：一是小区内干扰，也称为多用户接入干扰，它是由小区内的多用户接入产生的；二是小区间相互干扰。

TD-SCDMA 系统通过多用户联合检测来减小小区内干扰。减小小区间干扰的方法之一是采用干扰逃逸程序，具有动态信道分配功能的 TD-SCDMA 系统是典型的例子之一。

在 TDD 模式中，利用用户设备可以分析用户所在时隙和其他信道的干扰情况。据此，通过小区内切换，受干扰的移动用户可以避开各种干扰。有以下 4 种不同的动态信道分配方式。

1）时域动态信道分配。如果在目前使用的时隙中发生干扰，通过改变时隙可避开干扰。

2）频域动态信道分配。如果在目前使用的无线载波的所有时隙中发生干扰，通过改变无线载波可避开干扰。

3）码域动态信道分配。如果在目前使用的无线载波的码道中发生干扰，或码道间离散性过大，高优先级业务因码道碎片而被阻塞时重新分配信道。

4）空域动态信道分配。空域动态信道分配是通过智能天线的定向性来实现的。它的产生与时域和频域动态信道分配有关。

通过合并时域、频域、码域和空域的动态信道分配技术，TD-SCDMA 能够自动将系统自身的干扰最小化。

3.2.6 高速下行分组接入技术

HSDPA 技术是 3GPP 在 R5 协议中为了满足上下行数据业务不对称的需求提出的，提高 WCDMA 和 TD-SCDMA 网络高速下行数据传输速率的最为重要的技术。它可以在不改变已经建设的网络结构的基础上，大大提高用户下行数据业务速率。

HSDPA 包括以下几种技术：自适应调制和编码技术、混合 ARQ 协议技术、快速小区选择技术、多入多出天线技术以及独立的 DSCH 信道技术等。

基于演进考虑，HSDPA 设计遵循的准则之一是尽可能地兼容 R99 版本中定义的功能实体与逻辑层间的功能划分。在保持 R99 版本结构的同时，在 NodeB（基站）增加了新的媒体接入控制（MAC）实体 MAC-hs，负责调度、链路调整以及混合 ARQ 控制等功能。这样使得系统可以在 RNC 统一对用户在 HS-DSCH 信道与专用数据信道 DCH 之间切换进行管理。HSDPA 引入的信道使用与其他信道相同的频点，从而使得运营商可以灵活地根据实际业务情况对信道资源进行灵活配置。HSDPA 信道包括高速共享数据信道（HS-DSCH）以及相应的下行共享控制信道（HS-SCCH）和上行专用物理控制信道（HS-DPCCH）。下行共享控制信道（HS-SCCH）承载从 MAC-hs 到终端的控制信息，包括移动台身份标记、H-ARQ 相关参数以及 HS-DSCH 使用的传输格式。这些信息每隔 2ms 从基站发向移动台。上行专用物理控制信道（HS-DPCCH）则由移动台用来向基站报告下行信道质量状况并请求基站重传有错误的数据块。

3.3 WCDMA 系统组成与基站设备

依照 IMT-2000 的定义，WCDMA 只是一个空中接口标准，采用 WCDMA 空中接口标准的第 3 代移动通信系统被称为 UMTS（通用移动通信系统）。UMTS 是一个用于 3G 全球移动通信的完整协议栈，可用来代替 GSM。然而，实际上人们习惯于将 WCDMA 作为所有采用该空中接口的 3G 标准族的总称，所以，通常都把 UMTS 系统称为 WCDMA 系统。

UMTS 系统采用了与第 2 代移动通信系统类似的结构，包括无线接入网络（RAN）和核心网络（CN）。UMTS 的陆地无线接入网络也称为 UTRAN，负责处理所有与无线有关的功能；而 CN 处理 UMTS 系统内所有的话音呼叫和数据连接，并实现与外部网络的交换和路由功能。CN 从逻辑上分为电路交换域（CS）和分组交换域（PS）。UTRAN、CN 与 UE（用户设备）一起构成了整个 UMTS 系统，其系统结构如图 3-5 所示。

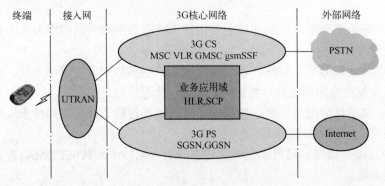

图 3-5　UMTS 的系统结构

从 3GPP R99 标准的角度来看，UE 和 UTRAN 由全新的协议构成，其设计基于 WCDMA 标准。而 CN 则是采用了 GSM/GPRS 的定义，这样可以实现网络的平滑过渡。此外，在第 3 代网络建设的初期可以实现全球漫游。

3.3.1　UMTS 系统的网络单元

UMTS 系统的网络单元构成示意图如图 3-6 所示。

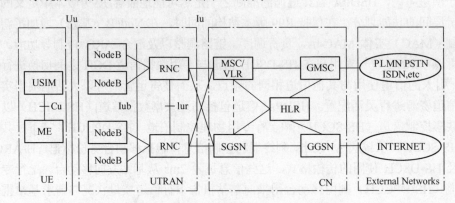

图 3-6　UMTS 系统的网络单元构成示意图

从图 3-6 的 UMTS 系统网络构成示意图中可以看出，UMTS 系统的网络单元包括如下部分。

1. UE

UE 是用户终端设备，它主要包括射频处理单元、基带处理单元、协议栈模块以及应用层软件模块等。UE 通过 Uu 接口与网络设备进行数据交互，为用户提供电路域和分组域内的各种业务功能，包括普通话音、数据通信、移动多媒体和互联网应用（如 E-mail、WWW 浏览、FTP 等）。

UE 包括两部分：ME 提供应用和服务，USIM 提供用户身份识别。

2. UTRAN

UTRAN 即陆地无线接入网，分为基站（NodeB）和无线网络控制器（RNC）两部分。

（1）NodeB

NodeB 是 WCDMA 系统的基站，包括基带处理单元（BBU）和远端射频单元（RRU），通过标准的 Iub 接口和 RNC 互连，主要完成 Uu 接口物理层协议的处理。它的主要功能是扩频调制、信道编码及解扩、解调和信道解码，还包括基带信号和射频信号的相互转换等功能。

（2）RNC

RNC 是无线网络控制器，主要完成连接建立和断开、切换、宏分集合并以及无线资源管理控制等功能，具体如下：

1）执行系统信息广播与系统接入控制功能。

2）切换和 RNC 迁移等移动性管理功能。

3）宏分集合并、功率控制、无线承载分配等无线资源管理和控制功能。

3. CN

CN 即核心网络，负责与其他网络的连接、对 UE 的通信和管理，主要功能实体如下。

（1）MSC/VLR

MSC/VLR 是 WCDMA 核心网 CS 域功能节点，它通过 Iu_CS 接口与 UTRAN 相连，通过 PSTN/ISDN 接口与外部网络 PSTN/ISDN 等相连，通过 C/D 接口与 HLR/AUC 相连，通过 E 接口与其他 MSC/VLR、GMSC 或 SMC 相连，通过 Gs 接口与 SGSN 相连。MSC/VLR 的主要功能是提供 CS 域的呼叫控制、移动性管理和鉴权和加密等功能。

（2）GMSC

GMSC 是 WCDMA 移动网 CS 域与外部网络之间的网关节点，是可选功能节点。它通过 PSTN/ISDN 接口与外部网络（PSTN、ISDN、其他 PLMN）相连，通过 C 接口与 HLR 相连。GMSC 的主要功能是充当移动网和固定网之间的移动关口局，完成 PSTN 用户呼移动用户时呼入呼叫的路由功能，承担路由分析、网间接续和网间结算等重要功能。

（3）SGSN

SGSN（服务 GPRS 支持节点）是 WCDMA 核心网 PS 域功能节点，它通过 Iu_PS 接口与 UTRAN 相连，通过 Gn/Gp 接口与 GGSN 相连，通过 Gr 接口与 HLR/AUC 相连，通过 Gs 接口与 MSC/VLR 相连。SGSN 的主要功能是提供 PS 域的路由转发、移动性管理、会话管理、鉴权和加密等功能。

（4）GGSN

GGSN（网关 GPRS 支持节点）是 WCDMA 核心网 PS 域功能节点，通过 Gn/Gp 接口与 SGSN 相连，通过 Gi 接口与外部数据网络（Internet/Intranet）相连。GGSN 提供数据包在 WCDMA 移动网和外部数据网之间的路由和封装。GGSN 主要功能是同外部 IP 分组网络的接口功能，GGSN 需要提供 UE 接入外部分组网络的关口功能。从外部网的观点来看，GGSN 就好像是可寻址 WCDMA 移动网络中所有用户 IP 的路由器，需要同外部网络交换路由信息。

（5）HLR

HLR（归属位置寄存器）是 WCDMA 核心网 CS 域和 PS 域共有的功能节点，它通过 C 接口与 MSC/VLR 或 GMSC 相连，通过 Gr 接口与 SGSN 相连，通过 Gc 接口与 GGSN 相连。HLR 的主要功能是提供用户的签约信息存放、新业务支持、增强的鉴权等功能。

4．External Networks

External Networks 即外部网络，可以分为以下两类。

1）电路交换网络（CS Networks），提供电路交换的连接服务，像通话服务。ISDN 和 PSTN 均属于电路交换网络。

2）分组交换网络（PS Networks），提供数据包的连接服务，互联网属于分组数据交换网络。

5．系统接口

从图 3-6 的 UMTS 网络单元构成示意图中可以看出，3G WCDMA 系统与 2G GSM 网络相比，CN 部分的接口变化不大，UTRAN 部分主要有如下接口：Cu 接口是 USIM 卡和 ME 之间的电气接口；Uu 接口是 WCDMA 的无线接口，UE 通过 Uu 接口接入到 UMTS 系统的固定网络部分，可以说 Uu 接口是 UMTS 系统中最重要的开放接口；Iu 接口是连接 UTRAN 和 CN 的接口，类似于 GSM 系统的 A 接口和 Gb 接口，Iu 接口是一个开放的标准接口，这也使通过 Iu 接口相连接的 UTRAN 与 CN 可以分别由不同的设备制造商提供；Iur 接口是连接 RNC 之间的接口，是 UMTS 系统特有的接口，用于对 RAN 中移动台的移动管理，比如在不同的 RNC 之间进行软切换时，移动台所有数据都是通过 Iur 接口从正在工作的 RNC 传到候选 RNC，Iur 是开放的标准接口；Iub 接口是连接 NodeB 与 RNC 的接口，Iub 接口也是一个开放的标准接口，这也使通过 Iub 接口相连接的 RNC 与 NodeB 可以分别由不同的设备制造商提供。

3.3.2 UTRAN 的基本结构

UTRAN 的结构如图 3-7 中点画线框所示。

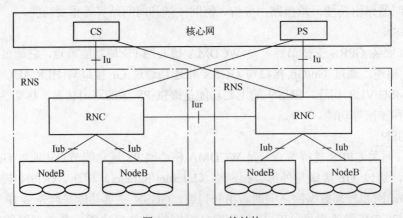

图 3-7 UTRAN 的结构

UTRAN 包含一个或几个无线网络子系统（RNS）。一个 RNS 由一个无线网络控制器（RNC）和一个或多个基站（NodeB）组成。RNC 与核心网（CN）之间的接口是 Iu 接口，

NodeB 和 RNC 通过 Iub 接口连接。在 UTRAN 内部，无线网络控制器（RNC）之间通过 Iur 互连，Iur 可以通过 RNC 之间的直接物理连接或通过传输网连接。RNC 用来分配和控制与之相连或相关的 NodeB 的无线资源。NodeB 则完成 Iub 接口和 Uu 接口之间的数据流的转换，同时也参与一部分无线资源管理。

1. RNC

RNC（无线网络控制器）用于控制 UTRAN 的无线资源。它通过 Iu 接口与电路域（MSC）和分组域（SGSN），以及广播域（BC）相连（图 3-7 中未标），在移动台和 UTRAN 之间的无线资源控制（RRC）协议在此终止，它在逻辑上对应 GSM 网络中的基站控制器（BSC）。

控制 NodeB 的 RNC 称为该 NodeB 的控制 RNC（CRNC），CRNC 负责对其控制的小区的无线资源进行管理。

如果在一个移动台与 UTRAN 的连接中用到了超过一个 RNS 的无线资源，那么这些涉及的 RNS 可以分为。

1）服务 RNS（SRNS）。管理 UE 和 UTRAN 之间的无线连接，它是对应于该 UE 的 Iu 接口的终止点。无线接入承载的参数映射到传输信道的参数，是否进行越区切换，开环功率控制等基本的无线资源管理都是由 SRNS 中的 SRNC（服务 RNC）来完成的。一个与 UTRAN 相连的 UE 有且只能有一个 SRNC。

2）漂移 RNS（DRNS）。除了 SRNS 以外，UE 所用到的 RNS 称为 DRNS。其对应的 RNC 则是 DRNC。一个用户可以没有，也可以有一个或多个 DRNS。

通常在实际的 RNC 中包含了所有 CRNC、SRNC 和 DRNC 的功能。

2. NodeB

NodeB 是 WCDMA 系统的基站，通过标准的 Iub 接口和 RNC 互连，主要完成 Uu 接口物理层协议的处理。它的主要功能是扩频、调制、信道编码及解扩、解调、信道解码，还包括基带信号和射频信号的相互转换等功能，同时它还完成一些如内环功率控制等的无线资源管理功能。它在逻辑上对应于 GSM 网络中基站 BTS。

NodeB 由下列几个逻辑功能模块构成：RF 收发放大、射频收发系统（TRX）、基带部分（Base Band）、传输接口单元和基站控制部分，如图 3-8 所示。

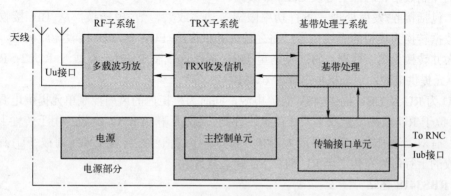

图 3-8　NodeB 的逻辑构成框图

3.3.3 爱立信 WCDMA 基站设备结构

瑞典爱立信公司的 WCDMA NodeB 基站设备有 RBS3206、RBS3418 等型号，其中 RBS3206 为室内宏蜂窝基站，RBS3418 为分布式基站。

1．RBS3206 基站

RBS3206 基站的机柜结构如图 3-9 所示，内部包含基带数字单元（BB）、滤波单元（FU）、射频单元（RU）、电源分配单元（PDU）和供电单元等。

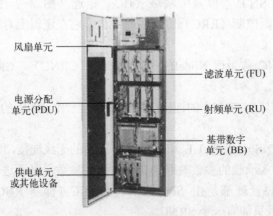

图 3-9　RBS3206 基站的机柜结构图

基带数字单元（BB）为 UE 处理公用与专用信道，提供主处理器、到 RNC 的接口、ATM 连接终端等，完成基带领域的所有功能。BB 单元内有基带控制板（CBU）、交换终端板（传输板，ETB）、随机访问接收板（RAX）、发射板（TX）、无线接口板（RUIF）。CBU 是基站的基带信号控制单元，具有主处理器的功能、ATM 信元交换功能，卡板上有以太网口、串口和少量的 E1 传输接口，具有时钟卡板的功能，一个控制机框最大可配置两块 CBU 板，可以冗余配置，分担话务，同时为基站内的所有单元提供软件。RAX 的功能是 RAKE 接收、信道估计、最大速率匹配、解交织、解码、随机接入检测等。TX 的功能是基带处理、传输信道处理、编码、调制、扩频和信道合并，支持负荷分担。RUIF 用于沟通 RU 和 BB 单元，与 BB 及 ATM 背板直连，同时通过点对点线缆连接至 RU，沟通的信息包括控制数据、时钟信号及 Gamma 数据。

RU 包括接收/发射处理、下行功率限辐、功率放大、数-模转换，从 BB 接收数字数据，将数据转换为模拟的无线信号，将之放大并供应给 FU；从 FU 接收无线信号，将这些信号放大并转换为数字数据，将之发送至 BB；提供单载波 RU21、双载波 RU22；RU 单元向 FU 单元提供电源；一个机柜可配置 6 块 RU。

PDU 为 RU 及 CBU 提供-48V 直流电源，同时为机柜内的风扇控制单元提供电源。

FU 位于 RU 及两个全双工天线馈电线分支（Ant.A 和 Ant.B）之间，用于传输上行及下行信号；有双工滤波器、低噪声放大器和分路器。下行信号在传送至天线前被 FU 筛选；从天线接收的上行信号在传送至 RU 前被 FU 筛选并放大。

2．RBS3418 基站

RBS3418 基站是分布式基站，也称为射频拉远站，由主单元 MU 和射频单元（RRU）

组成。两单元之间通过光纤接口连接，可灵活放置，部署快捷，无馈线损耗，功耗较低。RBS3418 的应用场景如图 3-10 所示。

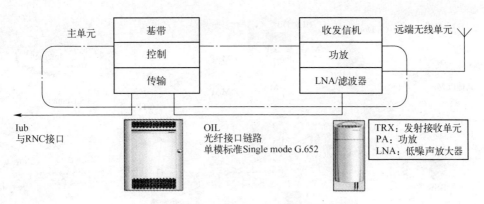

图 3-10 RBS3418 的应用场景

主单元 MU 中包括基础控制单元（CBU）、交换终端板（传输板，ETB）、随机访问接收板（RAXB）、发射板（TXB）和光基带接口（OBIF）。其中，OBIF 用于沟通 MU 及 RRU，沟通的信息包括控制数据、时钟信号及光纤接口数据。

射频单元（RRU）包括以下无线处理硬件：发送/接收板（TRX）、放大器（AMPB）、过滤单元（FU）、远程电倾斜过峰电压保护板（RET SPD 板）。部分型号还包括直流转换单元（DCU）、直流过峰电压保护板（DC SPD 板）和风扇单元（Fan Unit）。

3.4 TD-SCDMA 系统组成与基站设备

TD-SCDMA（时分同步码分多址）移动通信系统标准是由中国提出并被国际电信联盟（ITU）接纳的第 3 代移动通信标准。TD-SCDMA 集成了 FDMA、TDMA、CDMA 和 SDMA 共 4 种多址技术的优势，全面满足 ITU 提出的 IMT-2000 的要求，与 WCDMA 和 CDMA2000 一起成为公认的 3 种主流 3G 技术标准。

TD-SCDMA 标准的技术基础起始于 20 世纪 90 年代中期大唐集团下属的"北京信威通信技术有限公司"研制开发的一套无线用户环路（WLL），其核心是一套以 TDD 方式工作的、基于智能天线的同步 CDMA 系统，并用软件无线电技术来实现。由于智能天线（Smart Antenna）、同步 CDMA（Synchronous CDMA）和软件无线电（Software Radio）等技术英文的第一个字母均是"S"，故取名为 SCDMA。该系统于 1997 年底开发成功，智能天线和同步 CDMA 技术均获得专利，为设计 TD-SCDMA RTT 打下了技术基础。

TD-SCDMA 接入方案是直接序列扩频码分多址（DS-CDMA），扩频带宽为 1.6MHz，采用不需要配对频率的 TDD（时分双工）工作模式，并在系统中应用了同步 CDMA 技术、联合检测和智能天线等关键技术。

3.4.1 TD-SCDMA 的网络体系结构

由于技术的进步和运营商不同的组网需求，移动通信网络的各阶段组网方案是不一样的，也是可以灵活配置的。图 3-11 所示为基于 R4 的 TD-SCDMA 典型组网结构，从中可以看到电路域和分组域的分离，传统 MSC 分为媒体网关（MGW）和 MSC 服务器。

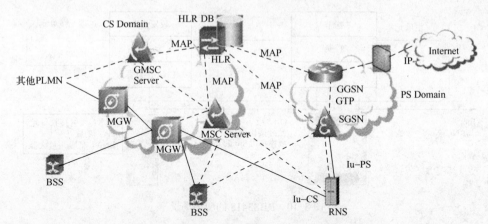

图 3-11　基于 R4 的 TD-SCDMA 典型组网结构图

由于 TD-SCDMA 移动通信系统和 WCDMA 移动通信系统主要区别在空中接口的无线传输技术上，主要表现在物理层，所以下面将对 TD-SCDMA 的物理层进行详细讲解，其他部分的学习可以参考前面的 WCDMA 系统。

在 OSI 参考模型中，物理层处于最底层，它提供物理层介质中比特流传输所需要的所有功能。物理层功能包括通过传输信道提供数据传输到 MAC 子层、分集合并、传输信道错误批示、传输信道 FEC 编译码、传输信道到编码复合传输信道 CCTrCH 映射、编码后的传输信道速率匹配到物理信道、CCTrCH 映射到物理信道、物理信道路的加权合并、扩频与调制/解扩与解调、频率同步、时间同步和无线特征测量（FER、SIR 等）、闭环功率控制和射频处理等。

3.4.2　TD-SCDMA 的物理层

第 3 代移动通信系统的空中接口，即 UE 和网络之间的 Uu 接口，由物理层 L1、数据链路层 L2 和网络层 L3 组成，3G 空中接口协议结构图如图 3-12 所示。

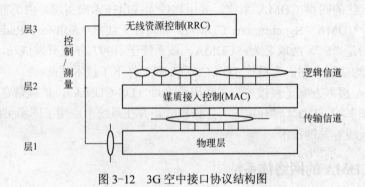

图 3-12　3G 空中接口协议结构图

从图 3-12 可以看出，物理层是空中接口的最底层，支持比特流在物理介质上的传输。物理层与层 2 的 MAC 子层及层 3 的 RRC 子层相连。物理层向 MAC 层提供不同的传输信道，传输信道定义了信息是如何在空中接口上传输的。物理信道在物理层定义，物理层受 RRC 的控制。

物理层向高层提供数据传输服务，这些服务的接入是通过传输信道来实现的。为提供数据传输服务，物理层需要完成以下功能：传输信道错误检测和上报、传输信道的 FEC 编译码；传输信道和编码组合传输信道的复用/解复用；编码组合传输信道到物理信道的映射；物理信道的调制/扩频和解调/解扩；频率和时钟、同步；功率控制、物理信道的功率加权和合并、RF 处理、速率匹配、无线特性测量、上行同步控制、上行和下行波束成形和 UE 定位等。

TD-SCDMA 的多址接入方案是直接序列扩频码分多址（DS-CDMA），码片速率为 1.28Mchip/s，扩频带宽约为 1.6MHz，采用不需配对频率的 TDD（时分双工）工作方式。它的下行（前向链路）和上行（后向链路）的信息是在同一载频的不同时隙上进行传送的。

在 TD-SCDMA 系统中，其多址接入方式上除具有 DS-CDMA 特性外，还具有 TDMA 的特点。因此 TD-SCDMA 的接入方式也可以表示为 TDMA/CDMA。

TD-SCDMA 的基本物理信道特性由频率、码和时隙决定。其帧结构将 10ms 的无线帧分成 2 个 5ms 子帧，每个子帧中有 7 个常规时隙和 3 个特殊时隙。

信道的信息速率与符号速率有关，符号速率由 1.28Mchip/s 的码速率和扩频因子所决定，上下行的扩频因子在 1～16，因此各自调制符号速率的变化范围为 80.0k 符号/秒～1.28M 符号/秒。

如图 3-12 所示，传输信道作为物理层向高层提供服务，它描述的是信息如何在空中接口上传输的。而逻辑信道则是 MAC 层向上层（RLC）提供的服务，它描述的是传送什么类型的信息。

1．传输信道

传输信道作为物理层提供给高层的服务，通常分为公共传输信道和专用传输信道两类。其中，公共信道上的信息是发送给所有用户或一组用户的，但是在某一时刻，该信道上的信息也可以针对单一用户，这时需要用 UE ID 进行识别；专用信道上的信息在某一时刻只发送给单一的用户，因此 UE 是通过物理信道来识别的。

专用传输信道（DCH）仅有一种，可用于上、下行链路作为承载网络和特定 UE 之间的用户信息或控制信息。

公共传输信道有 6 类：BCH、PCH、RACH、FACH、USCH 和 DSCH。其主要特性如下：

1）广播信道（BCH）是下行传输信道，用于广播系统和小区的特有信息。

2）寻呼信道（PCH）是下行传输信道，当系统不知道移动台所在的小区时，用于发送给移动台的控制信息。

3）随机接入信道（RACH）是上行传输信道，用于承载来自移动台的控制信息。RACH 也可以承载一些短的用户信息数据包。

4）前向接入信道（FACH）是下行传输信道，当系统知道移动台所在的小区时，用于发送给移动台的控制信息。FACH 也可以承载一些短的用户信息数据包。

5）上行共享信道（USCH）是几个 UE 共享的上行传输信道，用于承载专用控制数据或业务数据。

6）下行共享信道（DSCH）是几个 UE 共享的下行传输信道，用于承载专用控制数据或业务数据。

2．物理信道

TD-SCDMA 的物理信道采用系统帧号、无线帧、子帧和时隙/码 4 层结构。时隙用于在时域和码域上区分不同用户信号，具有 TDMA 的特性。图 3-13 给出了 TD-SCDMA 的物理信道信号格式。

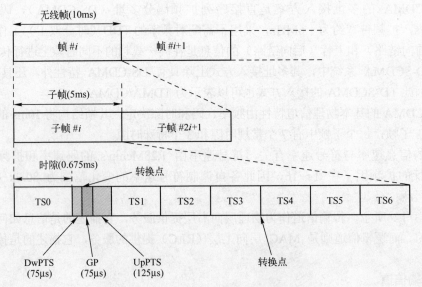

图 3-13　TD-SCDMA 的物理信道信号格式

TDD 模式下的物理信道是将一个突发在所分配的无线帧的特定时隙发射。无线帧的分配可以是连续的，即每一帧的相应时隙都分配给物理信道；也可以是不连续的分配，即将部分无线帧中的相应时隙分配给该物理信道。一个突发由数据部分、midamble 码部分和保护间隔组成。突发的持续时间是一个时隙。发射机可以同时发射几个突发，在这种情况下，几个突发的数据部分必须使用不同 OVSF 的信道码，但应使用相同的扰码。midamble 码部分必须使用同一个基本 midamble 码，但可使用不同偏移码（midamble shift）。

突发的数据部分由信道码和扰码共同扩频。信道码是一个 OVSF 码，扩频因子可以取 1、2、4、8 或 16，物理信道的数据速率取决于使用的 OVSF 码所采用的扩频因子。

因此，物理信道是由频率、时隙、信道码和无线帧分配来定义的。小区使用的扰码和基本 midamble 是广播的，而且可以是不变的。建立一个物理信道的同时，也就给出了它的起始帧号。物理信道的持续时间可以无限长，也可以定义资源分配的持续时间。

TD-SCDMA 系统的子帧结构见图 3-14。

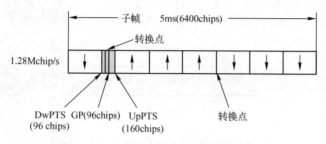

图 3-14 TD-SCDMA 系统的子帧结构图

TD-SCDMA 系统帧结构的设计考虑到对智能天线、上行同步等新技术的支持。一个 TDMA 帧长为 10ms，分成两个 5ms 子帧；这两个子帧的结构完全相同；每一子帧又分成长度为 675μs 的 7 个常规时隙和 3 个特殊时隙。这 3 个特殊时隙分别为 DwPTS（下行导频时隙）、G（保护时隙）和 UpPTS（上行导频时隙）。在 7 个常规时隙中，TS0 总是分配给下行链路，而 TS1 总是分配给上行链路。上行时隙和下行时隙之间由转换点分开，在 TD-SCDMA 系统中，每个 5ms 的子帧有两个转换点（DL 到 UL、UL 到 DL）。通过灵活的配置上、下行时隙的个数，使 TD-SCDMA 适用于上、下行对称业务和非对称业务，如图 3-15 所示。

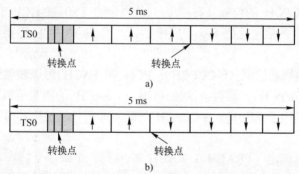

图 3-15 TD-SCDMA 适用于上、下行对称业务和非对称业务

a) DL/UL 对称分配　b) DL/UL 不对称分配

每个子帧中的 DwPTS 是作为下行导频和同步而设计的。该时隙是由长为 64chips 的 SYNC_DL 序列和 32chips 的保护间隔组成，DwPTS 的实发结构如图 3-16 所示。

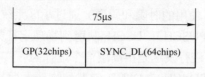

图 3-16 DwPTS 的突发结构图

SYNC_DL 是一组 PN 码，用于区分相邻小区，系统中定义了 32 个码组，每组对应一个 SYNC_DL 序列，SYNC_DL 的 PN 码集在蜂窝网络中可以复用。DwPTS 的发射，要满足覆盖整个区域的要求，因此不采用智能天线赋形。将 DwPTS 放在单独的时隙，一个是便于下行同步的迅速获取；再者，也可以减小对其他下行信号的干扰。

每个子帧中的 UpPTS 是为建立上行同步而设计的，当 UE 处于空中登记和随机接入状态时，它将首先发射 UpPTS，当得到网络的应答后，发送 RACH。这个时隙由长为 128chips

的 SYNC_UL 序列和 32chips 的保护间隔组成，UpPTS 的突发结构如图 3-17 所示。

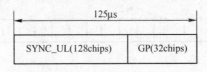

图 3-17　UpPTS 的突发结构图

SYNC_UL 是一组 PN 码，用于在接入过程中区分不同的 UE。

GP 即在 NodeB 侧，由发射向接收转换的保护间隔，时长为 75μs（96chips），可用于确定基本的小区覆盖半径为 11.25km。同时，较大的保护时隙，可以防止上、下行信号互相之间干扰，还可以允许终端在发出上行同步信号时进行一些时间提前。

物理信道分为专用物理信道和公共物理信道两大类。

专用物理信道采用突发结构，用于支持上、下行数据传输，下行通常采用智能天线进行波束赋形。专用传输信道 DCH 映射到专用物理信道 DPCH。

公共物理信道也分为以下几种。

1）主公共控制物理信道（P-CCPCH）：传输信道 BCH 在物理层映射到 P-CCPCH。在 TD-SCDMA 中，P-CCPCH 的位置（时隙/码）是固定的 TS0。P-CCPCH 采用固定扩频因子 SF=16，总是采用 TS0 的信道化码 $C_{Q=16}^{(k=1)}$ 和 $C_{Q=16}^{(k=2)}$。P-CCPCH 需要覆盖整个区域，不进行波束赋形。

2）辅助公共控制物理信道（S-CCPCH）：PCH 和 FACH 可以映射到一个或多个辅助公共控制物理信道（S-CCPCH），这种方法使 PCH 和 FACH 的数量可以满足不同的需要。S-CCPCH 采用固定扩频因子 SF=16，S-CCPCH 的配置即所使用的码和时隙在小区系统信息中广播。

3）物理随机接入信道（PRACH）：RACH 映射到一个或多个物理随机接入信道，可以根据运营者的需要，灵活确定 RACH 容量。PRACH 可以采用扩频因子 SF=16、SF=8 或 SF=4，其配置（使用的时隙和码道）通过小区系统信息广播。

4）快速物理接入信道（FPACH）：这个物理信道是 TD-SCDMA 系统所独有的，它作为对 UE 发出的 UpPTS 信号的应答，用于支持建立上行同步。NodeB 使用 FPACH 传送对检测到的 UE 的上行同步信号的应答，FPACH 上的内容包括定时调整、功率调整等。FPACH 使用扩频因子 SF=16，其配置（使用的时隙和码道）通过小区系统信息广播。

5）物理上行共享信道（PUSCH）：USCH 映射到物理上行共享信道。PUSCH 支持传送 TFCI 信息。UE 使用 PUSCH 进行发送是由高层信令选择的。

6）物理下行共享信道（PDSCH）：DSCH 映射到物理下行共享信道（PDSCH），PDSCH 支持传送 TFCI 信息。对于用户在 DSCH 上有需要解码的数据可以用 3 种方法来指示：使用相关信道或 PDSCH 上的 TFCI 信息；使用在 DSCH 上的用户特有的 midamble 码，它可从该小区所用的 midamble 码集中导出来；使用高层信令。

7）寻呼指示信道（PICH）：寻呼指示信道用来承载寻呼指示信息，PICH 的配置在小区系统信息中广播。

3．传输信道对物理信道的映射关系

传输信道到物理信道的映射方式，如表 3-2 所示。

表 3-2 传输信道到物理信道的映射方式

传 输 信 道	物 理 信 道
DCH	专用物理信道（DPCH）
BCH	基本公共控制物理信道（P-CCPCH）
PCH	辅助公共控制物理信道（S-CCPCH）
FACH	辅助公共控制物理信道（S-CCPCH）
RACH	物理随机接入信道（PRACH）
USCH	物理上行共享信道（PUSCH）
DSCH	物理下行共享信道（PDSCH）
	下行导频信道（DwPCH）
	上行导频信道（UpPCH）
	寻呼指示信道（PICH）
	快速物理接入信道（FPACH）

值得注意的是，DwPCH、UpPTCH、PICH 和 FPACH 几个物理信道没有与其对应的传输信道。

3.4.3 中兴 TD-SCDMA 基站设备结构

无线基站（NodeB）的主要功能是进行空中接口的物理层处理，包括信道编码和交织、速率匹配、扩频、联合检测、智能天线和上行同步等，也执行一些基本的无线资源管理，例如功率控制等。

在 Iub 接口方向，NodeB 支持 AAL5/AAL2 适配功能、ATM 交换功能、流量控制和拥塞管理、ATM 层 OAM 功能；完成 NodeB 无线应用协议功能，包括小区管理、传输信道管理、复位、资源闭塞/解闭、资源状态指示、资源核对、专用无线链路管理（建立、重配置、释放、监测、增加）和专用和公共信道测量等。此外，也完成传输资源管理和控制功能：实现传输链路的建立、释放和传输资源的管理，同时也实现对 AAL5 信令的承载功能。

在操作维护方面，NodeB 支持本地和远程操作维护功能，实现特定的操作维护功能，包括配置管理、性能管理、故障和告警管理和安全管理等功能。从数据管理角度，主要实现 NodeB 无线数据、地面数据和设备本身数据的管理、维护。

中兴公司推出了满足各种要求的系列化基站设备，将 NodeB 分为室内基带单元（即 BBU）和远端射频单元（即 RRU）。BBU 和 RRU 之间的接口为光纤接口，两者之间通过光纤传输 IQ 数据和 OAM 信令数据。这种连接方式称为射频拉远，即 BBU 和 RRU 之间传输的是基带数据，中频和射频功放部分都放在室外 RRU 部分处理。

BBU 和 RRU 功能框图如图 3-18 所示。基带、传输和控制部分在 BBU，射频部分在 RRU 中。

多个基带处理单元作为资源池，可以灵活分配给本地和远端各站点不同扇区的载波；多个射频单元可以组成本地站点或多个远端站点。上面提到的 IQ 指 IQ 数字基带信号。ZXTR B328 是中兴公司基于射频拉远方案中的一类基带单元 BBU，与 ZXTR R04（或者其他不同规格的 RRU）配合实现一个完整的 NodeB 逻辑功能。ZXTR B328 产品外观如图 3-19 所示，ZXTR R04 产品外观如图 3-20 所示。

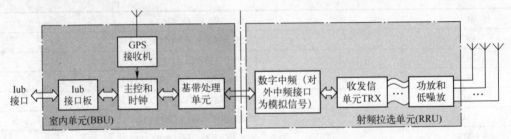

图 3-18　BBU 和 RRU 功能框图

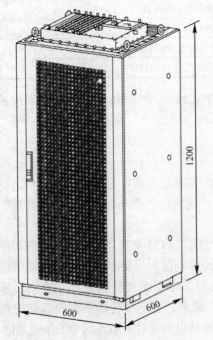

图 3-19　ZXTR B328 产品外观图

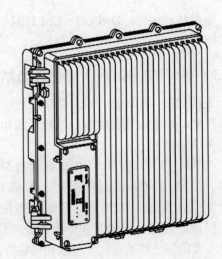

图 3-20　ZXTR R04 产品外观图

1. ZXTR B328 设备

ZXTR B328 采用先进的工艺结构，主要提供 Iub 接口、时钟同步、基带处理和与 RRU
的接口等功能，实现内部业务及通信数据的交换。基带处理采用 DSP 技术，不含中频、射
频处理功能。

ZXTR B328 系统组成如图 3-21 所示。

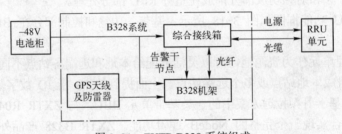

图 3-21　ZXTR B328 系统组成

ZXTR B328 机架结构组成如图 3-22 所示。

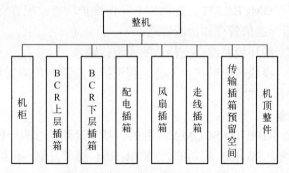

图 3-22　ZXTR B328 机架结构组成

ZXTR B328 硬件系统的逻辑关系如图 3-23 所示。图中除时钟外，其余连接关系中的信号流都是双向的，没有用箭头标识；时钟信号是单向的，用箭头标识方向。

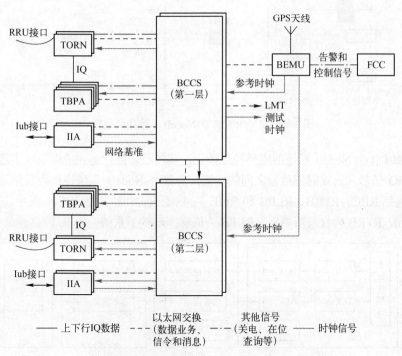

图 3-23　ZXTR B328 硬件系统的逻辑关系图

ZXTR B328 主要由主控时钟交换板（BCCS）、Iub 接口处理板（IIA）、基带处理板（TBPA）、RRU 接口板（TORN）和环境监控单元（BEMU）组成。

ZXTR B328 的主要功能如下。

1）通过光纤接口完成与 RRU 的连接，完成对 RRU 控制和 RRU 数据的处理功能，包括：信道编解码及复用解复用、扩频调制解调、测量与上报、功率控制以及同步时钟提供。

2）通过 Iub 接口与 RNC 相连，主要包括：NBAP 信令处理（测量启动及上报、系统信息广播、小区管理、公共信道管理、无线链路管理、审计、资源状态上报、闭塞/解闭）、FP

帧数据处理和 ATM 传输管理。

3）通过后台网管（OMCB/LMT）提供如下操作维护功能：配置管理、告警管理、性能管理、版本管理、前后台通信管理和诊断管理。

4）提供集中、统一的环境监控，支持透明通道传输。

5）支持所有单板、模块带电插拔；支持远程维护、检测、故障恢复和远程软件下载。

6）提供 N 频点小区功能。

2. ZXTR R04 设备

ZXTR R04 是符合 3GPP TD-SCDMA 标准的、基于射频拉远的一种 RRU，与 BBU 一起完成 TD-SCDMA 系统中 NodeB 的功能。ZXTR R04 施工方便，可以使运营商节省建网成本，快速开展业务。ZXTR R04 在 NodeB 系统中的位置如图 3-24 所示。

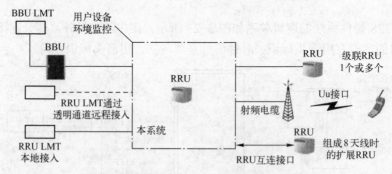

图 3-24　ZXTR R04 在 NodeB 系统中的位置

ZXTR R04 作为 NodeB 系统的室外拉远单元，其核心功能就是完成多载波多通道的上行和下行的基带 IQ 信号和天线射频信号之间的转换，为整个 NodeB 系统提供收发信通道。该收发信通道主要包括 RIIC、RTRB、RLPB 和 RFIL 共 4 部分，如图 3-25 所示。其中，RIIC 为接口中频控制单元，RTRB 为收发信单元，RLPB 为低噪声功放子系统、RFIL 腔体滤波子系统。

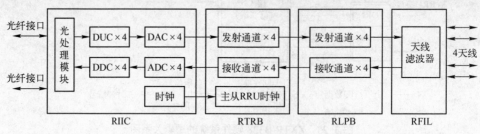

图 3-25　ZXTR R04 收发信通道

ZXTR R04 和 BBU 的通信，物理层是通过光纤链路上分配的信令通道传送数据，数据链路层采用 IP/PPP/HDLC 协议栈。当两个 RRU 组成一个扇区时，两个 RRU 之间的通信采用串口通信，物理层为 RS485 标准，二者之间的通信采用半双工的方式，其中一个 RRU 为主控。

ZXTR R04 的基本功能有：

1）支持 6 载波的发射与接收。

2）支持 4 天线的发射与接收。

3）支持两个 RRU 组成一个 8 天线扇区。

4）支持 RRU 级联功能。

5）通道校准功能。

6）支持上、下行时隙转换点配置功能。

7）支持到 BBU 的光纤时延测量和补偿。

8）发射载波功率测量。

9）透明通道功能。

ZXTR R04 采用自然散热形式的铝合金压铸壳体结构，整体结构分为上、下壳体两部分，结构紧凑，体积较小，散热面积大，且批量生产成本低。壳体采用铝合金压铸成形，表面进行导电氧化处理，外表面喷漆。壳体的壁厚均匀，在壳体的外侧壁上设置有加强筋，用于增加强度。上、下壳体之间有一对铰链，保证在开关壳体时不会损伤内部的电缆。铰链直接和壳体铸在一起的。设备的所有对外接口都分布在底部，所有电缆通过转接头进入壳体内部，电缆转接头都自带密封垫，满足防水和防尘的要求。

ZXTR R04 的外部接口如图 3-26 所示。

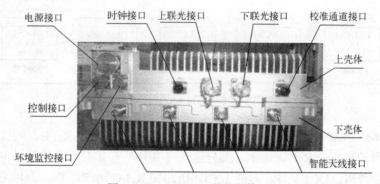

图 3-26　ZXTR R04 的外部接口图

ZXTR R04 的主要参数见表 3-3。

表 3-3　ZXTR R04 的主要参数

适合场景	需要 4 或 8 天线的站点，包括密集城区、一般城区、郊区、农村、室外对室内的覆盖、国外城区室外数据补充组网。两个 R04 互联可以提供 8 天线
通道数	4（另外还包括一个校正通道，两个 RRU 可组成 8 天线扇区）
功率	2W/6 载波/天线
体积	480mm（W）× 450mm（H）×200mm（D）
重量	不带遮阳罩小于 30kg，带遮阳罩小于 32kg
功耗	<300W
电源	DC-48V(-57V～-35V) AC 220V(130V～300V，45～65Hz)
RRU 传输	光纤×2，链型、环型组网
安装	抱杆、贴墙
环境适应性	太阳直射条件下为-35～+45℃，无太阳直射或有防护措施条件下为-35～55℃，湿度为 5%～98%，有凝露，IP65
支持的频段	第一阶段，支持频段 B：2010～2025MHz；第二阶段，支持频段 A：1880～1920MHz 第三阶段，支持频段 C：2300～2400MHz

3.5 CDMA2000 系统组成与基站设备

IS-95 向 CDMA2000 的技术演进路线如图 3-27 所示，其中空中接口系列标准包括 CDMA2000 1X、1X EV-DO 和 1X EV-DV，核心网与无线接入网独立向前发展。

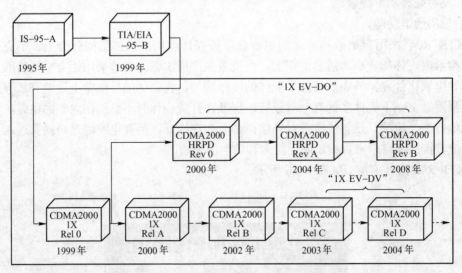

图 3-27　IS-95 向 CDMA2000 技术演进路线

目前，CDMA2000 1X 已经发展出 CDMA2000 Rel 0、Rel A、Rel B、Rel C 和 Rel D 等 5 个版本，商用较多的是 Rel 0 版本；部分运营网络引入了 Rel A 的一些功能特性；Rel B 作为中间版本被跨越；1X EV-DV 对应于 CDMA2000 Rel C 和 Rel D。其中，Rel C 增加前向高速分组传送功能；Rel D 增加反向高速分组传送功能。

1X EV-DO 是一种专为高速分组数据传送而优化设计的 CDMA2000 空中接口技术，已经发展出 Rev 0 和 Rev A 等两个版本。其中，Rev 0 版本可以支持非实时、非对称的高速分组数据业务；Rev A 版本可以同时支持实时、对称的高速分组数据业务传送。

1X EV-DO 系统与 IS-95/1X 使用不同的载频，但 1X EV-DO 系统的载频宽度仍为 1.25MHz，与 IS-95/1X 系统相同。图 3-28 显示 1X 与 1X EV-DO 系统的频谱。

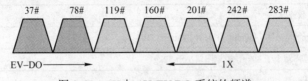

图 3-28　1X 与 1X EV DO 系统的频谱

对现有的网络配置无需做任何改动，1X EV-DO 系统与 IS-95/1X 系统可共用现有的基站、铁塔和天线而同时并存。

1X EV-DO 利用独立的载波提供高速分组数据业务，它可以单独组网，也可以与 CDMA2000 1X 混合组网以弥补后者在高速分组数据业务提供能力上的不足。

从技术特点上看：1X EV-DO 前向链路采用了多种优化措施以提高前向数据吞吐量和频谱利用率，前向链路峰值速率可以达到 2.4Mbit/s；后向链路设计与 CDMA2000 1X 有许多共同点，后向链路速率与 CDMA2000 1X 相同。

从网络结构上看：1X EV-DO 与 CDMA2000 1X 的无线接入网在逻辑功能上是相互独立的，分组核心网可以共用，这样既实现了高速分组数据业务的重点覆盖，又不会对 CDMA2000 1X 网络和业务造成明显影响。

从系统覆盖上看：CDMA2000 1X 前后向链路是对称的，1X EV-DO 虽然前后向速率不对称，但是其前后向链路预算与 CDMA2000 1X 相差不多，CDMA2000 1X 系统覆盖的许多特性可以作为 1X EV-DO 网络规划优化的参考。

从网络规划上看：1X EV-DO 与 CDMA2000 1X 可以共站址、天线和天馈系统；在天馈设计、PN 规划和邻区规划方面，1X EV-DO 与 CDMA2000 1X 基本一致；1X EV-DO 利用独立的载频提供高速分组数据业务，有助于降低与 CDMA2000 1X 网络之间的互干扰。

业务互补性看：1X EV-DO 可以作为高速分组数据业务的专用网，1X 提供语音和中低速分组数据业务；同时利用 CDMA2000 1X 网络的广域覆盖特性以弥补 1X EV-DO 网络建设初期在覆盖上的不足。

由于存在技术特点、网络结构、网络规划和业务互补性等多方面的相容性，从 CDMA2000 1X 向 1X EV-DO 演进，有利于快速部署网络，降低设备投资和网络运行维护成本。

3.5.1 CDMA2000 的网络结构

CDMA2000 1X EV-DO 的网络参考模型如图 3-29 所示，它主要包括 AT、AN、PCF、AN-AAA、PDSN 以及 AAA 等功能实体。下面结合这个网络结构，分别介绍各个逻辑实体的功能。

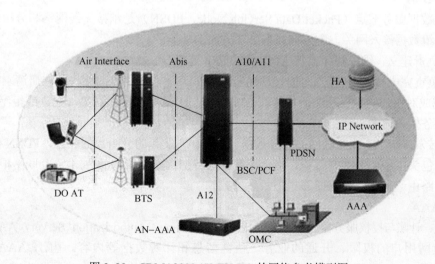

图 3-29   CDMA2000 1X EV-DO 的网络参考模型图

1. AT

接入终端（AT）是为用户提供数据连接的设备，它可以与计算设备（如个人计算机）连接，或自身为一个独立的数据设备（如手机）。AT 包括移动设备（Mobile Equipment，ME）和用户识别模块（User Identity Module，UIM）两部分。

2. BTS 与 BSC

基站收发信机（BTS）与基站控制器（BSC）共同组成接入网（AN）。AN 是在分组网（主要为互联网）和接入终端之间提供数据连接的网络设备，完成基站收发、呼叫控制及移动性管理等功能。通常，BTS 完成 Um 接口物理层协议功能；BSC 完成 Um 接口其他协议层功能、呼叫控制及移动性管理功能。A8/A9、A12、A13 接口在 AN 的附着点是 BSC；BSC 与 BTS 之间通过 Abis 接口相连。Abis 接口是非标准接口，在 CDMA 2000 相关规范中未规定其协议层结构。

3. AN-AAA

接入网鉴权、计账与授权服务器（Access Network-Authentication、Accounting、Authorization Server，AN-AAA）是接入网执行接入鉴权和对用户进行授权的逻辑实体，它通过 A12 接口与 AN 交换接入鉴权的参数及结果。在空中接口 PPP-LCP 协商阶段，可以协商进行 CHAP 鉴权。在 AT 与 AN 之间完成 CHAP 查询-响应信令交互后，AN 向 AN-AAA 发送 A12 接入请求消息，请求 AN-AAA 对该消息所指示的用户进行鉴权。AN-AAA 根据所收到的鉴权参数和保存的鉴权算法，计算鉴权结果，并返回鉴权成功或失败指示。若鉴权成功，则同时返回用户标识 MNID（或 IMSI），用作建立 R-P 会话时的用户标识。

4. PCF

分组控制功能（Packet Control Function，PCF）与 AN 配合完成与分组数据业务有关的无线信道控制功能。在具体实现时，PCF 可以与 AN 中的 BSC 合设，此时 A8/A9 接口变成 AN/PCF 的内部接口。PCF 通过 A10/A11 接口与 PDSN 进行通信。

5. PDSN

分组数据服务节点（Packet Data Serving Node，PDSN）是承接无线网络和分组数据网络的无线分组数据接入网关，主要完成以下 3 方面的功能。

1）负责建立、维持和释放与 AT 之间的 PPP 连接。

2）负责完成移动 IP 接入时的代理注册。当 PDSN 收到 AT 的鉴权及注册请求时，协助 HAAA 完成对用户的鉴权及注册功能。PDSN 根据 HAAA 的鉴权结果，允许或拒绝 AT 的分组数据业务接入请求。

3）转发来自 AT 或互联网的业务数据。对于 AT 发起的分组数据业务，PDSN 在收到的数据分组包头中添加 DSCP 标识，指示该数据业务的优先级或 QoS 要求，互联网根据 DSCP 标识进行路由选择和执行流控等。

6. AAA

鉴权、计账与授权服务器（Authentication、Accounting、Authorization Server，AAA）负责管理分组网用户的权限、开通的业务、认证信息和计费数据等内容。由于 AAA 采用的主要协议是 RADIUS，故 AAA 也常被称为 RADIUS 服务器。AAA 可以分为 VAAA、HAAA 和 BAAA 等 3 类。其工作过程为：1）VAAA 向 HAAA 转发来自 PDSN 的用户鉴权请求；2）HAAA 执行用户鉴权，并返回鉴权结果，同时进行用户授权；3）VAAA 收到鉴权结果后，保存计费信息，并向 PDSN 转发用户授权。

3.5.2 华为 DBS3900 基站设备

DBS3900 是华为公司的分布式基站，基带部分和射频部分独立安装，应用灵活，广泛用于室内、楼宇、隧道等复杂环境，具有广覆盖、低成本等优势。

DBS3900 分布式基站系统由 BBU3900、RRU3606/ODU3601CE、配套设备、线缆和天馈系统组成，如图 3-30 所示。

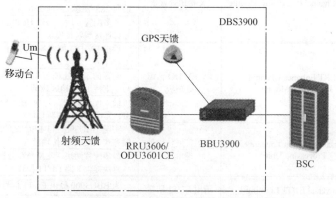

图 3-30　DBS3900 分布式基站系统组成图

1. BBU3900

BBU3900 是 DBS3900 基带单元，负责基站系统的资源管理、操作维护、环境监控和业务处理。BBU3900 可配置 CMPT、HECM/HCPM、FAN、UPEU、USCU、UTRP 和 UELP/UFLP 等模块。其外观和单板的配置位置如图 3-31 和图 3-32 所示。

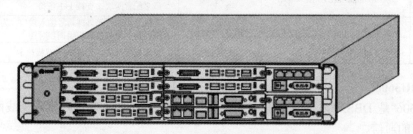

图 3-31　BBU3900 外观图

FAN	HCPM/HECM 0	HCPM/HECM/UTRP/UELP/UFLP 4	UPEU 0
	HCPM/HECM/USCU 1	HCPM/HECM/UTRP/UELP/UFLP/USCU 5	
	HCPM/HECM/USCU 2	CMPT/USCU 6	UPEU 1
	HCPM/HECM 3	CMPT 7	

图 3-32　BBU3900 单板配置图

BBU 中各单板的功能见表 3-4。

表 3-4　BBU 中各单板的功能

英文简称	英文全称	中文名称	功能
CMPT	CDMA Main Processing&Transmission Unit	主控传输模块	实现 BTS 与 BSC 之间的数据传输处理，对整个 BTS 进行控制和管理，为基站系统提供时钟信号
			CMPT 支持 E1/T1/FE 三种传输方式，支持 IP 传输模式
			最多配置两块，支持 1+1 备份 每块提供 4 路 E1/T1、2 路 FE 接口
HCPM	HERT Channel Processing Module	1X 信道处理板	承担 1X 业务各种前向信道、后向信道业务数据处理任务
			配置的基带处理芯片为 CSM6700，信道处理能力为前向 285 信道，后向 256 信道；支持 12 个扇区载频
			最多配置 6 块，每块 HCPM 板上提供 3 个 CPRI SFP 光口连接到射频模块
HECM	HERT Enhance Channel Processing Module	1X EV-DO 信道处理板	承担 EV-DO 模式各种前向信道、后向信道业务数据处理任务
			配置的基带处理芯片为 CSM6800，支持 192 个用户；支持 12 个扇区载频
			最多配置 6 块，每块 HECM 板上提供 3 个 CPRI SFP 光口连接到射频模块
UTRP	Universal Extension Transmission Processing Unit	通用扩展传输处理单元	实现 BBU3900 与 BSC 之间的连接，支持 E1/T1 传输方式，支持 IP 传输模式
			最多配置两块，支持负荷分担或 1+1 备份 每块提供 8 路 E1/T1 接口
UELP	Universal E1/T1 Lighting Protection Unit	通用 E1/T1 防雷单元	为 BBU3900 提供 E1/T1 信号的防雷处理
			最多配置两块，每块支持 4 路 E1/T1 防雷
UFLP	Universal FE/GE Lighting Protection Unit	通用 FE/GE 防雷单元	为 BBU3900 提供 FE 信号的防雷处理
			最多配置两块，每块支持两路 FE 防雷
FAN	FAN Unit	风扇单元	是 BBU3900 主要的散热部件
UPEU	Universal Power and Environment Interface Unit	电源环境接口单元	为 BBU3900 提供 DC -48V/+24V 到 DC +12V 电源转换；提供 8 路干结点告警输入，连接外部告警设备
			最多配置两块，支持 1+1 备份
USCU	Universal Satellite Card and Clock Unit	通用星卡时钟单元	提供卫星时钟等外部信号输入接口，为 BBU3900 以及所连接的射频模块提供同步时钟
			最多配置两块，支持单模/双模星卡

2．RRU3606

RRU3606 是 DBS3900 远端射频单元，负责无线信号的收发功能，实现无线网络系统和移动台之间的通信。

一个 RRU3606 单元最大支持 8 载波，支持一个扇区，见表 3-5。

表 3-5　RRU3606 的技术指标

射频模块	支持频点数	最大发射功率/W	最大功耗/W	支持频段/MHz
RRU3606	8	60	小于等于 300	800/1900/2100

RRU3606 的逻辑结构如图 3-33 所示。

RRU3606 的主要功能如下所述。

1）在前向链路，完成已调制发射信号的上变频和功率放大，对发射信号进行滤波，以满足相应的空中接口规范。

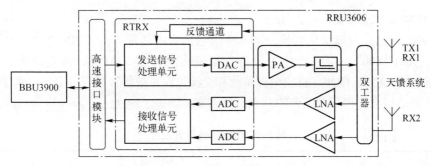

图 3-33　RRU3606 的逻辑结构图

2）在后向链路，对基站天线接收信号进行滤波以抑制带外干扰，然后进行低噪声放大、分路、下变频和信道选择性滤波。

RRU 3606 外观如图 3-34 所示。

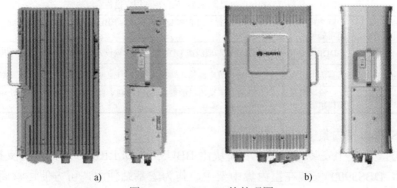

图 3-34　RRU3606 的外观图

a) RRU3606 外观图（不带外壳）　　b) RRU3606 外观图（带外壳）

RRU3606 物理接口包括电源接口、传输接口、告警接口、接地接口和射频接口等。RRU3606 的物理接口说明见表 3-6。

表 3-6　RRU3606 的物理接口

接口类型	接口名称	接口说明	数量	连接器类型
电源接口	RTN（+）	-48V 直流电源接口	1	OT 端子
	NEG（-）			
传输接口	CPRI_E	CPRI 接口	1	ESFP 插座
	CPRI_W	CPRI 接口	1	ESFP 插座
告警接口	RS485/EXT_ALM	1 路 RS485 信号接口	1	DB15 连接器
接地接口	—	—	4	—
射频接口	ANT_TX/RXA	主集发送/接收接口	1	DIN 型圆形防水连接器
	ANT_RXB	分集接收接口	1	DIN 型圆形防水连接器
	RX_IN/OUT	与其他 RRU3606 共享主集接收信号接口	—	2W2 接头
预留接口	RET/PWR_SRXU	预留	—	—

3．DBS3900 配套设备

DBS3900 产品采用模块化架构，基本模块包括室内基带单元（BBU3900）和远端射频模块单元（RRU3606）。可配套使用设备包括室内集中架、APM、蓄电池柜、DCDU、EMUA、SLPU、ODF、DDF、直流电源系统和交流电源系统等（见表 3-7）。通过基本模块与配套设备灵活组合，可形成综合的站点解决方案。

表 3-7 DBS3900 配套设备

配套设备	说明
APM30	APM30 是室外型一体化电源系统，主要特点包括： · 支持-48V 直流和 110V/220V 交流供电 · 空柜可提供最大 12U 的用户空间 · 交流输入时，可内置蓄电池 · 交流输入时，可与蓄电池柜（选配）叠装
DCDU	DCDU 直流配电盒，支持 1 路直流输入和 9 路直流配电输出
EMUA	EMUA 是环境监控仪，可提供站点环境监控和用户设备监控功能
SLPU	SLPU 是防护单元，用于配置 UELP 和 UFLP 板，为 BBU 3900 实现 E1/T1 信号，FE/GE 信号的防雷处理
DDF	DDF 架分为同轴线 DDF 架和双绞线 DDF 架，当传输设备与 BBU 3900 在同一机柜内时配置
直流电源系统	直流电源系统，将+24V 直流电源输入转换成-48V 直流电源输出，由 PSUDC/DC 电源模块组成
交流电源系统	交流电源系统，将 220/110V 交流电源输入转换成-48V 直流电源输出，由 PSU 电源、PMU 监控模块组成

（1）DBS3900 室内集中安装方案

DBS3900 室内集中安装方案中主要模块由 BBU3900 和 RRU3606 组成，支持-48V 电源输入方式。将 DBS3900 安装在室内集中架中，作为宏基站使用，可方便运营商统一备件和统一版本，方便后续维护和升级。DBS3900 室内集中安装场景如图 3-35 所示。

（2）DBS3900 室内分布安装方案

DBS3900 室内分布安装方案中，主要模块由 BBU3900 和 RRU3606 组成，支持 DC -48V 电源输入方式。可将 BBU3900 安装在室内 19in 机柜空闲空间，共享机房现有的传输设备和供电设备；RRU3606 可挂墙安装在射频天线附近，节省馈线成本，减少线路损耗，提高覆盖效果。由 BBU3900 和 RRU3606 组成的室内分布安装场景如图 3-36 所示。

 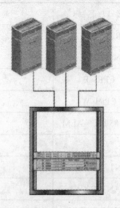

图 3-35 DBS3900 室内集中安装场景图　　图 3-36 DBS3900 室内分布安装场景

（3）DBS3900 室外集中安装方案

DBS3900 室外集中安装方案中，主要模块由 BBU3900 和 RRU3606 组成，支持 AC 220/110V 电源和 DC -48V 电源输入方式。可将 BBU3900 安装在 APM30 内，RRU3606 可挂墙或抱杆集中安装在射频天线附近，节省基站建设成本。DBS3900 室外集中安装场景如图 3-37 所示。

（4）DBS3900 室外分布安装方案

DBS3900 室外分布安装方案中，主要模块由 BBU3900 和 RRU3606 组成，支持 AC220/110V 电源和 -48V DC 电源输入方式。可将 BBU3900 安装在 APM30 内，RRU3606 可挂墙或抱杆安装在射频天线附近，节省基站建设成本。由 BBU3900 和 RRU3606 组成的室外分布安装场景如图 3-38 所示。

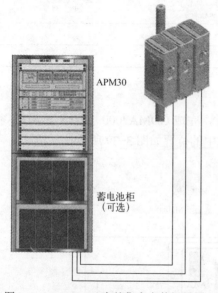

图 3-37　DBS3900 室外集中安装场景图

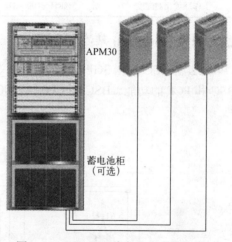

图 3-38　DBS3900 室外分布安装场景

4．DBS3900 主要技术指标

（1）BBU3900 技术指标

BBU3900 技术指标见表 3-8。

表 3-8　BBU3900 技术指标

项　目	指　标
物理尺寸	442mm×310mm×86mm（高×宽×深）
设备重量	空机柜（包含 FAN 和 UPEU）≤8kg，满配置≤12kg
输入电源	DC +24V（+21.6～+29V） DC -48V（-38.4～-57V）
设备功耗	满配置功耗≤250W
工作环境温度	-10～+55℃
工作环境相对湿度	5%RH～ 95%RH

（2）RRU3606 技术指标

RRU3606 技术指标见表 3-9。

表 3-9　RRU3606 技术指标

项　　目	指　　标
电压	DC -48V〔-36～-57V〕
功耗	≤300W
重量	模块＋外壳≤17kg 模块＋外壳≤19kg（800MHz AB 频段）
机柜尺寸 （高×宽×深）	• 455mm×285mm×170mm（模块＋外壳） • 480mm×270mm×140mm（不带外壳） 说明 800MHz AB 频段的 RRU3606 尺寸： • 485mm×285mm×200mm（模块＋外壳） • 480mm×270mm×170mm（不带外壳）
工作环境温度	-40～+52℃（无太阳辐射）
工作环境相对湿度	5%RH～100%RH

3.5.3　华为 BSC6680 基站控制器

华为公司 BSC 依据 3GPP2 颁布的协议规范设计，完成 CDMA2000 1X/1X EV-DO 系统的 BSC 和 PCF 的功能。BSC 在 CDMA2000 1X 网络中的位置如图 3-39 所示。

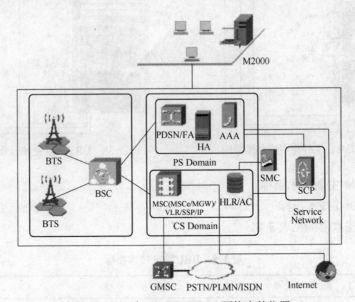

图 3-39　BSC 在 CDMA20001X 网络中的位置

BTS-基站收发信台	BSC-基站控制器	MSC-移动交换中心
MSCe-移动软交换中心	MGW-媒体网关	VLR-拜访位置寄存器
SSP-业务交换点	IP-智能外设	GMSC-关口移动交换中心
HLR-归属位置寄存器	AC-鉴权中心	SCP-业务控制点
SMC-短消息中心	PDSN-分组数据服务节点	HA-归属代理
AAA-授权、验证和计费	FA-外部代理	M2000-移动网元管理系统
PSTN-公共电话交换网	PLMN-公用陆地移动通信网	ISDN-综合业务数字网

BSC 在 CDMA2000 1X EV-DO 网络中的位置如图 3-40 所示。

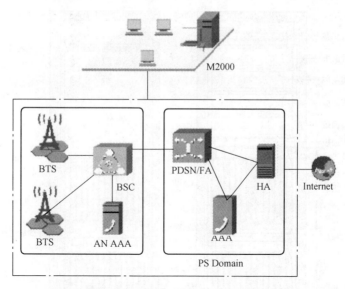

图 3-40 BSC 在 CDMA2000 1X EV-DO 网络中的位置

1. 机柜

BSC 6680 的物理机柜为 N68E-22 机柜，采用 DC -48V 供电。根据不同的功能和应用，N68E-22 型机柜分为控制机柜（CBCR）和业务机柜（CBSR）。一个 BSC 只配置一个控制机柜，根据业务量不配置或配置一个业务机柜。N68E-22 机柜的控制机柜装置图如图 3-41 所示。

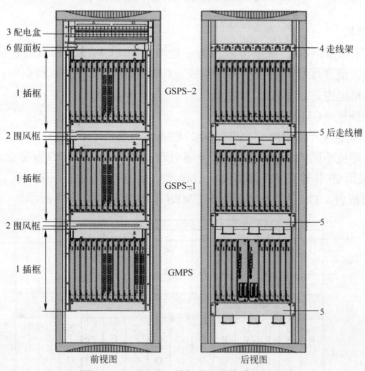

图 3-41 N68E-22 机柜的控制机柜装置图

N68E-22 机柜的业务机柜装置图如图3-42 所示。

87

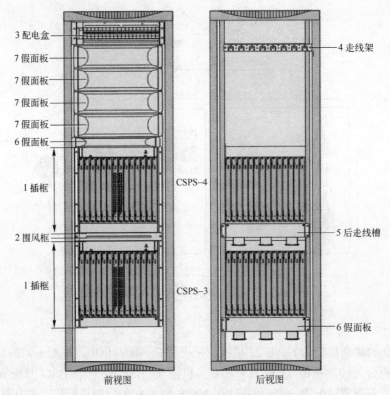

图中标注（前视图）：
- 3 配电盒
- 7 假面板
- 7 假面板
- 7 假面板
- 7 假面板
- 6 假面板
- 1 插框
- CSPS-4
- 2 围风框
- 1 插框
- CSPS-3

图中标注（后视图）：
- 4 走线架
- 5 后走线槽
- 6 假面板

前视图　　　　　后视图

图 3-42　N68E-22 机柜的业务机柜装置图

2．插框及单板

按照功能及作用的不同，插框可以分为主处理插框（CMPS）和从处理插框（CSPS），由单板、风扇盒、前走线槽和背板等部件组成。CMPS 仅配置在控制机柜中；CSPS 配置在控制机柜或业务机柜中。

（1）主处理插框（CMPS）

BSC 系统仅配置 1 个 CMPS 在控制机柜。CMPS 可支持 1X 和 1X EV-DO 业务，根据配置业务的不同，形成不同的处理实体：1X 业务处理实体和 1X EV-DO 业务处理实体。

当 A 接口采用 IP 传输的 FE 接口板、Abis 接口采用 IP 传输的光接口板、PCF 接口采用 IP 传输的光接口板时，1X 业务处理实体下 CMPS 单板配置如图3-43 所示。

	14	15	16	17	18	19	20	21	22	23	24	25	26	27
后插板	GOUXa	GOUXa	FG1Aa	FG1Aa	PO1Ba	PO1Ba	OMUOb		OMUOb		PO1Ba	PO1Ba	PO1Ba	PO1Ba
背板														
前插板	DPUSb	DPUSb	DPUSb	DPUSb	XPUOa	XPUOa	SCUOa	SCUOa	XPUOa	XPUOa	XPUOa	XPUOa	GCUOa	GCUOa
	00	01	02	03	04	05	06	07	08	09	10	11	12	13

图 3-43　CMPS 单板的配置（1X 业务处理实体下）

当 Abis 接口采用 IP 传输的光接口板、PCF 接口采用 IP 传输的光接口板时，1X EV-DO 业务处理实体下 CMPS 单板配置如图 3-44 所示。

	14	15	16	17	18	19	20	21	22	23	24	25	26	27
后插板	GOUXa	GOUXa	PO1Ba	PO1Ba	PO1Ba	PO1Ba	OMUOb		OMUOb		PO1Ba	PO1Ba	PO1Ba	PO1Ba
背板														
前插板	DPUDb	DPUDb	DPUDb	DPUDb	XPUOa	XPUOa	SCUOa	SCUOa	XPUOa	XPUOa	XPUOa	XPUOa	GCUOa	GCUOa
	00	01	02	03	04	05	06	07	08	09	10	11	12	13

图 3-44　CMPS 单板的配置（1X EV-DO 业务处理实体下）

（2）从处理插框（CSPS）

当 A 接口采用 IP 传输的 FE 接口板、Abis 接口采用 IP 传输的光接口板时，1X 业务处理实体下 CSPS 单板配置如图3-45 所示。

	14	15	16	17	18	19	20	21	22	23	24	25	26	27
后插板	FG1Aa	FG1Aa	FG1Aa	DPUSb			PO1Ba	PO1Ba	PO1Ba	PO1Ba	PO1Ba	PO1Ba	PO1Ba	PO1Ba
背板														
前插板	DPUSb	DPUSb	DPUSb	DPUSb	XPUOa	XPUOa	SCUOa	SCUOa	XPUOa	XPUOa	XPUOa	DPUSb	DPUSb	DPUSb
	00	01	02	03	04	05	06	07	08	09	10	11	12	13

图 3-45　CSPS 单板的配置（1X 业务处理实体下）

当 Abis 接口采用 IP 传输的光接口板、PCF 接口采用 IP 传输的光接口板时，1X EV-DO 业务处理实体下 CSPS 单板配置如图 3-46 所示。

	14	15	16	17	18	19	20	21	22	23	24	25	26	27
后插板	GOUXa	GOUXa	DPUDb		PO1Ba	PO1Ba	PO1Ba	PO1Ba	PO1Ba	PO1Ba	PO1Ba	PO1Ba	PO1Ba	PO1Ba
背板														
前插板	DPUDb	DPUDb	DPUDb	DPUDb	XPUOa	XPUOa	SCUOa	SCUOa	XPUOa	XPUOa	XPUOa	DPUDb	DPUDb	DPUDb
	00	01	02	03	04	05	06	07	08	09	10	11	12	13

图 3-46　CSPS 单板的配置（1X EV-DO 业务处理实体下）

（3）单板

BSC 单板是通过在物理板上加载不同的单板软件形成逻辑板，见表3-10。

表 3-10 BSC 中的各类单板

物 理 单 板	物理单板名称	逻 辑 单 板
AEUa	ATM 传输 E1/T1 接口单板 a 版本	AEUBa
AOUa	ATM 传输 2 路通道化 STM-1/OC-3 接口单板 a 版本	AOUBa
AO1a	ATM 传输 1 路通道化 STM-1/OC-3 接口单板 a 版本	AO1Ba
DPUb	通用数据处理单板 b 版本	DPUSb
		DPUDb
		DPUTb
ECUa	增强回波抵消处理单板 a 版本	ECUOa
EIUa	TDM 传输 E1/T1 接口单板 a 版本	EIUAa
FG1a	4 路 FE 或 1 路 GE 电接口单板 a 版本	FG1Aa
		FG1Ba
		FG1Pa
		FG1Xa
FG2a	8 路 FE 或 2 路 GE 电接口单板 a 版本	FG2Aa
		FG2Ba
		FG2Pa
		FG2Xa
GCUa	通用时钟单板 a 版本	GCUOa
GOUa	IP 传输 2 路 GE 光接口单板 a 版本	GOUPa
		GOUXa
OIUa	1 路通道化 STM-1 接口单板 a 版本	OIUAa
PEUa	IP 传输 E1/T1 接口单板 a 版本	PEUAa
		PEUBa
PIUa	数据业务处理接口单板 a 版本	PIUOa
POUa	IP 传输 2 路通道化 STM-1/OC-3 接口单板 a 版本	POUAa
		POUBa
PO1a	IP 传输 1 路通道化 STM-1/OC-3 接口单板 a 版本	PO1Aa
		PO1Ba
SCUa	GE 交换控制单板 a 版本	SCU0a
XPUa	通用信令处理单板 a 版本	XPUOa
OMUb	操作维护管理单板 b 版本	OMUOb

注：BSC 单板的物理名后面加一个字母为逻辑名。A 表示 A 接口，B 表示 ABIS 或 A3/A7 接口，P 或 X 表示 PCF 接口，O 出现在单板最前或中间表示光纤（OMUOb 除外），在最后无意义，只是为了名称长度一致。

3. 主要技术指标

（1）BSC 电气指标

BSC 电气指标见表 3-11。

表 3-11　BSC 电气指标

项　　目	指　　标
电源输入	DC -48V（-40～-57V）
满配置插框功耗	≤1600W
整机功耗	两个机柜：≤8200W

（2）容量指标

1X 组网（不含声码器）容量指标见表 3-12。

表 3-12　1X 组网（不含声码器）容量指标

项　　目	1X 指标（不含声码器）	
1X 话务量/Erl	50000	
DO 吞吐量	-	
用户数	2000000	
综合 BHCA/k	9600	
激活 PPP 连接数	14080	
总 PPP 连接数	60 万	
扇区载频	6000	
BTS 数	2500	
E1 数	Abis 接口：640	A 接口：800
T1 数	Abis 接口：864	A 接口：1024
STM-1/OC-3 数	Abis 接口：14	A 接口：13
FE 数	Abis 接口：56	A 接口：40
GE 电数	Abis 接口：14	A 接口：10
GE 光数	Abis 接口：-	A 接口：2

1X 组网（含声码器）容量指标见表 3-13。

表 3-13　1X 组网（含声码器）容量指标

项　　目	1X 指标（含声码器）
1X 话务量/Erl	30000
DO 吞吐量	-
用户数	1200000
综合 BHCA/k	5040
激活 PPP 连接数	7920

项　　目	1X 指标（含声码器）	
总 PPP 连接数	60 万	
扇区载频	6000	
BTS 数	2500	
E1 数	Abis 接口：384	A 接口：1088
T1 数	Abis 接口：512	A 接口：-
STM-1/OC-3 数	Abis 接口：9	A 接口：18
FE 数	Abis 接口：36	A 接口：-
GE 电数	Abis 接口：9	A 接口：-
GE 光数	Abis 接口：-	A 接口：2

1X EV-DO 组网容量指标见表 3-14。

表 3-14　1X EV-DO 组网容量指标

项　　目	DO 指标	
1X 话务量/Erl	-	
DO 吞吐量	4G	
用户数	2000000	
综合 BHCA/k	9600	
激活 PPP 连接数	68640	
总 PPP 连接数	200 万	
扇区载频	6000	
BTS 数	2500	
E1 数	Abis 接口：-	A 接口：-
T1 数	Abis 接口：-	A 接口：-
STM-1/OC-3 数	Abis 接口：60	A 接口：-
FE 数	Abis 接口：60	A 接口：44
GE 电数	Abis 接口：15	A 接口：11
GE 光数	Abis 接口：-	A 接口：11

3.6　实训　3G 无线侧设备仿真配置

1. 实训目的

1）了解 WCDMA 系统和 TD-SCDMA 系统基站硬件设备的安装和连接方法。

2）掌握华为和中兴 RNC 的数据配置方法和步骤。

3）掌握华为和中兴 NodeB 的基本数据配置方法和步骤。

2．实训设备

计算机、WCDMA 仿真系统、TD-SCDMA 仿真软件。

3．实训步骤及要求

（1）WCDMA RNC 仿真配置

1）登录仿真软件。用鼠标双击桌面上的"WCDMA 仿真"，出现登录窗口，输入用户名（wcdma）和密码（88866500），出现首页（网络和企业介绍）。

2）进入 WCDMA 机房，记录机房内的设备名称。打开 RNC 机柜，观察各单板名称，了解其功能。打开 NodeB（BBU）机柜，观看安装演示，画出 NodeB 机柜的内部设备分布图，记录安装步骤。进入天台，观看安装演示，记录 RRU 安装步骤。

3）进入 WCDMA 机房，单击[无线操作维护终端]，进入维护界面，如图 3-47 所示。

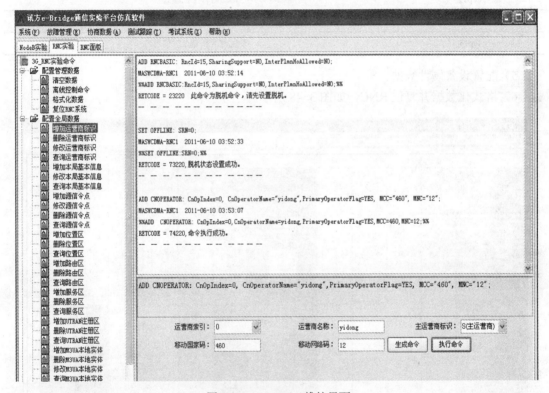

图 3-47　WCDMA 维护界面

4）完成 WCDMA RNC 数据配置，配置步骤见表 3-15。

表 3-15　WCDMA　RNC 配置步骤

RNC 数据配置步骤	配 置 内 容
step1	清空数据和离线控制命令
step2	增加运营商标识
step3	增加本局基本信息

RNC 数据配置步骤	配 置 内 容
step4	增加源信令点
step5	增加位置区
Step6	增加路由区
Step7	增加服务区（3 个）
Step8	增加 ULRA 注册区
Step9	增加 M3UA 本地实体
Step10	增加时钟源
Step11	增加时钟工作模式
step12	增加时钟板类型
step13	设置时区和夏令时信息

5）配置设备硬件数据。

6）格式化数据并复位 RNC，如图 3-48 所示。

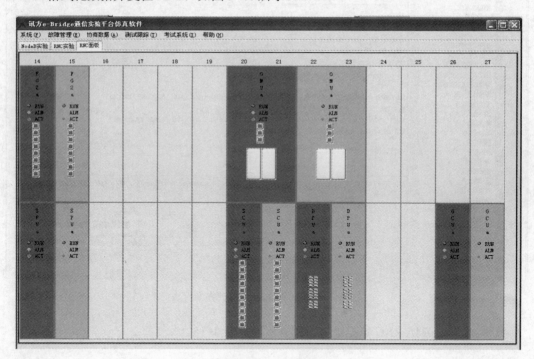

图 3-48　RNC 复位

7）根据以上配置查询 RNC 运营商标识、本局基本信息、源信令点、并记录查询结果。

8）单击系统菜单栏中的"系统"→"导出数据"，选择一个目标文件夹，输入文件名 "RNC 全局配置数据"，单击"保存"按钮。

（2）WCDMA NodeB 仿真配置

1）了解 BBU3900 单板。BBU3900 单板如图 3-49 所示。

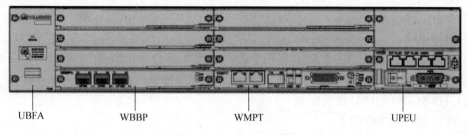

UBFA   WBBP   WMPT   UPEU

图 3-49 BBU3900 单板

WMPT 单板：WMPT（WCDMA Main Processing&Transmission Unit）单板是 BBU3900 的主控传输板，为其他单板提供信令处理和资源管理功能。

UBFA 单板：UBFA（Universal BBU Fan Unit Type A）模块是 BBU3900 的风扇模块，主要用于风扇的转速控制及风扇板的温度检测。

WBBP 单板：WBBP（WCDMA BaseBand Process Unit）单板是 BBU3900 的基带处理板，主要实现基带信号处理功能。

UPEU 单板：UPEU（Universal Power and Environment Interface Unit）单板是 BBU3900 的电源单板，用于实现 DC −48V 或 DC +24V 输入电源转换为+12V 直流电压。

2）完成 NodeB 配置，配置界面如图 3-50 所示，NodeB 开通步骤见表 3-16。

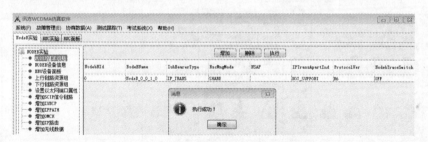

图 3-50 配置 NodeB 基本信息

表 3-16 NodeB 开通步骤

手工开通 NodeB 步骤	配 置 内 容
step1	配置基本信息
step2	配置 NodeB 设备信息
step3	配置面板信息及射频单元
step4	配置上、下行链路资源组
step5	设置以太网端口信息
Step6	配置 SCTP 信令链路数据（2 项）
Step7	配置 IUBCP 数据
Step8	配置 IPPATH 数据
Step9	配置 OMCH 数据
Step10	配置 IP 路由数据
Step11	配置无线数据

3）查看故障告警信息。

4）测试跟踪。

5）导出数据保存：单击系统菜单栏中的"系统"→"导出数据"，选择一个目标文件夹，输入文件名"NodeB 基本数据配置"，单击"保存"按钮。

（3）TD-SCDMA RNC 仿真配置

1）运行 ZXTRVBOX2.1。

2）单击进入 2-1 机房查看三期设备，其中 ZXTR RNC 资源框如图 3-51 所示。B8300 机架如图 3-52 所示。

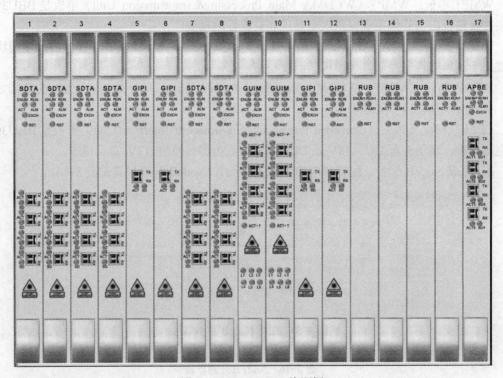

图 3-51　ZXTR RNC 资源框

图 3-52　B8300 机架

3）单击桌面"虚拟后台"图标，启动服务器和客户端。

4）单击信息查看，查看配置信息。信息查看窗口如图 3-53 所示。

图 3-53　信息查看窗口

5）按"信息查看"窗口提供的信息，配置 RNC，配置界面如图 3-54 所示。

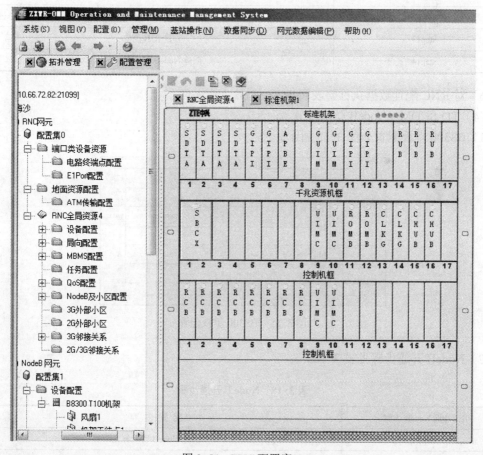

图 3-54　RNC 配置窗口

ZXTR RNC 配置步骤见表 3-17。

表 3-17 ZXTR RNC 配置步骤

表 3-17　ZXTR RNC 配置步骤

RNC 数据配置步骤	配 置 内 容
step1	创建子网
step2	创建 RNC 管理网元
step3	创建 RNC 全局资源
step4	创建机架、机框、单板
step5	配置各单板 IP 地址（ROMB、GIPI）
Step6	统一分配 IPUDP IP 地址
Step7	IPPORT 配置（IUB）
Step8	ICM 时钟配置
Step9	ATM 通信端口配置
Step10	创建 IU-CS 局向
Step11	创建 IU-PS 局向
step12	静态路由配置
step13	创建 IUB 局向
step14	创建 NodeB 及服务小区

6）对 RNC 配置数据执行整表同步。

（4）TD-SCDMA NodeB 仿真配置

1）B8300 单板配置如图 3-55 所示。

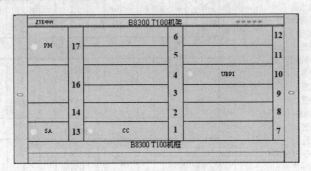

图 3-55　B8300 单板配置

2）NodeB 开通步骤见表 3-18。

表 3-18　Node B 开通步骤

手工开通 NodeB 步骤	配 置 内 容
step1	创建 NodeB 管理网元
step2	创建模块
step3	配置机架、机框、单板
step4	传输配置—全局端口配置

手工开通 NodeB 步骤	配 置 内 容
step5	传输配置—IP 端口配置
Step6	传输配置—SCTP 偶联配置
Step7	传输配置—OMCB 配置
Step8	配置无线模块—物理天线、天线系统集合
Step9	配置无线模块—物理站点
Step10	配置无线模块—扇区、扇区载波集合
Step11	配置无线模块—本地小区、逻辑载波
Step12	在 OMCB 服务器上添加静态路由

3）对 NodeB 配置数据执行整表同步。

4）单击"视图"菜单，选择"动态数据"管理，查看告警信息。

5）单击"管理"菜单，选择"数据备份"，保存配置文件。

3.7 习题

1．3G 有哪 3 种主要制式？有哪两个国际标准化组织？

2．TD-SCDMA 的含义及多址方式是什么？

3．FDD、TDD 分别是什么意思？3G 采用的是哪种方式？

4．3G 不同制式的载频带宽、扩频码速率分别是多少？

5．TD-SCDMA 无线帧和子帧的长度是多少？一个子帧有多少个时隙？

6．TD-SCDMA 子帧中上、下行转换点有几个，有哪 3 种上、下行配置方式？

7．TD-SCDMA 有哪 3 种信道模式？

8．TD-SCDMA 的关键技术有哪些？

9．为什么 TD-SCDMA 适合采用智能天线？

10．3G 的 3 种制式闭环（内环）功控速率分别是多少？

11．TD-SCDMA 网络结构中，Iu 接口、Iub 接口、Uu 接口分别指什么？

12．HSDPA 和 HSUPA 代表什么意思？

13．3G 的 3 种制式中，基站不需要使用 GPS 天线的是哪种？

14．CDMA2000 1X 和 CDMA2000 1X EV-DO 频点如何使用？

15．NodeB 由哪两部分组成？两者如何连接？

学习情境 4　4G 系统组成与基站配置

随着移动通信技术的蓬勃发展，无线通信系统呈现出移动化、宽带化和 IP 化的趋势，移动通信市场的竞争也日趋激烈。为应对来自 WiMAX、WiFi 等传统和新兴无线宽带接入技术的挑战，提高 3G 在宽带无线接入市场的竞争力，3GPP 开展了一项长期演进（Long Term Evolution，LTE）技术的研究，以实现 3G 技术向宽带 3G 和 4G 的平滑过渡。LTE 的改进目标是实现更高的数据速率、更短的时延、更低的成本、更高的系统容量以及改进的覆盖范围。

自 2004 年 3GPP 的多伦多会议上提出 LTE 概念以来，LTE 标准制定经历了研究项目和工作项目两个阶段，R8 版本的 LTE 标准已于 2008 年底冻结，R9 版本的协议也于 2009 年 12 月冻结，R10 版本是 3GPP 作为 4G 标准提案的 LTE-A 标准的第一个版本，在 2011 年 3 月冻结，R11 版本也在 2012 年底冻结。目前，R12 版本规范正在制定当中。

4.1　LTE 基本原理

4.1.1　LTE 概述

1．LTE 的主要技术特征

LTE 项目是 3G 的演进，它改进并增强了 3G 的空中接入技术，采用 OFDM 和 MIMO 作为其无线网络演进的唯一标准。与 3G 相比，LTE 更具技术优势，主要体现在：高数据速率、分组传送、延迟降低、广域覆盖和向下兼容。LTE 技术特征如下：

1）通信速率有较大提高，下行峰值速率为 100Mbit/s、上行为 50Mbit/s。

2）提高了频谱效率，下行链路 5bit/s/Hz 是 R6 版本 HSDPA 的 3～4 倍；上行链路 2.5bit/s/Hz，是 R6 版本 HSUPA 的 2～3 倍。

3）以分组域业务为主要目标，系统在整体架构上将基于分组交换。

4）QoS 保证，通过系统设计和严格的 QoS 机制，保证实时业务（如 VoIP）的服务质量。

5）系统部署灵活，能够支持 1.4～20MHz 的多种系统带宽，并支持"配对"和"非配对"的频谱分配，保证了将来在系统部署上的灵活性。

6）降低无线网络时延：子帧长度 0.5ms 和 0.675ms，解决了向下兼容的问题并降低了网络时延，时延可达 U 平面<5ms、C 平面<100ms。

7）增加了小区边界比特速率，在保持目前基站位置不变的情况下增加小区边界比特速率。如 MBMS（多媒体广播和组播业务）在小区边界可提供 1bit/s/Hz 的数据速率。

8）强调向下兼容，支持已有的 3G 系统和非 3GPP 规范系统的协同运作。

2．LTE 技术模式

LTE 同时定义了频分双工（FDD）和时分双工（TDD）两种技术模式，但由于无线技术的差异、使用频段的不同以及各个厂家的利益等因素，LTE FDD 支持阵营更加强大，标准化与产业发展都领先于 LTE TDD。2007 年 11 月，3GPP RAN1 会议通过了 27 家公司联署的 LTE TDD 融合帧结构的建议，统一了 LTE TDD 的两种帧结构。融合后的 LTE TDD 帧结构是以 TD-SCDMA 的帧结构为基础的，这就为 TD-SCDMA 成功演进到 LTE 奠定了基础。

频分双工（FDD）和时分双工（TDD）是两种不同的双工模式，如图 4-1 所示。

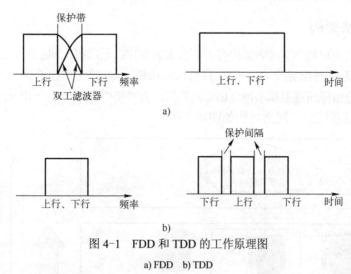

图 4-1　FDD 和 TDD 的工作原理图

a) FDD　b) TDD

FDD 是在分离的两个对称频率信道上进行接收和发送，用保护频段来分离接收和发送信道。FDD 必须采用成对的频率，依靠频率来区分上、下行链路，其单方向的资源在时间上是连续的。FDD 在支持对称业务时，能充分利用上、下行的频谱，但在支持非对称业务时，频谱利用率将大大降低。

TDD 用时间来分离接收和发送信道。在 TDD 方式的移动通信系统中，接收和发送使用同一频率载波的不同时隙作为信道的承载，其单方向的资源在时间上是不连续的，时间资源在两个方向上进行了分配。某个时间段由基站发送信号给移动台，另外的时间由移动台发送信号给基站，基站和移动台之间必须协同一致才能顺利工作。

对比 FDD 和 TDD 两种模式，TDD 具有如下优势和劣势。

（1）TDD 的优势

1）能够灵活配置频率，使用 FDD 系统不易使用的零散频段。

2）可以通过调整上、下行时隙转换点，提高下行时隙比例，因此能够很好地支持非对称业务。

3）具有上、下行信道一致性，基站的接收和发送可以共用部分射频单元，从而降低设备成本。

4）接收上、下行数据时，不需要收发隔离器，只需要一个开关即可，降低了设备的复杂度。

5）具有上、下行信道互惠性，能够更好的采用传输预处理技术，如预 RAKE 技术、联合传输技术、智能天线技术等，能有效地降低移动终端的处理复杂性。

（2）TDD 的劣势

1）由于 TDD 方式的时间资源分别分给了上行和下行，因此 TDD 方式的发射时间大约只有 FDD 的一半，如果 TDD 要发送和 FDD 同样多的数据，就要增大 TDD 的发送速率。

2）TDD 系统上、下行保护时隙受限，因此 TDD 基站的覆盖范围明显小于 FDD 基站。

3）TDD 系统收发信道同频，无法进行干扰隔离，系统内和系统间存在干扰。

4）为了避免与其他无线系统之间的干扰，TDD 需要预留较大的保护带，影响了整体频谱利用效率。

4.1.2 LTE 网络架构

LTE 的网络架构相对 3G 网络架构有了非常大的变化：无线接入网层面取消了 RNC 这一级控制节点，整个无线网络完全扁平化，只有 eNodeB 一级网元；核心网方面取消了电路域（CS），只保留了分组域演进型核心网（EPC）架构，为网络的分组化、全 IP 化奠定了基础。

LTE 移动通信系统中，网络架构如图 4-2 所示。

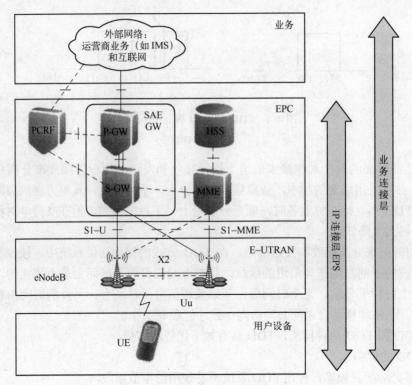

图 4-2　LTE 网络架构

LTE 中核心网演进方向为 EPC，EPC 是基于系统架构演进（SAE）的分组核心网技术，包含移动性管理实体（MME）、业务网关（S-GW）、分组数据网关（P-GW）和归属用户服务器（HSS）等网元。EPC 的一个重大结构变化是不包括电路域（CS），从功能角度看，EPC 等价于现有 3G 网络的核心网分组域（PS），但是大部分节点的功能划分和结构有了很大变化。

LTE 中无线接入网络演进型（E-UTRAN）采用由 eNodeB 构成的单层结构，与传统的 3GPP 接入网相比，LTE 无线接入网减少了 RNC 节点，所有的无线功能都集中在

eNodeB 节点。因此，eNodeB 也是所有无线相关协议的终结点。这种结构有利于简化网络和减小延迟，实现了低时延、低复杂度和低成本的要求。名义上 LTE 是对 3G 的演进，但事实上它对 3GPP 的整个体系架构作了革命性的变革，LTE 的网络结构逐步趋近于典型的 IP 宽带网结构。

UE、E-UTRAN 和 EPC 共同构成了 IP 连接层，也称为演进的分组系统（EPS）。该层的主要功能是提供基于 IP 的连接性，所有业务都以全 IP 的方式承载，系统中不再有电路交换节点和接口。

业务连接层通过 IP 多媒体子系统（IMS）提供基于 IP 连接的业务。例如，为了支持语音业务，IMS 可支持 VoIP，并通过其控制下的媒体网关实现和传统的电路交换网络 PSTN 及 ISDN 的连接。

LTE 网络中各网元功能如下：

1．eNodeB

演进型 NodeB（eNodeB）是 LTE 中基站的名称。相比现有 3G 中的 NodeB，eNodeB 集成了部分 RNC 的功能，减少了通信时协议的层次。eNodeB 协议栈包括空中接口的物理层、MAC 层、RLC 层及 RRC 等各层实体，负责用户通信过程中控制面和用户面的建立、管理与释放，以及部分无线资源管理方面的功能，具体包括：

1）无线资源管理（RRM）。

2）用户数据流 IP 头压缩和加密。

3）UE 附着时的 MME 选择功能。

4）用户面数据向 S-GW 的路由功能。

5）寻呼消息的调度和发送功能。

6）广播消息的调度和发送功能。

7）用于移动性和调度的测量及测量报告配置功能。

8）基于 AMBR 和 MBR 的承载级速率调整。

9）上行传输层数据包的分类标示等。

如图 4-2 所示，eNodeB 与 EPC 通过 S1 接口连接，其中，S1-U 连接业务信号，S1-MME 连接控制信号；eNodeB 之间通过 X2 接口连接；eNodeB 与 UE 之间通过 Uu 接口连接。

2．MME

移动性管理实体（MME）提供了用于 LTE 接入网络的主要控制，以及核心网络的移动性管理，包括寻呼、安全控制、核心网的承载控制以及终端在空闲状态的移动性控制等。它跟踪负责身份验证、移动性，以及与传统接入 2G/3G 接入网络的互通性的用户设备（UE）。MME 还支持合法的信号拦截，主要体现在处理移动性管理，包括：存储 UE 控制面上下文，鉴权和密钥管理，信令的加密、完整性保护，管理和分配用户临时 ID，其他还包括：空闲模式 UE 的可达性，选择 PDN GW 和 S-GW，2G、3G 切换时选择 SGSN，MME 改变时的 MME 选择功能，NAS 信令安全，认证，漫游跟踪区列表管理，3GPP 接入网络之间核心网节点之间移动性信令，承载管理功能。

3．S-GW

服务网关（S-GW）负责 UE 用户平面数据的传送、转发和路由切换等，同时也作为 eNodeB 之间互相传递期间用户平面的移动锚，以及作为 LTE 和其他 3GPP 技术的移动性锚。另一方面，S-GW 提供面向 E-UTRAN 的接口，连接 No.7 信令网与 IP 网的设备，主要完成传统 PSTN/ISDN/PLMN 侧的 No.7 信令与 3GPP 侧 IP 信令的传输层信令转换。其他功能还包括：切换过程中，进行数据的前转；上、下行传输层数据包的分类标示；在网络触发建立初始承载过程中，缓存下行数据包；在漫游时，实现基于 UE、PDN 和 QCI 粒度的上、下行计费；数据包的路由和转发；合法性监听等。

4．P-GW

分组数据网关（P-GW）管理用户设备（UE）和外部分组数据网络之间的连接。一个 UE 可以与访问多个 PDN 的多个 P-GW 同步连接。P-GW 执行策略的实施，为每个用户进行数据包过滤、计费支持、合法拦截和数据包筛选。P-GW 也是推动对处理器和带宽性能增加需求的关键网络元素，主要功能是 UE 的 IP 地址分配、基于每个用户的数据包过滤、深度包检测（DPI）和合法拦截。其他功能还有：上、下行传输层数据包的分类标示；上、下行服务级增强，对每个 SDF 进行策略和整形；上、下行服务级的门控；基于 AMBR 的下行速率整形；基于 MBR 的下行速率整形；上、下行承载的绑定；合法性监听等。

5．PCRF

策略与计费规则功能单元（PCRF）是负责策略和计费控制的网元。它负责决定如何保证业务的 QoS，并为 P-GW 中的策略和计费执行功能（PCEF）、S-GW 中可能存在的承载绑定及事件报告功能提供 QoS 相关信息，以便建立适当的承载和策略。

PCRF 向 PCEF 提供的信息称为策略和计费控制（FCC）规则。当创建承载时，PCRF 将发送 PCC 规则。例如，当 UE 首次附着到网络上时，首先会建立默认承载，接着会根据用户的业务需求创建一个或者多个专用承载。PCRF 可基于 P-GW 的请求（在使用 PMIP 协议时述要基于 S-GW 的请求），以及位于业务域的应用功能的请求来提供 PCC 规则。

6．HSS

归属用户服务器（HSS）是 LTE 的用户设备管理单元，完成 LTE 用户的认证鉴权等功能，相当于 3G 网络中的 HLR。HSS 是所有永久用户的定制数据库。它还记录拜访网络控制节点，如 MME 层次的用户位置信息。HSS 存储用户特性的主、备份数据，这里的用户特性包括有关用户可使用的业务的信息，可允许的 PDN 连接，以及是否支持到特定拜访网络的漫游等。永久性密钥被用于计算向拜访地网络发送的、用于用户认证的认证矢量，该永久性密钥存储在认证中心（AUC）中，而 AUC 通常是 HSS 的一个重要组成部分。

4.1.3　LTE 关键技术

1．OFDM 技术

在无线接入网侧，LTE 将 CDMA 技术改变为能够更有效对抗宽带系统多径干扰的正交频分复用（Orthogonal Frequency Division Mutiplexing，OFDM）技术。OFDM 技术源于 20 世纪 60 年代，其后不断完善和发展，20 世纪 90 年代后随着信号处理技术的发展，在数字广播、DSL 和无线局域网等领域得到广泛应用。OFDM 技术具有抗多径干扰、实现简单、灵活支持不同带宽、频谱利用率高、支持高效自适应调度等优点。

LTE 以 OFDM 技术为基础，OFDM 是一种多载波调制，OFDM 技术示意图如图 4-3 所示。多载波技术把数据流分解为若干子比特流，并用这些数据去调制若干个载波。此时数据传输速率较低，码元周期较长，对于信道的时延弥散性不敏感。OFDM 技术原理是将高速数据流通过串并变换，分配到传输速率相对较低的若干个相互正交的子信道中进行传输。由于每个子信道中的符号周期会相对增加，因此可以减轻由无线信道的多径时延扩展所产生的时间弥散性对系统造成的影响，并且还可以在 OFDM 符号之间插入保护间隔，使保护间隔大于无线信道的最大时延扩展，这样就可以最大限度地消除由于多径所带来的符号间干扰（ISI），而且一般都采用循环前缀（CP）作为保护间隔，从而可以避免多径所带来的信道间干扰。

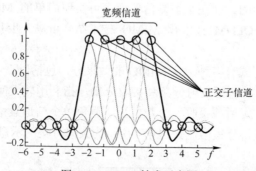

图 4-3　OFDM 技术示意图

对于多址技术，LTE 规定了下行采用正交频分多址（OFDMA）。在 OFDMA 中，一个传输符号包括 M 个正交的子载波，实际传输中，这 M 个正交的子载波是以并行方式进行传输的，真正体现了多载波的概念。上行采用单载波频分多址（SC-FDMA）。而对于 SC-FDMA 系统，其也使用 M 个不同的正交子载波，但这些子载波在传输中是以串行方式进行的，正是基于这种方式，传输过程中才降低了信号波形幅度上大的波动，避免带外辐射，降低了峰均功率比（PAPR）。根据 LTE 系统上下行传输方式的特点，无论是下行 OFDMA，还是上行 SC-FDMA，都保证了使用不同频谱资源用户间的正交性。

OFDM 作为下一代无线通信系统的关键技术，有以下优点。

1）频谱利用率高。由于子载波间频谱相互重叠，充分利用了频带，从而提高了频谱利用率。

2）抗多径干扰与频率选择性衰落能力强，有利于移动接收。由于 OFDM 系统把数据分散到许多个子载波上，大大降低了各子载波的符号速率，使每个码元占用频带远小于信道相关带宽，每个子信道呈平坦衰落，从而减弱了多径传播的影响。

3）接收机复杂度低，采用简单的信道均衡技术就可以满足系统性能要求。

4）采用动态子载波分配技术使系统达到最大的比特率。通过选取各子信道，每个符号的比特数以及分配给各子信道的功率使总比特率最大。

5）基于离散傅里叶变换（DFT）的 OFDM 有快速算法，OFDM 采用 IFFT 和 FFT 来实现调制和解调，易于 DSP 实现。

2. MIMO 技术

MIMO 技术全称为多输入多输出技术。MIMO 系统利用多个天线同时发送和接收信号，任意一根发射天线和任意一根接收天线间形成一个 SISO 信道，通常假设所有这些 SISO 信道间互不相关。按照发射端和接收端不同的天线配置，多天线系统可分为 3 类系统：单输入多输出系统（SIMO）、多输入单输出系统（MISO）和多输入多输出系统（MIMO）。

无线通信系统可利用的资源包括时间、频率、功率和空间。LTE系统中，利用OFDM和MIMO技术对频率和空间资源进行了重新开发，大大提高了系统性能。

LTE系统将MIMO作为核心关键技术之一的一个重要原因，就在于在OFDM基础上实现MIMO技术相对简单：MIMO技术关键是有效避免天线间的干扰（IAI），以区分多个并行数据流，在频率选择性衰落信道中，IAI和ISI混合在一起，很难将MIMO接收和信道均衡分开处理，而在OFDM系统中，接收处理是基于带宽很窄的载波进行的，在每个子载波上可认为衰落是相对平坦的，而在平坦衰落信道上可实现简单的MIMO接收。此外，在时变或频率选择性信道中，OFDM技术和MIMO技术结合可进一步获得分集增益或增大系统容量。

MIMO技术的分类方式有多种，从MIMO的效果分，包括以下4类。

1）空间分集（SD）。包括发射分集和接收分集，指利用较大间距的天线阵元之间或赋形波束之间的不相关性，发射或接收一个数据流，避免单个信道衰落对整个链路的影响，增加接收的可靠性，从而获得分集增益。图4-4所示为发射分集的示意图。

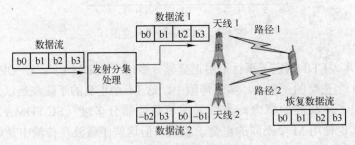

图4-4　发射分集的示意图

2）空分复用（SDM）。利用较大间距的天线阵元之间或赋形波束之间的不相关性，向一个终端或基站并行发射多个数据流，以提高链路容量和系统峰值速率。图4-5a所示为SDM示意图。

3）空分多址（SDMA）。利用较大间距的天线阵元之间或赋形波束之间的不相关性，向多个终端并行发射多个数据流，或从多个终端并行接收数据流，以提高用户容量。图4-5b所示为SDMA示意图。

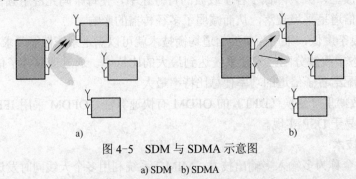

图4-5　SDM与SDMA示意图
a) SDM　b) SDMA

4）波束赋形（BF）。利用较小间距的天线阵元之间的相关性，通过阵元发射的波之间的干涉，将能量集中于某个（或某些）特定方向上，形成指向性很强的波束，从而实现更大的覆盖增益和干扰抑制效果。图 4-6 所示为波束赋形示意图，其中图 4-6a 为单流赋形，图 4-6b 为双流赋形。

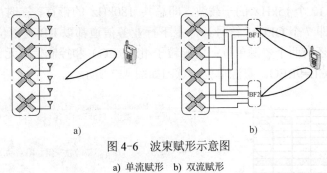

图 4-6　波束赋形示意图

a) 单流赋形　b) 双流赋形

MIMO 技术可以适应宏小区、微小区、热点等各种环境。基本 MIMO 模型是下行 2×2、上行 1×2 个天线，但同时也正在考虑更多天线配置（最多 4×4）的必要性和可行性。具体的 MIMO 技术尚未确定，目前正在考虑的方法包括空分复用（SDM）、空分多址（SDMA）、预编码（Pre-coding）、秩自适应（Rank adaptation）、智能天线以及开环发射分集等。

根据 TR 25.814 的定义，如果所有 SDM 数据流都用于一个 UE，则称为单用户 MIMO（SU-MIMO），如果将多个 SDM 数据流用于多个 UE，则称为多用户 MIMO（MU-MIMO）。

下行 MIMO 将以闭环 SDM 为基础，SDM 可以分为多码字 SDM 和单码字 SDM（单码字可以看作多码字的特例）。在多码字 SDM 中，多个码流可以独立编码，并采用独立的 CRC，码流数量最大可达 4。对每个码流，可以采用独立的链路自适应技术（例如通过 PARC 技术实现）。

下行 MIMO 还可能支持 MU-MIMO（或称为 SDMA），出于 UE 对复杂度的考虑，目前主要考虑采用预编码技术，而不是干扰消除技术来实现 MU-MIMO。SU-MIMO 模式和 MU-MIMO 模式之间的切换，由 eNodeB 控制。

上行 MIMO 的基本配置是 1×2 天线，即 UE 采用 1 根发射天线和两根接收天线。正在考虑发射分集、SDM 和预编码等技术。同时，LTE 也正在考虑采用更多天线的可能性。

上行 MIMO 还将采用一种特殊的 MU-MIMO（SDMA）技术，即上行的 MU-MIMO（也即已被 WiMAX 采用的虚拟 MIMO 技术）。此项技术可以动态地将两个单天线发送的 UE 配成一对（Pairing），进行虚拟的 MIMO 发送，这样两个 MIMO 信道具有较好正交性的 UE 可以共享相同的时/频资源，从而提高上行系统的容量。这项技术对标准化的影响，主要是需要 UE 发送相互正交的参考符号，以支持 MIMO 信道估计。

4.1.4　LTE 物理层概要

在多址方案方面，LTE 系统下行采用基于循环前缀（CP）的 OFDMA，上行采用基于 CP 的单载波频分多址（SC-FDMA）。为了支持成对和不成对的频谱，支持频分双工（FDD）和时分双工（TDD）两种模式。

LTE 最小的时频资源单位称为 RE，频域上占一个子载波（15kHz），时域上占一个 OFDM 符号（1/14ms）。LTE 系统物理层的资源分配是基于资源块（RB）进行的，一个 RB 在频域上固定占用 12 个 15kHz 的子载波，即总共 180kHz 的带宽。在时域上持续时间为一个时隙即 0.5ms（即 7 个 OFDM 符号），上下行业务信道都以 RB 为单位进行调度，一个 RB=84RE。此外，还有两个资源单位：资源粒子组（REG）和控制信道元素（CCE），一个 REG=4RE，一个 CCE=9REG。资源单位示意图如图 4-7 所示。

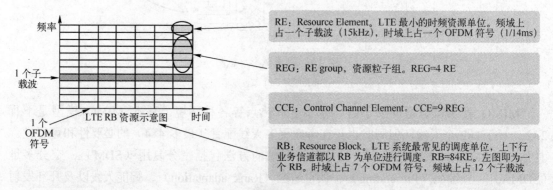

图 4-7　资源单位示意图

1. 信道带宽

LTE 系统支持可变带宽，信道带宽可以为 1.4MHz、3MHz、5MHz、10MHz、15MHz 或者 20MHz，并且 LTE 系统的上下行信道带宽可以不同。下行信道带宽大小通过主广播信息（MIB）进行广播，上行信道带宽大小则通过系统信息（SIB）进行广播。

2. 帧结构

LTE 系统中的时域最小单位为 T_s=1/（15 000×2048）s，即一个时域采样的时间。上、下行链路的一个无线帧的长度都是 10ms，包含 307200 个时域抽样。目前，LTE 系统支持两种结构：类型 1 适用于 FDD；类型 2 适用于 TDD。

FDD 帧结构如图 4-8 所示。一个长度为 10ms 的无线帧包括 10 个长度为 1ms 的子帧，每个子帧由两个长度为 0.5ms 的时隙构成。上下行基本的时隙结构相同，每个时隙均包括 7 个（常规 CP 的时隙结构）符号，不同之处在于下行时隙中是 OFDM 符号，上行时隙中则是 DFT-S-OFDM 符号。

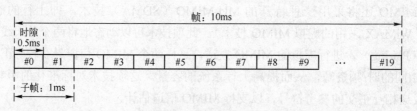

图 4-8　FDD 帧结构

TDD 帧结构如图 4-9 所示。每个长度为 10ms 的 TDD 无线帧由两个长度为 5ms 的半帧构成，每个半帧由 5 个 1ms 的子帧构成。子帧分为常规子帧和特殊子帧，常规子帧由两个长度为 0.5ms 的时隙构成，用于业务数据传输；特殊子帧和 TD-SCDMA 系统中的特殊时隙设置类似，由 DwPTS、GP 以及 UpPTS 构成。TDD 帧结构支持 5ms 和 10ms 两种上、下行转换周期。

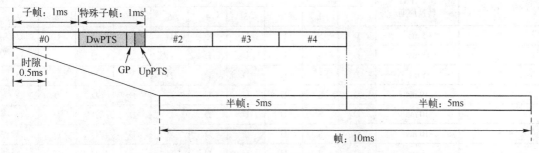

图 4-9　TDD 帧结构

标准中定义了 9 种特殊时隙配置格式，分别对应不同的上、下行导频时隙长度和保护间隔，详见表 4-1。其中 UpPTS 的长度设置相对简单，只支持 1 个符号或者两个符号的配置，避免过多的选项，简化终端的设计。UpPTS 可以用来专门放置物理随机接入信道（PRACH），这是 TDD 特有的"短 RACH"结构（只有 1 个或两个符号长），相对而言，FDD 系统的 PRACH 不短于 1mS。短 RACH 是针对半径较小的小区所做的优化，可以在不占用正常时隙资源的情况下，利用很少的资源承载 PRACH 信道。当然，TDD 帧结构也完全可以在常规子帧中采用 1ms 以上的 PRACH 信道，以支持大半径小区。而 GP 和 DwPTS 具有很大的灵活性，可实现可变的 GP 长度和位置，以支持各种尺寸的小区半径，并提供与 TD-SCDMA 系统邻频共存的可能性，避免交叉时隙干扰。

表 4-1　TDD 帧结构特殊时隙配置

特殊子帧配置	常规 CP		
	DwPTS	GP	UpPTS
0	3	10	1
1	9	4	1
2	10	3	1
3	11	2	1
4	12	1	1
5	3	9	2
6	9	3	2
7	10	2	2
8	11	1	2

TDD 帧结构的另一个特殊之处就是可以根据需要进行上、下行时隙配比的调整。10ms 周期的帧结构只包括一个特殊子帧，位于子帧 1，其余子帧均为常规子帧；5ms 周期的帧结构包含两个特殊子帧，分别位于子帧 1 和子帧 6，并且两个半帧的上下行比例要保持一致，常规子帧的上下行配比可以为 3∶1，2∶2 或 1∶3。标准中共定义了 7 种上、下行配置，如表 4-2 所示。

表 4-2　TDD 帧结构上、下行配置

配置序号	上、下行转换周期	子帧编码									
		0	1	2	3	4	5	6	7	8	9
0	5 ms	D	S	U	U	U	D	S	U	U	U
1	5 ms	D	S	U	U	D	D	S	U	U	D
2	5 ms	D	S	U	D	D	D	S	U	D	D
3	10 ms	D	S	U	U	U	D	D	D	D	D
4	10 ms	D	S	U	U	D	D	D	D	D	D
5	10 ms	D	S	U	D	D	D	D	D	D	D
6	5 ms	D	S	U	U	U	D	S	U	U	D

3．LTE 物理信道与信号

根据承载信息的类型及所起作用的不同，LTE 系统中共定义了 6 种下行物理信道和两种下行物理信号，以及 3 种上行物理信道和 1 种上行物理信号。

下行物理信道对应一组资源单元，用于承载高层发起的信息。标准中定义了以下几种物理信道：

1）物理下行共享信道（PDSCH）。

2）物理广播信道（PBCH）。

3）物理多播信道（PMCH）。

4）物理控制格式指示信道（PCFICH）。

5）物理下行控制信道（PDCCH）。

6）物理混合 ARQ 指示信道（PHICH）。

下行信道的映射关系如图 4-10 所示。

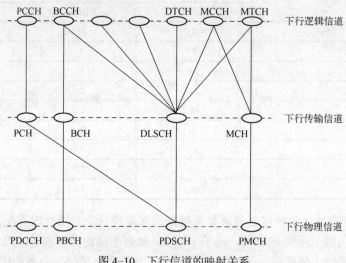

图 4-10　下行信道的映射关系

此外，标准中还定义了两种物理信号：

（1）参考信号（RS）

（2）同步信号

上行传输的最小资源单位也是 RE。一个上行物理信道对应一组 RE，用于承载高层发起的信息。标准中定义了以下几种上行物理信道：

1）物理上行共享信道（PUSCH）。

2）物理上行控制信道（PUCCH）。

3）物理随机接入信道（PRACH）。

上行逻辑信道、传输信道和物理信道之间的映射关系如图 4-11 所示。

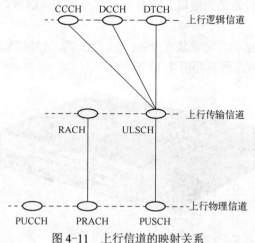

图 4-11　上行信道的映射关系

此外，标准中还定义了物理层特有的、不承载高层信息的上行物理信号——上行参考信号。

4.2　LTE TDD 基站设备组成

4.2.1　华为 LTE TDD 基站

DBS3900 是华为根据 3GPP 协议开发的分布式基站，可用于射频拉远，基带和射频分散安装的场景。DBS3900 主设备包括 BBU 基带单元模块和 RRU 射频远端模块，BBU 和 RRU 通过 CPRI 连接，如图 4-12 所示。

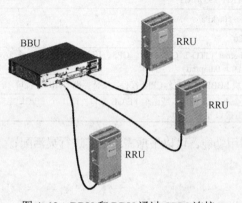

图 4-12　BBU 和 RRU 通过 CPRI 连接

1. BBU3900 模块

BBU3900 是基带控制单元，主要功能包括：

1）提供 eNodeB 与 MME/S-GW 连接的物理接口，处理相关传输协议栈。

2）提供与 RRU 通信的 CPRI 接口，完成上下行基带信号处理。

3）集中管理整个基站系统，包括操作维护和信令处理。

4）提供与 LMT（Local Maintenance Terminal）或 M2000（华为集中操作维护系统）连接的维护通道。

5）提供时钟接口、告警监控接口、USB 接口等分别用于时钟同步，环境监控和 USB 调测等。

BBU3900 采用盒式结构，可安装在 19in 宽、2U 高、13in 深的狭小空间里，如室内墙壁、标准机柜中。BBU3900 外观如图 4-13 所示。

图 4-13　BBU3900 外观

BBU3900 技术指标见表 4-3。

表 4-3　BBU3900 技术指标

项目	指标值
尺寸（H×W×D）	86mm×442mm×310mm
重量	≤12kg（满配置）
电源	DC −48V，电压范围：DC −38.4～−57V
功耗	150W（配置 1 LBBP）　225W（配置 2 LBBP）　300W（配置 3 LBBP）
温度	−20～+50℃（长期工作）　+50～+55℃（短期工作）
相对湿度	5% RH～95% RH
气压	70～106 kPa
保护级别	IP20
时钟同步	Ethernet（ITU-T G.8261）、GPS、IEEE1588V2、Clock over IP、自由振荡、1PPS、E1/T1 精度优于 0.05ppm
CPRI 接口	每块 LBBP 支持 6 个 CPRI 接口，支持标准 CPRI4.1 接口，并向后兼容 CPRI3.0
FE/GE 接口	两个 FE/GE 电口，或两个 FE/GE 光口，或 1 个 FE/GE 电口+1 个 FE/GE 光口，或两个可选的 E1/T1 接口

BBU3900 支持即插即用功能，可以根据需求对其进行灵活配置。BBU3900 单板主要包括如下内容。

（1）主控传输板

主控传输板（LTE Main Processing&Transmission unit，LMPT）是 LTE 主控传输单元，主要

功能包括：

1）控制和管理整个基站，完成配置管理、设备管理、性能监视、信令处理和无线资源管理等 OM 功能。

2）提供基准时钟、传输接口以及与 OMC（LMT 或 M2000）连接的维护通道。

（2）基带处理板

基带处理板（LTE BaseBand Processing unit，LBBP）是 LTE 基带处理板，主要功能包括：

1）提供与射频模块的 CPRI 接口。

2）完成上下行数据的基带处理功能。

（3）通用基带射频接口板

通用基带射频接口板（Universal Baseband Radio Interface Board，UBRI），主要功能包括：

1）提供 CPRI 扩展光、电接口。

2）提供 CPRI 汇聚、转发功能。

（4）通用基础互联单元

通用基础互联单元（Universal inter-Connection Infrastructure Unit，UCIU）单板是通用基础互联单元，主要功能包括：

1）提供 BBU3900 间互联功能，传递控制数据、传输数据和时钟信号。

2）提供 BTS3012 和 BTS3900 并站互联功能、BTS3012AE 和 BTS3900A 并站互联功能。

（5）传输扩展板

传输扩展板（Universal Transmission Processing unit，UTRP）是传输扩展板，主要功能包括：

1）扩展 GSM、UMTS、LTE 传输，支持 GSM、UMTS、LTE 共享 IPSec 功能。

2）提供两个 100M/1000M 速率的以太网光接口，完成以太网 MAC 层功能，实现以太网链路数据的接收、发送和 MAC 地址解析等。提供 4 个 10M/100M/1000M 速率以太网电接口，完成以太网的 MAC 层和 PHY 层功能。

3）支持 GSM、UMTS、LTE 共传输。

4）增强 UMTS 信令处理能力。

（6）星卡时钟单元

星卡时钟单元（Universal Satellite card and Clock Unit，USCU）是通用星卡时钟单元，带 GPS 星卡，支持 GPS，实现时间同步或从传输获取准确时钟。

（7）防雷板

防雷板（Universal E1/T1 Lightning Protection unit，UELP）为通用 E1/T1 防雷保护单元，一块 UELP 单板支持 4 路 E1/T1 信号的防雷功能。

（8）电源模块

电源模块（Universal Power and Environment Interface Unit，UPEU）是 BBU3900 的电源模块，主要功能包括：

1）将 DC −48V 输入电源转换为 +12V 直流电源，一块 UPEUa 输出功率为 300W。

2）提供两路 RS485 信号接口和 8 路开关量信号接口，开关量输入只支持干接点和 OC 输入。

（9）环境接口板

环境接口板（Universal Environment Interface Unit，UEIU）是 BBU3900 的环境接口板，主要用于将环境监控设备信息和告警信息传输给主控板，主要功能包括：

1）提供 2 路 RS485 信号接口。

2）提供 8 路开关量信号接口，开关量输入只支持干接点和 OC 输入。

3）将环境监控设备信息和告警信息传输给主控板。

（10）风扇板（FAN）

风扇板（FAN）是 BBU3900 的风扇模块，主要用于风扇的转速控制及风扇板的温度检测，上报风扇和风扇板的状态，并为 BBU 提供散热功能。

2. RRU 模块

RRU 是射频拉远单元，是分布式基站的射频部分，支持抱杆安装、挂墙安装和立架安装，也可靠近天线安装，节省馈线长度，减少信号损耗，提高系统覆盖容量。RRU 主要完成基带信号和射频信号的调制解调、数据处理、功率放大和驻波检测等功能。RRU 外观如图 4-14 所示。

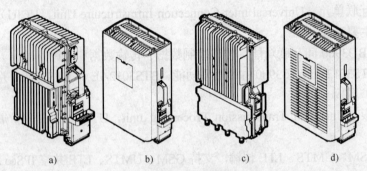

图 4-14　各种型号 RRU 的外观

a) RRU3231　b) RRU3232　c) RRU3233　d) RRU3235

RRU 3231 技术指标见表 4-4。

表 4-4　RRU3231 技术指标

项目	指标值	
频带/带宽	频带	带宽
	Band 40 2.3G：2300～2400 MHz	10MHz、20MHz
设备尺寸 （H×W×D）	400mm×220mm×140mm　（12.3L 不带壳） 400mm×240mm×160mm　（15.4L 带壳）	
设备重量	≤13kg　（不带壳）　　　　≤14kg　（带壳）	
电源	DC −48V，电压范围：DC −36～−57V	
最大输出功率	2×30W	
温度	带壳：−40～+45℃（1120W/m²太阳辐射）−40～+50℃（无太阳辐射） 不带壳：−40～+50℃（1120W/m²太阳辐射）−40～+55℃（无太阳辐射）	
相对湿度	5% RH～100% RH	
气压	70～106 kPa	
保护级别	IP65	

RRU 3232 技术指标见表 4-5。

表 4-5　RRU3232 技术指标

项目	指标值	
频带/带宽	频带	带宽
	Band 38 2.6G: 2570～2620MHz	10MHz、20MHz
	Band 40 2.3G: 2300～2400 MHz	10MHz、20MHz
设备尺寸（H×W×D）	480mm×270mm×140mm　（18L 不带壳） 485mm×300mm ×170mm　（24.7L 带壳）	
设备重量	≤19.5 kg（不带壳）；≤21kg（带壳）	
电源	DC -48V，电压范围：DC -36～-57V	
最大输出功率	4×20W	
温度	-40～+50℃（1120W/m²太阳辐射）　 -40～+55℃（无太阳辐射）	
相对湿度	5% RH～100% RH	
气压	70～106 kPa	
保护级别	IP65	

RRU 3233 技术指标见表 4-6。

表 4-6　RRU 3233 技术指标

项目	指标值	
频带/带宽	频带范围	带宽
	Band 38 2.6G：2570～2620MHz	10MHz、20MHz
设备尺寸（H×W×D）	550 mm×320 mm×135 mm　（不带壳）	
设备重量	≤25 kg	
电源	DC -48V，电压范围：DC -36～-57V	
最大输出功率	8×10 W	
温度	-40～+50℃（1120W/m² 太阳辐射）　 -40～+55℃（无太阳辐射）	
相对湿度	5% RH～100% RH	
气压	70～106 kPa	
保护级别	IP65	

RRU 3235 技术指标见表 4-7。

表 4-7　RRU 3235 技术指标

项目	指标值	
频带/带宽	频带范围	带宽
	2.5G：2545～2575 MHz	10MHz、20MHz、30MHz
设备体积	18L（不带壳）　 24.5L（带壳）	
设备重量	≤20kg（不带壳）　 ≤22kg（带壳）	
电源	AC 100V（90～290V，45～60Hz）	
最大输出功率	4×5W（10MHz）　 4×10W（20MHz）　 4×15W（30MHz）	
温度	-40～+50℃（1120W/m² 太阳辐射）　 -40～+55℃（无太阳辐射）	
相对湿度	5% RH～100% RH	
气压	70～106 kPa	
保护级别	IP65	

3. DBS3900 附属设备

DBS3900 附属设备说明如表 4-8 所示。DBS3900 可以选配下面所列附属设备中的一种或几种。

表 4-8　DBS3900 附属设备说明

附属设备	说　明
APM30H	热交换型室外一体化后备电源系统，为分布式基站提供室外应用的直流供电和蓄电池备电，并为 BBU3900 和用户设备提供安装空间，满足快速建网的要求
IBBS200T /IBBS200D	应用于室外长期备电的场景，通过内置蓄电池组，最大-48V /184Ah 的直流电源备电
TMC11H	提供更多的传输空间，可应用于室外环境安装 BBU3900 和用户设备
EPS4890	AC 220V 转 DC -48V 电源模块，给 BBU、RRU 模块供电。PS4890 作为特殊解决方案，不作为典型配置方案
EPS48100D	+24V DC 转-48V DC 电源模块，可以放置在室内集中安装架中，给 BBU、RRU 模块供电
OMB	OMB 机柜共有 3U 空间，内置 1U 的 4815 电源系统，提供 AC 220V 转 DC -48V，为 BBU、RRU 供电。OMB 作为特殊解决方案，不作为典型配置方案
DCDU-03B	DCDU-03B 为直流配电盒，支持多路直流配电输出
PS4890	PS4890 为室内电源柜，可为用户设备提供直流电源和安装空间，通过内置蓄电池组可提供备电功能。PS4890 作为特殊解决方案，不作为典型配置方案
EMUA	EMUA 是环境监控仪，它的功能包括：1. 监控环境；2. 监控外部侵入；3. 监控配电

4. DBS3900 典型应用场景

DBS3900 两种典型场景应用：一体化应用和嵌入式。

（1）一体化应用

DBS3900 一体化应用场景如图 4-15 所示。

DBS3900 一体化应用由以下设备构成：BBU3900+RRU+APM30（或 TMC11、OMB）。

（2）嵌入式应用

DBS3900 嵌入式应用场景如图 4-16 所示。BBU3900 可以内置安装在任何具有 19in 宽、2U 高空间的标准机柜中，RRU 安装在楼顶或铁塔等靠近天线的地方，即采用 BBU＋RRU+19in 机柜的应用配置。

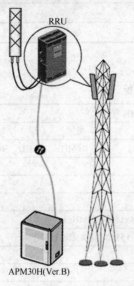

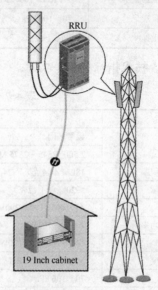

图 4-15　DBS3900 一体化应用场景　　　　图 4-16　DBS3900 嵌入式应用场景

4.2.2　中兴 LTE TDD 基站

中兴 LTE TDD 基站 BBU 与 RRU 的连接如图 4-17 所示。

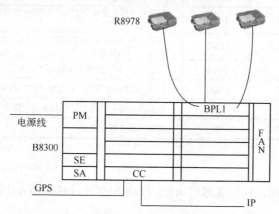

图 4-17　中兴 LTE TDD 基站 BBU 与 RRU 的连接

1．BBU 模块

中兴 LTE TDD 基站 BBU B8300 外观如图 4-18 所示。

图 4-18　中兴 LTE TDD 基站 BBU B8300 外观

B8300 的主要参数见表 4-9。

表 4-9　B8300 的主要参数

最大配置	6*S111（20MHz，8 天线）；36*O1（20MHz，2 天线）
接口类型及数量	GE*2
尺寸	3U/19in
重量	9kg（满配）
同步方式	GPS/北斗/1588V2
供电方式	DC −48V/AC 220V
典型功耗	550W（6 块 LTE 基带板）
安装方式	19in 机柜安装、挂墙安装、室外一体化机柜安装、HUB 柜安装

B8300 的板卡功能见表 4-10。

表 4-10　B8300 的板卡功能

板卡名称	板卡类型	相应能力
BBU 增强型控制与时钟板	CC16	主要完成控制、时钟、交换 3 方面的功能。支持 GE*2；支持 lpps+TOD 接口
TDL BUU 增强型基带处理单元	BPL1	每块基带板支持 6 个 2 天线 20MHz 载频带宽的小区，或者 3 个 8 天线 20MHz 载频带宽的小区
BUU B8300 增强型 Ir 接口模块	FS5	用于单模 TDS 的 IQ 数据交换。双模 TDS 和 TDL 的 IQ 数据交换。提供 6 个 10G Ir 接口
BUU 增强型电源模块	PM10	提供 DC -48V 电源，支持 1+1 主备
BUU B8300 交流电源模块	PMAC	BUU 接交流电源使用，提供 AC 220V 转 DC -48V
BUU B8300 现场告警模块	SA	集成风扇监控、环境监控与 8 路干接点
BUU B8300 现场告警扩展模块	SE	扩展实现 8 路干接点

2. RRU 模块

（1）8 通道 RRU

中兴 LTE TDD 基站常用的 8 通道 RRU 模块 R8978 外观如图 4-19 所示。

图 4-19　R8978 外观

R8978 包括 R8978 S2600W、R8978 M1920 等具体型号，其性能参数见表 4-11。

表 4-11　R8978 S2600W、R8978 M1920 主要性能参数

	R8978 S2600W	R8978 M1920
支持频段	2575～2635MHz	1880～1915MHz 2010～2015 MHz
工作带宽	D 频段：60MHz	FA 频段：50MHz
支持容量	3*20MHz	1*20MHz
输出功率	25W*8	20W*8
体积	21L	17L
重量	20kg	19kg
典型功耗	< 580W（DL/UL3:1）/ < 400W（DL/UL2:2）	< 470W（DL/UL3:1）/ < 320W（DL/UL2:2）
IR 光口	2*10G 或 2*6G	2*10G 或 2*6G
防护等级	IP66	IP66
供电方式	DC -48V（外置电源模块支持 AC 220V）	DC -48V（外置电源模块支持 AC 220V）
主要用途	D 频段室外覆盖	FA 频段室外覆盖

（2）2 通道 RRU

中兴 LTE TDD 基站常用的 2 通道 RRU 模块 R8972 外观如图 4-20 所示。

图 4-20　R8972 外观

R8972 包括 R8972 S2600W、R8972 S2300W 等具体型号，其性能参数见表 4-12。

表 4-12　R8978 S2600W、R8978 S2300W 主要性能参数

	R8972E S2600W	R8972E S2300W
支持频段	2575～2635MHz	2320～2370MHz
工作带宽	D 频段：60MHz	E 频段：50MHz
支持容量	3*20MHz	2*20MHz
输出功率	60W*2	60W*1
体积	< 11L	< 11L
重量	< 11kg	< 11kg
典型功耗	< 340W（DL/UL3:1）/ < 220W（DL/UL2:2）	< 340W（DL/UL3:1）/ < 220W（DL/UL2:2）
IR 光口	2*10G 或 2*6G	2*10G 或 2*6G
防护等级	IP66	IP66
供电方式	DC -48V/AC 220V	DC -48V/AC 220V
主要用途	D 频段室外深度覆盖	E 频段室内分布站点

4.3　实训　4G 基站的仿真维护

1．实训目的

1）了解 eNodeB 组网规划设计的基本要求。

2）熟悉 DBS3900 设备结构。

3）掌握 BBU 和 RRU 硬件配置方法。

2．实训设备和工具

笔记本电脑，华为 LTEStar 仿真软件，硬件加密狗。

3．实训步骤

1）打开笔记本电脑，安装 LTEStar 仿真软件。

2）将硬件加密狗插入 USB 接口，然后启动 LTEStar 软件。

3）新建一个工程。

4）在主界面添加两个 eNodeB 和 1 个 UE，分别为 eNodeB0 和 eNodeB1 添加 1 个主控板、两个基带板、两个 RRU，并完成相应连接，硬件仿真配置如图 4-21 所示。

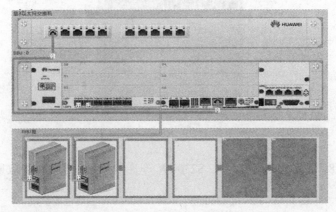

图 4-21　硬件仿真配置

5）接通 BBU0 的电源，查看 LMT 接口的网址。

6）打开本机浏览器，录入 LMT 接口的网址，登录维护页面。

7）根据协商数据配置表，录入基站数据：包括全局数据配置、设备数据配置、传输数据配置、无线数据配置。

8）在 LTEStar 仿真平台上进入主界面查看是否出现覆盖图；再进入 UE 界面，打开 UE 电源，查看其能否入网。

9）单击菜单栏"工程（P）"，选择"保存工程（S）"，输入工程名，单击"确定"即可。

10）退出 LTEStar 仿真平台。

4.4　习题

1．LTE TDD 与 LTE FDD 使用频谱的方式有何区别？

2．LTE 的网络结构是怎样的？有什么显著特点？

3．简述 EPC 核心网的主要网元和功能。

4．LTE 有哪些关键技术，请简要说明。

5．LTE 使用的频率范围有哪些？

6．LTE 载波宽度有哪些？各包含多少个子载波？

7．LTE 下行、上行分别采用什么频率复用方式？

8．LTE 下行、上行最高速率分别是多少？

学习情境 5　移动通信基站工程建设

移动通信网络是由众多基站组成的，基站密密麻麻地分布在城市、郊区及农村。基站建设工程量很大，建站条件差别也很大，涉及的单位和部门也很多。在这种情况下，需要制订统一的工程规范和指导书，以便各类施工技术人员遵照执行。移动通信基站工程包括站址选择及机房建设、基站防雷与接地、交流引入与电源系统、设备安装与工程优化等项目。

5.1　站址选择及机房建设

移动通信基站机房设计应符合城建、环保、消防、抗震和人防等有关要求。耐久年限为50年以上，耐火等级不低于二级。机房站点的选择、必须根据当地的地质、水文气象资料及配套资源和无线传播环境情况做出合理选择。

5.1.1　站址选择

1. 基本要求

根据无线网络规划，基站机房地址宜选择在规划点的位置附近，其偏离的距离，城区宜小于 1/8 基站区半径、乡村宜小于 1/4 基站区半径。基站四周应视野开阔，城区基站的主波瓣前方 200～300m 范围内没有高于基站天线高度的高大建筑物阻挡；在乡村，1/2～1/3 基站覆盖半径附近没有高于基站天线高度山体的阻挡。

各基站机房地址选择应结合当地的市政规划、环保，并与市政规划等相关部门做好协调和沟通，避免由于对市政规划不了解而造成的工程调整。结合当地的水文、地质和气象资料，宜选在地形平坦、地质良好和坚实的地段，避开有可能塌方、滑坡的地方。严禁在基本农田保护区域内选站点，严禁在民航航线上、军事管制区、军事航线上选站点，不宜在道路、江河航道、高速公路及其他控制区内选择站点。站址应选择在比较安全的环境内，不应选择在易燃、易爆场所附近，以及在生产过程中容易发生火灾、爆炸危险以及散发有毒气体、多烟雾、粉尘、有害物质的工业企业附近。避免在大功率无线电发射台、雷达站、产生强脉冲干扰的热合机、高频炉的企业或其他强干扰源附近设置基站机房。拟建地面塔的站点距离电力、通信线路、加油站、加气站、铁路、其他建筑物等危险及重要设施的水平距离宜不小于地面塔高的 1.3 倍。郊区（农村）基站应尽量避免设在雷击区、大功率变电站附近，并距离大功率变电站直线距离200m 以上。

充分考虑站址获取的可行性，充分利用现有电信机房资源，尽量选择交通方便、容易协商物业、土地、交流供电的地方。基站专用机房应充分考虑设备的可扩展性，机房的平面尺寸根据和物业业主协商的具体情况，选取机房面积为 15～25m^2；同时，机房长不小于3.5m，宽不小于 2m；机房净高宜大于 2.6m。

在基站站址选择时若有相邻几个建筑均可选，首选框架结构建筑作为基站站址，其次考虑选用砖混结构建筑作为基站站址。

机房位置尽量靠近天面，机房到天面之间最好有弱电井通道且空间足够，以利于室外走线架安装及馈线的布放，馈线布放长度宜小于 80m。室外走线架及馈线不得在房屋的临街面外墙布放。

如果物业业主指定机房过大，尽量考虑采用隔断的方式独立出基站专用机房。设置隔断时，应尽量保证机房进出方便以及利于电源、传输、馈线及接地线的布放。如果物业提供的机房面积小于前述要求，则需要根据现场具体情况确认宏基站主体及配套设备摆放是否满足设备要求及楼板承重要求，是否能够留有足够空间进行设备的安装及维护操作；若机房不满足条件，但天面满足安装条件，则可利用 BBU+RRU 或室外型基站来解决。

如果采用在楼顶新建活动机房，活动机房的大小应根据现场情况定制，在条件具备的情况下宜采用 4m×4m 或 4m×5m 规格，机房净高应不小于 2.8m。

根据选择站点实际施工条件及基站天馈线挂高要求及站点的远景规划，拟建站点征、租用的土地面积应为塔包房不小于 15m×15m；塔、房分离的为 15m×23m。

2. BBU+RRU 的设置和选址

BBU+RRU（射频拉远站）的核心思想是将基站的基带部分和射频部分分开，射频部分可以灵活地放置在室内或室外。在机房大楼集中放置基站的基带共享资源池（即 BBU），使用光纤连接基带池和射频拉远单元（即 RRU）。

BBU+RRU 具有集中部署网络容量、分布式无线覆盖、施工简便、成本低的优势，可满足城市、郊区、农村、高速公路、铁路和热点地区的无线覆盖的要求。

BBU+RRU 主要应用于基站选址困难、分布式覆盖的环境，如：基站选址楼房承重达不到规范要求；基站机房协调困难，但天面位置很好，且可用；宏基站施工难度大；基站周围有自己机房，但天面达不到覆盖要求；新增室内站址，需要基站占用尽量少的室内空间，以节省场地租金。

BBU+RRU 也可应用于大规模的室内分布系统。

5.1.2 机房要求与建设

1. 基本规定

若选择已有建筑（旧房屋）作移动通信机房使用，则应选择抗震设防烈度大于或等于 7 度的建筑，尽量不要选择抗震设防烈度低于 7 度的建筑。

对拟利用的房屋应做鉴定和评估，为房屋的改造决策提供依据。主要包含以下 3 项内容：查阅原工程资料，包括施工图、竣工图、工程地质报告和竣工验收文件；查阅和收集施工过程中的原始施工情况；检查房屋的实际使用情况和使用年限。

房屋利用和加固以确保原房屋的结构安全为前提，通过局部简单的改造达到使用要求为原则。

根据《电信专用房屋设计规范》（YD5003-1994）规范要求：作为移动通信机房使用的房间，其楼面活荷载标准值不应小于 6.0kN/m²。校核楼面荷载时，可按楼面等效均布荷载方法。除设备荷载按实际情况考虑外，楼面其他无设备区域的操作荷载，包括操作人员、一般工具等的自重，可按 1.0kN/m² 确定。实际选择时，机房楼面活荷载标准值宜大于 3.0kN/m²，但应不小于 2.0kN/m²。

房屋利用和加固由于改变了原建筑的使用功能和要求，应经技术鉴定和设计许可，由原设计单位或委托其他具有相应资质的设计单位进行结构复核和加固设计。

2．房屋利用

房屋利用应保证新增设备后，楼面等效均布活荷载不超过原设计楼面使用活荷载。新增设备后楼面等效均布活荷载的标准值，应根据工艺提供的设备的重量、底面尺寸、安装排列方式以及建筑结构梁板布置等条件，按内力等值的原则计算确定。

设备的布置，在满足工艺安装使用要求的前提下，应尽可能分散并靠近梁、柱、墙布置，避免集中布置和布置在梁板跨中，并应对使用做出明确要求，固定设备安放位置。蓄电池应靠墙、柱摆放，距离墙面 100mm，蓄电池下面垫一层绝缘垫。

3．房屋加固

当不能满足前面提到的要求时，应进行加固设计。加固设计时，应根据原建筑的结构形式、受力特点，并结合工艺使用要求和当地施工技术力量，采取合理的加固方案，并进行结构的局部和整体计算复核。

房屋加固必须委托具备相应资质的设计、监理、施工等单位进行，加固范围较大或涉及需整体结构加固的宜委托原设计单位或专业的加固设计单位进行加固设计。建设单位应为加固设计单位提供房屋的原始资料，如不能提供应委托专业的检测机构对房屋进行技术鉴定，加固设计单位根据房屋的原始资料或鉴定结果结合工艺布置和使用要求进行核算后提出初步的加固方案和建议。建设单位对加固方案进行评审通过后，由设计单位进行加固设计。加固设计完成后，由建设单位组织设计、监理、施工等相关单位对加固设计图纸进行会审。加固设计会审通过后，由监理单位负责对施工过程进行全程监理，建设单位进行抽查，并根据国家相关施工验收规范要求组织分部和总体工程验收。

房屋加固应做到经济、合理、有效和实用，力求通过局部简单的加固处理达到满足使用要求。对于使用年限已接近 50 年的房屋不宜考虑加固处理后作机房使用，如需利用，应委托专业机构对房屋作技术鉴定。对于一般民用住宅和其他楼面设计使用荷载不超过 2.0kN/m^2 的房屋，均必须作加固处理后才可作机房使用。当楼板承载能力不满足要求时，一般可采用下列加固处理方法：增大设备底面面积；增设钢托梁（架）将设备荷载直接传到梁或墙上。当梁柱承载能力不满足要求时，一般可采用钢构套、现浇钢筋混凝土套、加大梁截面高度加固。当砌体结构墙体承载能力不满足要求时，一般可采用面层加固或外加柱加固等处理方法。地基承载能力不满足要求时，一般可采取放大基础底面积、加固地基等措施。对于出现前两条以及需加固框架梁柱的情况，由于加固处理比较复杂、牵涉面较广、处理费用较高，一般不宜采用，应另外重新选点。

当采用增设钢托梁（架）时，应符合下列要求：钢托梁（架）应布置在设备安装区域并用钢板支座固定在混凝土梁上，长度和宽度依据设备底面尺寸，设备应放置于钢托梁（架）上，如图 5-1 所示。钢托梁（架）的构造应符合：角钢不宜小于 L63×6 并通过计算确定，钢板厚度不宜小于 12mm，焊缝宜满焊；钢托梁（架）底面应比楼板顶面高出一定距离，一般可取 200mm；钢托梁（架）主梁一般采用工字钢或槽钢，大小通过计算确定。钢托梁（架）的施工应避免损伤原混凝土结构，钢材表面应涂刷防锈漆。

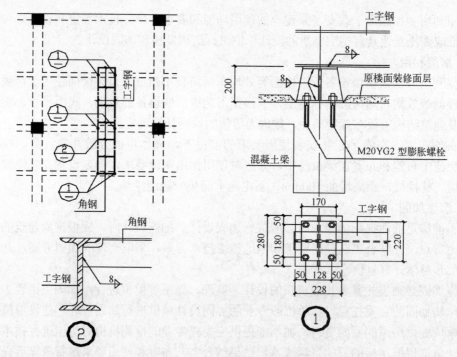

图 5-1 增设钢托梁（架）示意图

当用钢构套加固梁柱时，应符合下列要求：钢构套加固梁时，应在梁的阳角外贴角钢，角钢应与穿过梁板的Π型钢缀板和梁底钢缀板焊接，角钢两端应与支座连接，如图 5-2a 所示；钢构套加固柱时，应在柱四角外贴角钢，如图 5-2b 所示，角钢应与外围的钢缀板焊接；角钢到楼板处应凿洞穿过上下焊接；顶层的角钢应与屋面板可靠连接，底层的角钢应与基础锚固。钢构套的构造应符合：角钢不宜小于 $L50×6$，钢缀板截面不宜小于 40mm×4mm，其间距不应大于单肢角钢的截面回转半径的 40 倍，且不应大于 400mm；钢构套与梁柱混凝土之间应采用粘结料粘结。钢构套的施工应符合下列要求：原有的梁柱表面应清洗干净，缺陷应修补，角部应磨出小圆角；楼板凿洞时，应避免损伤原有钢筋；构架的角钢宜粘贴于原构件，并应采用夹具在两个方向夹紧，缀板应待粘结料凝固后分段焊接；钢材表面应涂刷防锈漆，或在构架外围抹 25mm 厚的 1∶3 水泥砂浆保护层。

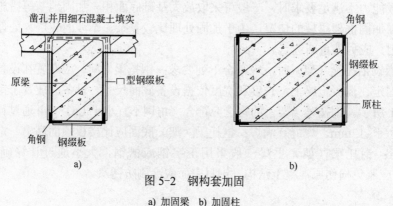

图 5-2 钢构套加固

a) 加固梁 b) 加固柱

当采用钢筋混凝土套加固梁柱时，应符合下列要求：加固梁时，应将新增纵向钢筋设在梁底面和梁上部，并应在纵向钢筋外围设置箍筋，如图 5-3a 所示；加固柱时，应在柱周围增设纵向钢筋，并应在纵向钢筋外围设置封闭箍筋，如图 5-3b 所示。钢筋混凝土套的材料和构造宜采用细石混凝土，强度等级不应低于 C20，且不应低于原构件混凝土的强度等级；柱套的纵向钢筋遇到楼板时，应凿洞穿过上、下连接，其根部应伸入基础并满足锚固要求，其顶部应在屋面板处封顶锚固；梁套的纵向钢筋应与支座可靠连接；箍筋直径不宜小于8mm，间距不宜大于 200mm，靠近梁柱节点处应适当加密；柱套的箍筋应封闭，梁套的箍筋应有一半穿过楼板后弯折封闭。钢筋混凝土套在施工时，原有的梁柱表面应凿毛并清理浮渣，缺陷应修补；楼板凿洞时，应避免损伤原有钢筋；浇筑混凝土前应用水清洗并保持湿润，浇筑后应加强养护。

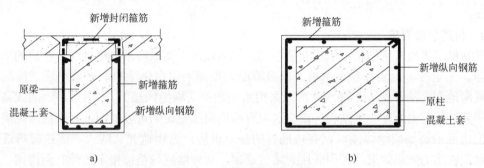

图 5-3　钢筋混凝土套加固
a) 加固梁　b) 加固柱

当采用钢筋网砂浆面层加固墙体时，应符合下列要求：面层的砂浆强度等级，宜采用M10；钢筋网砂浆面层的厚度宜为 35mm，钢筋外保护层厚度不应小于 10mm，钢筋网片与墙面的空隙不宜小于 5mm；钢筋网的钢筋直径宜为 $\phi4$ 或 $\phi6$；网格尺寸宜为 300mm×300mm；单面加面层的钢筋网应采用 $\phi6$ 的 L 形锚筋，用水泥砂浆固定在墙体上，间距宜为600mm；双面加面层的钢筋网应采用 $\phi6$ 的 S 形穿墙筋连接，间距宜为 900mm，并呈梅花状布置；钢筋网四周应与楼板或梁、柱或墙体连接，可采用锚筋、插入短筋、拉结筋等连接方法；当钢筋网的横向钢筋遇有门窗洞口时，单面加固宜将钢筋弯入窗洞侧边锚固；双面加固宜将两侧横向钢筋在洞口闭合。面层加固施工应符合下列要求：钢筋网砂浆面层宜按下列顺序施工：原墙面清底→钻孔并用水冲刷→铺设钢筋网并安设锚筋→浇水湿润墙面→抹水泥砂浆并养护→墙面装饰；原墙面碱蚀严重时，应先清除松散部分，并用 1:3 水泥砂浆抹面，已松动的勾缝砂浆应剔除；在墙面钻孔时，应按设计要求先划线标出锚筋（或穿墙筋）位置，并用电钻打孔。穿墙孔直径宜比"S"形筋大 2mm，锚筋孔直径宜为锚筋直径的 2～2.5 倍，其孔深宜为 100～120mm，锚筋插入孔洞后，应采用水泥砂浆填实；铺设钢筋网时，竖向钢筋应靠墙面并采用钢筋头支起；抹水泥砂浆时，应先在墙面刷水泥浆一道，再分层抹灰，每层厚度不应超过 15mm；面层应浇水养护，防止阳光曝晒，冬季应采取防冻措施。

当采用外加钢筋混凝土柱加固墙体时，应符合下列要求：柱的混凝土强度等级不应低于C20；柱截面不宜小于 240mm×240mm；纵向钢筋不宜少于 4ϕ12；箍筋可采用ϕ6，其间距宜为 150～200mm；在楼、屋盖上、下各 500mm 范围内的箍筋间距不应大于 100mm；外加柱应与墙体可靠连接，宜在楼层 1/3 和 2/3 层高处同时设置拉结钢筋和销键与墙体连接，也可沿墙体高度每隔 500mm 设置胀管螺栓、压浆锚杆或锚筋与墙体连接；在室外地坪标高和墙基础的大方角处应设销键和压浆锚杆或锚筋连接；外加柱应做基础，埋深宜与墙基础相同。拉结钢筋可采用两根直径为 12mm 的钢筋，长度不应小于 1.5m，应紧贴横墙布置，其一端应锚在外加柱内，另一端应锚入横墙的孔洞内；拉结钢筋的锚固长度不应小于其直径的 15 倍，孔洞应用混凝土填实；销键截面宜为 240mm×180mm，入墙深度可为 180mm，销键应配 $4\phi18$ 钢筋和 $2\phi6$ 箍筋，销键与外加柱必须同时浇灌；压浆锚杆可用一根 $\phi14$ 的钢筋，在柱与横墙内的锚固长度均不应小于锚杆直径的 35 倍，锚杆应先在墙面固定后，再浇灌外加柱混凝土，墙体锚孔压浆前应用压力水将孔洞冲刷干净；锚筋适用于砌筑砂浆强度等级不低于 M2.5 的实心砖墙体，可采用 $\phi12$ 钢筋；锚孔直径可取 25mm，锚入深度可采用 150～200mm。

4．机房装修要求

基站机房采用密闭结构；机房在楼顶的，机房顶部需要做防水渗透处理。机房的墙面平整洁净、无尘网、无装饰和无吊顶，机房墙面、顶棚采用白色涂料，严禁出现"掉灰"现象；机房地面光洁平整，不漏水，可以采用水泥地面（刷绝缘漆）、水泥豆石地面或铺设白色瓷砖并进行防尘处理。基站机房原有水泥豆石地面或瓷砖的可以照旧，基站机房地面原来为水泥地面的需要刷绝缘漆。已有玻璃窗的基站机房，需用遮光、防火、隔热材料进行封堵，保证机房的隔热效果。若用砖块封堵玻璃窗，其外墙应与整幢楼宇的外立面协调。严禁使用窗帘等易燃材料。

基站机房的进户门为外开防火防盗门、锁，耐火等级为二级。同一地区（县）建议配置通锁，方便维护。机房消防告警系统，消防设施、消防器材的配备必须符合消防部门的要求，至少配备两个手持二氧化碳灭火器，布放位置明显，便于取用，并设有醒目标志；保持随时有效。

机房应安装冷光灯，灯电源线用 PVC 管敷设到机房交流配电箱；机房应配置两个交流电源插座，两个空调插座。插座电源线用 PVC 管敷设到机房交流配电箱（线路、开关参照建筑电源安装规范布设）。插座接线必须严格遵守"左零右火上接地"规范，同时必须接保护地线。开关、插座均应选用正方、明装形式。机房照明必须有正常和应急两种照明。交流配电箱尽量靠近走线架下方，交流配电箱下沿距离地面 1.5～1.8m，插座离地 0.3m。

馈线孔应尽量开在不临街的外墙面上，以便于馈线从外墙布放至楼顶，尺寸根据厂家馈线窗尺寸要求确定，馈线孔下端距离地面高度为 2100mm。机房空调排水管的位置设置合理，严禁影响周围居民的生活。机房需预留 3 个孔洞，分别是交流电源引入孔、空调孔、接地引入孔。

室内走线架制作材料为结构钢（表面喷塑），尺寸为 400mm×40mm×25mm（壁厚不小于 0.8mm）。室内走线架制作材料必须表面光滑无毛刺。室内走线架连接接头两边各用两颗螺栓紧固；室内部分走线架吊杆，每组间隔 2m 或走线架连接点处，但不得超过 3m，并用 $\phi10$mm 膨胀螺栓固定。室内走线架的安装必须水平、整齐，馈线窗内外走线架尺寸必须一致，室内走线架高宜为 2000mm。

5.1.3 基站土建要求

1. 机房建筑要求

机房建设应根据站点环境要求，可灵活选择采用活动机房还是土建机房。

根据选择站点实际施工条件及无线基站天馈线挂高要求，站点的远景规划，拟建站点可使用土地面积在 $35m^2$ 以下，则只能修建铁塔，基站设备采用室外型基站。

基站专用机房应充分考虑设备的可扩展性，机房的面积不宜小于 $15m^2$。新建机房尺寸宜为：塔包房为 4m×4m、普通机房为 3.3m×5.3m，高不小于 2.8m（均为房内净值）；旧机房可用面积应具有 2～3 个机架的空间。

新建基站机房应尽量采用塔、房分离方式，机房距离铁塔 3～5m。在土地面积有限的条件下，方可考虑采用塔包房方式，但严禁采用房顶建铁塔方式。

机房结构轴与水平梁的钢筋接头部分必须采用焊接方式，严禁绑接，屋面钢筋网与梁屋顶圈梁之间至少有 4 个焊接点。

基站土建工程回填土必须按建筑规范要求，必须要夯实回填土。

活动机房基础应置于硬土上，如遇软土地基应作换土处理。活动机房的空调外机位置也需作基础。活动机房平面布置图如图 5-4 所示，活动机房基础平、剖面图如图 5-5 所示。

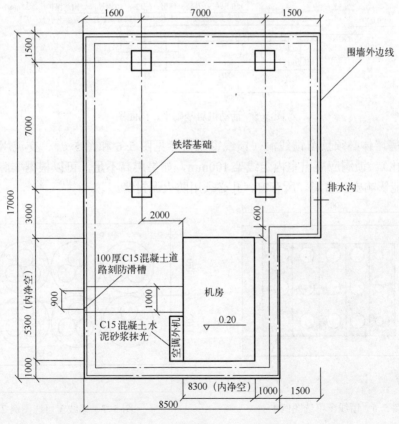

图 5-4 活动机房平面布置图

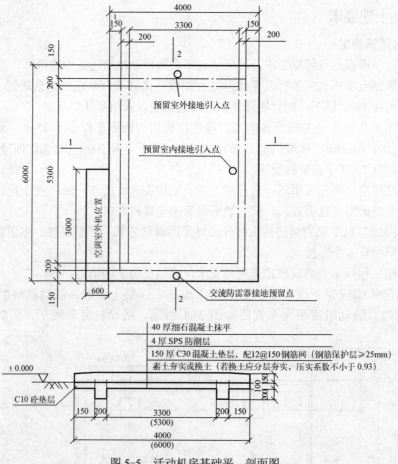

图 5-5 活动机房基础平、剖面图

所有机房墙体必须预留馈线洞（馈线窗规格参见图 5-6 和图 5-7）、交流引入孔、空调排水孔（双孔）。馈洞应高出室内走线架 100mm，如果层高不足，可以根据实际需要作相应调整，但不能影响安装布局。所有窗、孔必须用防火泥封堵。

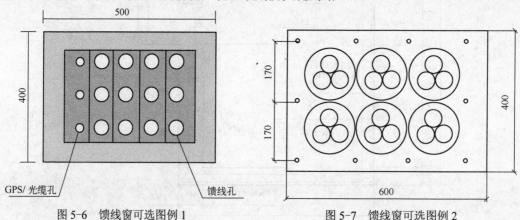

图 5-6 馈线窗可选图例 1   图 5-7 馈线窗可选图例 2

2. 活动机房材质要求

所选用的板块材料应满足耐冲击、抗老化、无毒和阻燃要求。板块搭接部分钢板用拉式铆钉连接，屋面板、墙板两板接缝处都采用企口式。墙体与基础连接，板块置于地槽铝内，用膨胀螺栓固定基础，地槽与墙板用拉式铆钉锚固。

屋面结构：用厚 2mm 镀锌喷塑连接，屋面墙体用厚 0.475mm 彩钢拉铆钉或自攻螺栓连接，接缝处打密封胶，并用压缝条遮盖。

位于铁塔包围下的活动机房屋顶需采用双层结构。墙面、顶栅面面层材料：单层为 0.475mm 的热镀锌彩钢板，彩钢板要求正规钢铁厂的质量合格产品（必须提供原厂的材质证明），含锌量≥180g/m²；漆：两涂两烘聚酯漆；夹心材料：聚苯乙烯夹心保温板；墙体厚度≥100mm。

3．机房防水防潮

新建机房基座周围必须修建排水沟，同时基座水平高度应高于房屋四周，保持排水沟畅通。新建机房屋顶必须做好屋面"找坡"和防水层，屋顶排水用 PVC 管，将雨水引离机房墙体。机房地面应进行防潮处理。

活动机房应具有良好的保温隔热性能。活动机房应具有良好的防水性能，满足消防防火要求。活动机房要求良好防尘。彩色钢板制造而成的房体板块能够耐各种酸、碱类化学药品的腐蚀。所采用的钢材均经过热镀锌防锈处理保证房体面板不生锈。

4．其他要求

新建机房设备正面朝向开门方向。活动机房在修建时应根据机房设备安装设计预留馈洞、机房地线引入孔、光缆引入孔、空调孔、预埋机房交流引入管道，馈洞应高出室内走线架 100mm，所有窗、孔必须用防火泥封堵。活动机房接地铜排规格是 400×80×8mm，材料是铜（黄铜）镀锡。室内室外各安装一块。其中室内联合接地排接地电缆连接孔洞数量不少于 20 个；室外防雷接地排接地电缆连接孔洞数量不少于 15 个。活动机房的标准配置需满足表 5-1 要求。

表 5-1　活动机房的标准配置

序号	规格名称	单位	数量	备注
1	防盗安全门	扇	1	高 2m，宽 0.8m
2	墙体与门过渡框	套	1	
3	顶板封框	套	1	
4	电镀、喷塑角铁件	套	1	
5	40W 荧光灯	套	2	
6	机房用配套辅助材料	套	1	
7	接地铜排（400×80×8 的铜镀锡接地铜排）	块	2	
8	400mm 不锈钢"T"形走线架	套	1	长为 14m
9	电源走线槽板	套	1	
10	二脚、三脚电源插座	只	1	
11	机房接地装置	套	1	
12	18 孔（7/8in 内径）馈线窗	付	1	
13	防滑地砖	套	1	
14	配电箱	套	1	
15	机房高度	m	2.8	

野外独立机房原则上应搭建围墙，围墙高度应不低于 2.5m，规格采用 24 墙、37 柱、柱间距离小于 3m；围墙采用 M7.5 水泥砂浆砌筑，双面原浆勾平缝，外墙抹灰。围墙应做到牢固，顶置碎玻璃。围墙不得建筑在机房或铁塔基础的回填土上。围墙要求尽可能小，如果是土建机房，则尽量利用机房的 2～3 面墙做围墙。围墙距铁塔塔角距离不得低于 3m，距活动机房外墙距离不得低于 1m。围墙基础可因地制宜采用石块或片石砌筑，其制作可见图 5-8。围墙基础深入持力层不小于 500mm。

新建机房应修建排水沟，排水沟分别在围墙内外各一条。排水沟结构剖面图如图 5-9 所示。

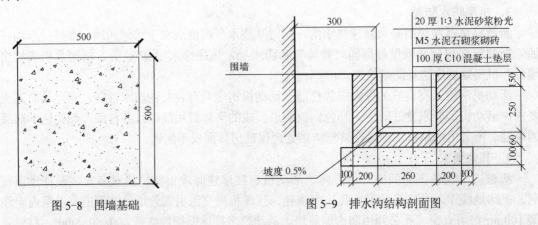

图 5-8　围墙基础　　　　　图 5-9　排水沟结构剖面图

挡土墙小于 4m 时：墙身及基础 M5 水泥砂浆砌 MU30 毛石。外露面用 M7.5 砂浆勾缝。尽可能选用较大的和表面较平的毛石砌筑，其最小厚度为 200mm。每隔 10m～20m 设缝宽 20～30mm 伸缩缝，内填塞沥青麻筋或有弹性的防水材料，沿内外顶三方填塞，深度不小于 150mm。堡坎需设泄水孔。孔的尺寸为 100mm×150mm。孔眼水平间距 2m～3m；竖直间距 1m～2m，上、下、左、右交错设置。泄水口设反滤层（透水性材料），最低泄水孔下部夯填至少 300mm 厚的黏土隔水层。挡土墙大于 4m 时：应根据 04J008 图集做专业设计。

5.2　基站防雷与接地

基站必须进行防雷与接地处理。基站防雷与接地工程应本着综合治理、全方位系统防护原则，统筹设计、统筹施工。设计、施工公司应具有省级以上防雷中心颁发的防雷设计许可证及防雷工程施工许可证，并能提供完善的技术支持。基站的防雷与接地工程设计中采用的防雷产品应具有理论依据，经实践证明行之有效，并经部级主管部门鉴定合格的产品，并要求产品有良好的售后服务保障。

5.2.1　机房地网

基站的主地网应由机房地网、铁塔地网组成，或由机房地网、铁塔地网和变压器地网组成。铁塔地网与机房地网之间可每隔 3～5m 相互焊接连通一次，且连接点不应少于两点。机房地网由机房建筑基础（含地桩）和外围环形接地体组成。环形接地体应沿机房建筑物散水点外敷设，并与机房建筑物基础横竖梁内两根以上主钢筋焊接连通。机房建筑物基础有地桩时，应将各地桩主钢筋与环形接地体焊接连通。

新建机房的接地系统应与基础工程同时施工，预先将接地系统埋设在基础旁，地线引上部分预留在外。

铁塔地网应采用 40mm×4mm 的热镀锌扁钢，将铁塔 4 个塔脚地基内的金属构件焊接连通，铁塔地网的网格尺寸不应大于 3m×3m。铁塔位于机房旁边时，应采用 40mm×4mm 的热镀锌扁钢在地下将铁塔地网与机房外环形接地体焊接连通。机房被包围在铁塔四脚内时，铁塔地网与机房的基础地网应联为一体，外设环形接地体应在铁塔地网外敷设，并与铁塔地网多点焊接连通。

专用电力变压器设置在机房外，且距机房地网边缘 30m 以内时，应用水平接地体与地网焊接连通。距离地网边缘大于 30m 时，可不与地网连通。

使用活动机房的基站，机房的金属框架必须就近做接地处理。

在地线施工过程中，在土方回填之前，必须由建设单位和监理单位派人进行仔细检查，签字认可，才能回填。

接地引入线与地网的连接点宜避开避雷针的雷电引下线及铁塔塔脚。接地引入线出土部位应有防机械损伤和绝缘防腐的措施。

接地埋设点至机房联合地排和室外防雷地排部分宜选用 40mm×4mm 的热镀锌扁钢以焊接的形式引至铜排下方，再用 95mm² 以上多股铜芯电缆连接到铜排，多股铜芯线要尽量短；或直接采用多股铜芯电缆连接，电缆线径宜用 95mm² 以上，自接地引接点至铜排位置。接地埋设点至交流防雷器接地引入点宜选用 40mm×4mm 的热镀锌扁钢以焊接的形式引至交流防雷器对应室外墙上。引接长度不得超过 30m。防雷地的引接点应距离工作地、保护地的引接点 5m 以上。

新建基站联合接地网的接地电阻值必须小于 10Ω，且需做站内等电位连接。图 5-10 为基站综合接地系统示意图，其中"●"表示垂直接地体，"—"表示水平接地体（扁钢）；▨ 表示铁塔基础。

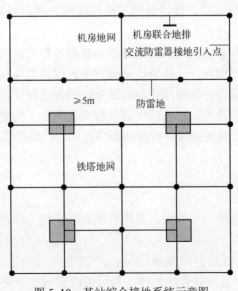

图 5-10 基站综合接地系统示意图

注意：机房联合地排引入点应尽量远离铁塔地网；机房室外防雷地与工作地、保护地引接点的位置应大于 5m；图 5-10 中机房地网与铁塔地网（间隔 5m 以上）之间只有两处连接点，在实际施工中，可根据情况适当增加。

机房大楼综合地网不能引接地，应单独埋设地线。在楼底分别引接防雷地、工作/保护地、交流防雷地，防雷地与工作/保护地、交流防雷地的间距应在 5m 以上。接地体埋深宜不小于 0.7m（接地体上端距地面的距离）。在严寒地区，接地体应埋设在冻土层以下。

新埋设地线水平接地体宜采用 40mm×4mm 热镀锌钢材；垂直接地体宜采用长度为 2m 的热镀锌钢材、铜材、铜包钢或其他新型的接地体。新设地线应采用环型地网，受施工场地限制，不能设置环型地网的可设置延伸式地线。各接地体间距 3m 以上。地网各焊接点应当牢固、良好，焊接处及引出连接扁钢应采用沥青或沥青漆等作防腐处理。所有露于外面连接处、螺丝均应涂抹凡士林。接地体之间的所有连接，必须使用焊接。焊点均应做防腐处理（浇灌在混凝土中的除外）。接地体扁钢搭接处的焊接长度，应为宽边的两倍；采用圆钢时应为其直径的 10 倍。

建议活动机房正对铁塔方向墙外侧预留接地引入点（馈线孔正下方），机房内在馈线孔对面墙外侧预留接地引入点，室内联合地排下方预留接地引入点。预留接地引入点位置可根据机房、铁塔布局调整。

5.2.2 铁塔的防雷与接地

基站铁塔应有完善的防直击雷及二次感应雷的防雷装置。位置处在航空、航道上的基站铁塔，需安装塔灯；其余基站铁塔不需安装塔灯。塔灯宜采用太阳能塔灯。对于使用交流电馈电的航空标专灯，其电源线应采用具有金属外护层的电缆，电缆的金属外护层应在塔顶及进机房入口处的外侧就近接地。塔灯控制线及电源线的每根相线均应在机房入口处分别对地加装避雷器，零线应直接接地。

根据新建基站点的地质情况，结合铁塔设计的地线部分共同完成机房、铁塔地网的勘察设计，对需要作延伸式地线的基站，还应标明延伸线的走向、埋设深度等。

机房地网应与铁塔地网连接，铁塔地网与机房地网之间应每隔 3～5m 在地下相互焊接连通一次，连接点不应少于两点。

新建自立式落地铁塔和新建机房的接地系统与基础工程同时施工，预先将接地系统埋设在基础旁，地线引上部分预留在外。铁塔在基础对角预留两处地线引上扁钢。在地线施工过程中，在土方回填之前，必须由建设单位和监理单位派人进行仔细检查，签字认可，才能回填。当铁塔位于房顶时，铁塔四脚应与楼顶避雷带就近不少于两处焊接连通；房顶升高架、竖杆、室外走线架也应与楼顶避雷带焊接连通至少两处。严禁在塔身主材上进行焊接。

5.2.3 基站的防雷系统

1. 综合地网

接地系统均采用联合接地，按均压、等电位的原理，将工作地、保护地、防雷地组成一个联合接地网。

基站接地必须分为室内部分和室外部分，严禁室内、外地线混接（由室外引接到室内）。基站机房一般设一个室内联合接地排，靠近馈线窗设一个室外防雷接地排，靠近交流引入孔设一个室外防雷接地点。

2. 供电系统的防雷接地

一个交流供电系统的防雷不得少于三级防雷。电力线应穿钢管埋地引入基站机房内，电力电缆金属护套或钢管两端应就近可靠接地，接地电阻值小于 10Ω。电力电缆与架空电力线路的接口处的 3 根相线要加装一组氧化锌避雷器。电力变压器设在站外时，变压器应距离机房 3m 以上，并且变压器要做好接地，保护地与零线地应严格分开，决不能混做。地线埋深在 3m 以上，地阻在 10Ω 以下。

基站内通信电源防雷保护系统按 B 级防雷标准确定，主要分为三级结构，其设备点及避雷器的主要性能要求为：第一级，在低压电力电缆引入机房处就近装置避雷器；第二级，在站内供电设备（如组合电源）交流进线开关后装置避雷器；第三级，在电源出线端处装置压敏电阻。第一级避雷器输出就近接入交流配电箱的输入端。避雷器、交流配电箱机壳应就近接入保护地。防雷器交流接线及地线应尽可能短、直，且要穿管。防雷器必须并接在电路中，严禁串接，防雷器接线材料为阻燃铜芯线，线径不得小于 16mm²。第二级开关电源 C 级防雷若安装在交流引入进线处，则必须改接至开关电源内空气开关后。站内外避雷器耐雷电冲击参数应符合相关标准，第一、二级之间距离过短时应设置退耦器。

基站供电设备的正常不带电的金属部分、避雷器的接地端，均应作保护接地，严禁作接零保护。

基站电源设备应满足相关标准、规范中关于耐雷电冲击指标的规定，交流屏、整流器（或高频开关电源）应设有分级防护装置。

电源避雷器和天馈线避雷器的耐雷电冲击指标等参数应符合相关标准、规范的规定。

3. 室外天馈系统防雷接地

基站天线应在铁塔或天线支撑杆避雷针的 45°保护范围内，铁塔避雷针必须单独用扁钢引接（焊接方式）入地，材料应选用 40mm×4mm 热浸镀锌扁钢。屋顶天线支撑杆、室外走线架必须就近良好接入避雷带。

馈线应在铁塔上部、下部（离开铁塔前）、进入馈线窗处分别做一次接地，在进馈线窗前应接到防雷地排上。若馈线在铁塔上长度超过 60m，需在铁塔中部再做一次接地。铁塔上需在馈线接地处分别设置接地排，供馈线接地用。馈线在屋顶支撑杆布放时，应在天线处、进入馈线窗处分别做一次接地。

其他各专业的信号、电源线出入基站或在布线间隔等方面达不到规定要求时，应采用金属管屏蔽或在端口设置避雷器的方式进行保护。

4. 室内设备的防雷接地

机房内所有设备均需要可靠接地，接地电阻要求小于 10Ω。机房内工作接地排、保护接地排通过多股铜芯电缆与大楼底部建筑地网引出扁钢连接。机房外防雷接地排通过多股铜芯电缆与大楼底部建筑地网引出扁钢连接。条件具备的情况下可以从机房同层的建筑地网上引接多股铜芯电缆至机房外防雷接地排。机房内工作地、保护地及机房外防雷地必须严格分开，严禁室内外地线混接（由室外引接到室内）。室外防雷地与工作地保护地引接点的位置应大于 5m。

若大楼底部没有建筑地网引出扁钢，则需要新建地网。对于利用商品房作机房，应尽量找出建筑防雷接地网或其他专用地网，并就近再设一组地网，三者相互在地下焊接连通，有困难时也可在地面上可见部分焊接成一体作为机房地网。找不到原有地网时，应因地制宜就近设一组地网作为机房工作地、保护地和铁塔防雷地。工作地及防雷地在地网上的引接点相互距离不宜小于 5m，铁塔应与建筑物避雷带就近两处以上连通。

5．信号线路的防雷与接地

进局光缆的金属加强芯和金属护层应在分线盒或 ODF 架内可靠连通，并与机架绝缘后使用截面积不小于 16mm^2 的多股铜线，引至本机房内第一级接地汇流排（或汇集线）上。

出入室外型基站的缆线（信号线、电源线）应选用具有金属护套的电缆，或将缆线穿入金属管内布放，电缆金属护层或金属管应与接地汇集排或基站金属支架进行可靠的电气连接。电缆空余线对必须进行接地处理。线缆严禁系挂在避雷网或避雷带上敷设。

6．其他设施的防雷接地

基站的建筑物应安装完善的防直击雷及抑制二次感应雷的防雷装置（避雷网、避雷带和接闪器等）。机房顶部的各种金属设施，均应分别与屋顶避雷带就近连通。机房室内走线架、吊挂铁架、机架或机壳、金属通风管道、金属门窗等均应作保护接地。保护接地引线一般宜采用截面积不小于 16mm^2 的多股铜导线。室内走线架必须全部用多股铜芯线连通，多股铜芯线截面积不小于 35mm^2。

5.3　交流引入与电源系统

基站交流电源宜采用专用变压器引入市电，在交流引入距离短，设置变压器有困难的站点，可从市电变压器上单独引入。市电引入容量应按站点的远景规划设计，站点市电引入容量应为 10～17kV·A。

5.3.1　交流引入

基站交流引入宜采用三相低压交流引入，若条件确不具备，可采用单相引入。交流引入单相采用三线制，三相采用五线制。

交流引入电源布线如需通过露天场所，未铠装电缆且线径较细的必须加装 PVC 管，使用 PVC 管必须考虑电缆的散热。交流引入线穿墙进屋时，墙体内必须穿管保护，保护管长度略大于墙体厚度。安装时注意保护管室内端高于室外端，以防雨水顺管或墙体流入配电箱。

新建野外机房交流引入线必须采用金属护套电力电缆或绝缘护套的电力电缆穿钢管埋地（围墙内部分）引入基站机房内。电力电缆的金属外护层和钢管，应就近接地，接地点不少于两处。新建交流引入机房，必须在机房内设置独立的交流配电箱，机房内所有用电系统，照明、空调、机房设备用电都从交流配电箱引出。配电箱内必须有保护地线。

新建机房的交流配电箱宜配置两路交流输入端口，配置倒换开关。交流配电箱内应有浪涌保护装置，空开设置必须满足设备用电要求，三相引入时分路开关三相配备 3～4 个，单相配备 3～4 个；单相引入时分路开关单相配备 7～8 个。空调空开必须一一对应，严禁两个以上空调接在同一空开上。

电灯、插座和排风扇用电应分别有独立的墙壁开关控制。电源线接头必须采用铜鼻子压接方式，若交流引入线采用铝芯线，在和铜芯线相接时必须使用铜铝压接管压接，严禁绕接。电源线与空气开关或电表必须紧固连接，严禁为方便连接而剪掉部分线芯。所有用线必须采用整线连接方式，严禁断头复接形式。线路的敷设（含配电箱内）应做到横平竖直，贴墙敷设应穿 PVC 线槽给予保护，走线架上敷设须用线卡固定，走线规整美观。

5.3.2 电源系统

电力电缆的线径需根据设备的功耗确定。电力电缆必须采用阻燃的铜芯线。

新建机房的开关电源整流模块数可按近期负荷配置，但满架容量应考虑远期负荷发展，其中：城区宜按不小于 400A，乡村宜按不小于 300A 终极容量设置。整流模块采用-48V DC/50A，或-48V DC/30A 规格，模块当期容量数量必须采用冗余配置，即 N+1 方式配置。

开关电源应具备低电压两级切断功能。开关电源机架宜采用 1600mm 高的尺寸配置。直流系统的系统压降，即开关电源输出端到设备输入端的压降按 3.2V 考虑。蓄电池组的容量应按近期负荷配置，依据蓄电池的寿命，适当考虑远期发展。

电源系统应具有以下功能：实时监视被控设备工作状态；采集和存储被控设备运行参数；按照局（站）监控管理中心的命令对被控设备进行遥控、遥信、遥测。遥控包括浮充/均充转换和开/关机；遥信包括交流配电主要开关的状态，交流输入直流输出过、欠压告警，熔断器告警，整流模块的浮充/均充状态，蓄电池熔丝状态，主要分路熔丝/开关故障，故障告警；遥测包括交流输入直流输出电压、电流及整流模块的输出电流、总负载电流、主要分路电流，蓄电池充放电电流。

电源应具有直流输出电流的限制性能，限制电流范围可在其标称值的 20%～110%。应有过流与短路的自动保护性能，过流或短路故障排除后应能自动恢复正常工作状态。具有二次下电功能。过功率保护功能：当输出功率超过设定值时，自动限制输出的功率。过温保护功能：散热片温度超过限制值时，整流模块会减少输出功率，并在温度超过关机设定值时自动关机。

直流配电部分应可在蓄电池电压低时自动切断蓄电池输出，而在该设备的输出电压升高后自动或人工再接入蓄电池。

每个机房的直流供电系统应两组蓄电池配置；交流不间断电源设备（UPS）的蓄电池组每台宜设置 1 组。不同厂家、不同容量、不同型号、不同时期（出厂时期相差 1 年以上）的蓄电池组严禁并联使用。蓄电池的供电采用浮充工作方式。蓄电池输出母线材料为多股铜芯线。蓄电池需安装在抗震支架上或绝缘垫上。若安装在抗震支架上，抗震支架必须接地保护。电池安装完成后需进行设备检测并填写安装及检测报告。

交流配电箱必须接交流防雷器，交流防雷器等级为 B 级。交流防雷器冲击通流容量按实际设计考虑。新建机房的交流配电箱宜配置油机电源输入倒换开关。

5.4 设备安装与工程优化

5.4.1 开工前准备

工程开工前必须对机房建筑情况进行检查，具备下列条件方可开工：机房内部的装修工作已经全部完工，室内已充分干燥，地面、墙壁和顶棚等处的预留孔洞、预埋件的规格、尺寸、位置、数量等符合施工图设计要求；市电已引入机房，机房照明已能正常使用；通风取暖、空调等设施已安装完毕并能提供使用，室内温度、湿度应符合设备要求；机房建筑的防雷接地和保护接地、工作接地体及引线已经完工并验收合格，接地电阻符合施工图设计要求；机房内具备有效的消防设施。机房内及其附近没有存放易燃易爆等危险品。

开工前建设单位、物资供应单位、施工单位和维护单位应组成联合检查组，对到达施工现场的设备、主要材料的品种、规格、数量进行开箱清点和外观检查，具备下列条件时方可开工：设备机架、子架框、加固件及影响布线、接线的部件必须全部到齐，规格型号符合施工图设计要求，外观无破损现象；走线架等铁件必须全部到齐，规格程式符合施工图设计要求；铜排或铝排规格程工、数量应符合施工图设计要求，无明显的扭曲现象；馈线、射频同轴电缆、电源线、保护地线电缆、数据线等主要电缆规格程式、数量应符合施工图设计要求；各种电缆、线料外皮完整无损，满足出厂绝缘指标要求。

联合检查组在对局（站）设备、材料做开箱检查时，应做好详细记录，发现有短缺、受潮及损坏现象，由物资供应单位及时联系相关单位予以解决。施工中不得使用不合格的材料。当主要材料的规格不符合施工图设计要求而需要其他材料代替时，必须事先征得设计单位同意，办理必要的手续后方可使用。

5.4.2　工艺要求

1. 设备安装要求

机房内设备机架排列相互距离应符合施工图的设计要求。机架的安装应端正牢固，满足抗震加固的要求，各直列上、下两端垂直倾斜误差应不大于 3mm。机架应采用膨胀螺栓（或木螺栓）对地加固。所有紧固件必须拧紧，同一类螺钉露出螺母的长度应一致。机架上的各种零件不得脱落或碰坏，漆面如有脱落应予补漆。各种文字和符号标志应正确、清晰、齐全。地线与铁架连接应加弹簧垫片保证接触良好。

2. 电缆布放要求

布放电缆的规格、路由、截面和位置应符合施工图的规定，电缆排列必须整齐，外皮无损伤。交、直流电源的馈电电缆，必须分开布放；电源电缆、信号电缆、用户电缆与中继电缆应分离布放。电缆转弯应均匀圆滑，电缆弯的曲率半径应满足相应的曲率要求。电缆需绑扎好，整齐布放在走线架上。水平安装的电力电缆加固点间的距离≤1000mm，垂直安装的电力电缆加固点间的距离≤1500mm；其他电缆加固点间的距离宜为 300mm。电缆两端需挂硬塑料吊牌，吊牌格式如图 5-11 和图 5-12 所示。

图 5-11　吊牌格式 A

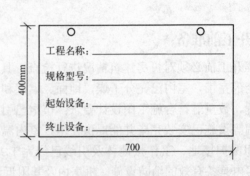

图 5-12　吊牌格式 B

机房直流电源线的安装路由、路数及布放位置应符合施工图的规定。电源线的规格、熔丝的容量均应符合设计要求。电源线必须采用整段线料，中间无接头。铜鼻子、螺钉等主要材料的规格、数量应符合设计规定。电源线的敷设路由及截面应符合设计规定。直流电源线与交流线宜分开敷设，避免捆在同一线束内。沿地敷设的电缆不宜直接和水泥地面接触。敷设电源线应平直靠拢、整齐、不得有急剧弯曲和凹凸不平现象；在走线架上敷设电源线的绑扎间隔应符合设计规定，绑扎线扣整齐、松紧合适、结扣在两条电缆的中心线上。

电源线转弯时，曲率半径应符合设计规定，电缆不得小于其半径的 6 倍。电源线穿钢管应符合设计规定：钢管管口应光滑，管内清洁、干燥，接头紧密，不得使用螺钉接头；钢管管径及钢管位置应符合设计规定；穿入管内的电源线不得有接头，穿线管在穿线后应按设计规定将管口密封；非同一级电压的电力电缆不得穿在同一管内；室外直埋电缆应按隐蔽工程处理。遇有障碍物或穿过马路时应敷设穿线钢管，在中间接头或终端处应留有 2～3m 的余长。

电源线与设备连接：电源线剖头部分均缠塑料带缠扎厚度与绝缘外批一致，各电源线缠扎长度应一致；截面 10mm^2 及以下的单芯电源线打接头圈连接时，线头弯曲的方向应与紧固螺钉方向一致，并在导线与螺母间装垫圈，每处接线端最多允许两根芯线，且在两根芯线间加装垫圈，所有接线螺钉均应拧紧；截面 10mm^2 及以上的多股电源线应加装铜鼻子，其尺寸应与导线相配合，线鼻子与设备的接触部分应平整洁净，接触处涂一薄层中性凡士林，安装平直端正，螺钉紧固；电源线与设备接线端子连接时，不应使端子受到机械应力。

电源线需用彩色线：-48V 为蓝色，工作地为黑色，保护地为黄绿色。通信设备电源线需采用型号为 ZA-RVV（ZRRVV、ZRVVR、RVVZ）的通信电源用阻燃软电缆。

光纤连接线的规格、程式应符合设计规定，光纤连接线两端的余留长度应统一并符合工艺要求。光纤连接线拐弯处的曲率半径不小于 38～40mm。光纤连接线在走线架应加套或线槽保护。无套管保护部分宜用活扣扎带绑扎，扎带不宜扎得过紧。编扎后的光纤连接线在走线架上应顺直，无明显扭绞。

射频同轴电缆的端头处理应符合下列规定：电缆余留长度应统一，同轴电缆各层的开剥尺寸应与电缆插头相应部分相适合；芯线焊接端正、牢固、焊锡适量，焊点光滑、不带尖、不成瘤形。组装同轴电缆插头时，配件应齐全，位置正确，装配牢固。做屏蔽线的端头处理时，剖头长度应一致，与同轴接线端子的外导体接触良好。剖头外需加热缩套管时，热缩套长度宜统一适中，热缩均匀。

5.4.3 设备安装

1. 设备安装

基站设备安装时，机柜前开门 0.8m 内不能安装任何设备。蓄电池一般靠墙、柱摆放，其背面与墙之间的净宽宜为 100mm；蓄电池的侧面与墙之间的净宽应不小于 200mm。蓄电池需安装在抗震支架上或绝缘垫上。究竟使用抗震支架还是绝缘垫，没有严格的要求。从机房承重考虑，宜使用绝缘垫方式，以增加与承重楼面的接触面积。

安装 BBU+RRU 设备时，BBU 是基站的基带处理部分，可安装在基站机房；RRU 是室外型射频拉远模块，可以直接安装于靠近天线位置的金属桅杆或墙面上。

2．基站机房隔音和降震处理

对隔音、降震等有特殊要求的机房，机房四面墙若为砖砌墙，机房内墙身四面可安装厚墙身吸音板，降低室内混响噪声。通过更换隔音玻璃，封堵孔洞达到无线基站机房隔音和降噪的效果。通过在设备下增加防震胶垫达到无线基站机房隔音和降震的效果。增加防震胶垫必须在保证设备安装牢固的前提下进行。

3．天馈系统安装

全向天线收、发间距要满足隔离度要求，在屋顶安装时，全向天线与避雷器之间的室外馈线需布放在室外走线架上，沿边缘布放，每隔 800mm 用馈线卡固定一次，在馈线接头、接地处用防水胶带密封。

馈线入馈线窗的处理：馈线窗进入机房馈线口处，要用防雨布胶进行密封处理，入房前应将每条馈线加固在垂直爬梯上，且室内高度高于室外，以防止积水流入室内；馈线在进入馈线窗处需做回水弯，以防止积水流入室内；防水弯最低处要求低于馈线窗下沿 10～20cm。7/8 " 馈线和 1/2 " 软馈线的曲率分别为 250mm 及 120mm；若馈线在进入馈线窗处无法做回水弯，可直接进入馈线窗，但必须在馈线窗上方加装防水雨棚。馈线窗使用应按馈线在走线架上的布放位置，纵向使用，如图 5-13 所示。

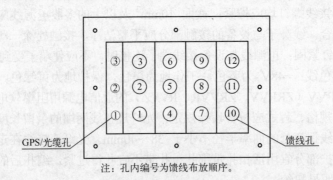

注：孔内编号为馈线布放顺序。

图 5-13　馈线窗示意图

5.4.4　工程优化

1．总体要求

工程完工后，首先要进行工程优化调整，再转交维护部门。

新建基站完成数据制作准备开通入网，工程优化是入网的基础，主要原因在于新建基站开通后会让周边无线环境发生巨大变化，可能会导致无线环境恶化，导致网络性能下降或影响客户感知。

工程优化的目的在于让新建基站开通入网前后，确保新建基站各参数设置正常，开通后的各指标正常，不影响客户感知，达到新建基站建设的目的。

2．工程优化的原则和关键点的控制

（1）工程优化的原则

入网前必须进行新建基站基本数据检查。入网后必须对新建基站无线性能进行评估，并对新建基站路测性能进行评估。

（2）工程优化关键点的控制

新建基站数据制作的控制：新建基站数据制作模板由数据人员在每期工程前统一提供，该模板应该包括该期工程所有站型；每期工程数据制作时必须按照提供的模板进行制作，由优化人员在优化过程中进行检查。

新建基站开通控制：必须在新建基站开通前进行基本数据检查；必须在完成数据检查后3日内完成无线性能分析与 DT 测试，并及时反馈问题；新建基站开通后必须及时将基站开通信息发给相关人员和提供新建基站的优化信息。

3．优化结果

工程优化要求达到预期的覆盖要求。工程优化结果需各参加单位、部门签字后，并移交给维护部门。

5.5 实训 基站防雷性能测试

1．实训目的

1）掌握天线防雷工程接地体的特性。

2）了解不同接地体、土样对接地电阻的影响。

3）掌握接地电阻测试仪的有关使用及操作。

2．实训器材

接地电阻测试仪。

3．实训步骤

1）在校园里找到属于不同形式的接地体（大楼的避雷带、机房的接地线、金属供水水管），自己设计测试方案，测试不同接地体对防雷工程接地电阻的影响，将测试结果填入表 5-2 中。

表 5-2　接地电阻测试

土样	接地体	接地电阻/Ω	校内位置

2）根据测试结果，分析不同形式的接地体、土样对接地电阻的影响。

5.6 习题

1．基站选址有什么原则，哪些区域不能建基站？

2．机房地板承重应大于多少？

3．对机房供电有哪些要求？

4. 馈线窗设计应遵循哪些原则？
5. 基站联合接地网的接地电阻值必须小于多少？
6. 地线分哪几类？各应用在什么场合？
7. 铁塔防雷主要采取哪些措施？
8. 机房对温度和湿度有哪些具体要求？

学习情境6 无线网络测试与优化

无线网络规划与优化对蜂窝移动通信系统来说非常重要，它涉及无线覆盖、频率规划、用户容量等多方面问题。无线网络规划与优化是一个阶梯式循环往复的过程。对于一个移动通信网络来说，移动用户在不断增长，无线环境在不断变化，话务分布情况也在变化之中。因此，移动通信网络是在反复的网络规划与优化的过程中不断发展壮大起来的。

6.1 无线网络规划

6.1.1 网络规划简介

无线网络规划简称为网规，是指根据网络建设的容量需求、覆盖需求以及其他特殊需求，结合覆盖区域的地形地貌特征及供应商设备的特征，设计合理可行的无线网络布局，以最小的投资满足需求的过程。

网络规划是整个网络建设的基础，网络规划确定了整个网络拓扑结构后，后续的网络优化只能在此基础上进行整调。网络质量能否达到预期的效果主要取决于网络规划结果是否合适。

在整个网络建设过程中，根据前后的时间关系，网络规划在整个项目中的位置如图 6-1 所示。

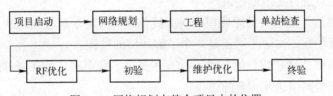

图 6-1 网络规划在整个项目中的位置

根据需要执行工作的时间先后关系及相互之间的相关性，可以对网络规划进一步划分，对于普遍的情况（不由运营商规划），可以分为以下一些阶段，无线网络规划流程如图 6-2 所示。

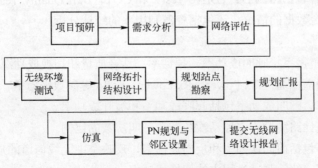

图 6-2 无线网络规划流程

对于运营商规划的情况，流程中可以不包括需求分析和规划汇报等阶段。

6.1.2 网络规划流程

1．项目预研

项目预研的目的是在正式开始规划之前，对需要执行的规划项目进行初步的可行性分析，确保项目能够顺利执行。另外，需要确定项目的投资规模能否达到要求的效果，以及最终的验收标准。

项目预研如果表明项目可行，则可进入正式的网络规划阶段，否则需要对项目目标或验收指标等进行调整。

2．需求分析

对于不由运营商规划的情况，网络规划的执行单位需要了解客户具体的需求，以便在网络规划执行过程中以客户的需求为基础来搭建网络，尽可能满足客户需求，达到满意的网络效果；另外还需要了解规划区域的无线传播环境，以便在规划过程中选用合适的无线传播模型，同时规避无线频率干扰。

需求分析阶段需要了解的内容主要包括：无线传播环境、人口分布信息、准备使用的频点及频段利用情况、现有网络信息（对应扩容网络）、本期网络建设的规模及要求覆盖区域范围、要求重点覆盖区域的信息、对容量有特别需求区域的信息、高档商业区和高档办公区的分布情况、人流量比较大区域的分布情况、网络建设系统参数方面的要求、网络建设过程中可以利用的站点信息、有线或无线网络的站点分布及话务分布信息、数据业务的需求、项目的验收标准和分工界面等。

需求分析过程中，为了充分了解规划区域的无线传播环境，需要对某些关键区域或具有规划区域典型特征点进行实地勘察。

需求分析结束后，规划人员需要根据对无线传播环境的了解程度，决定是否对部分可以利用站点预先进行勘察，实际上这还是一个了解环境的过程。

需求是整个网络规划和建设的基础，只有在充分了解需求，并在规划过程中充分尊重需求，才能确保规划的网络达到满意的效果。

3．网络评估

对于扩容网络，需要首先了解当前网络的状况，在此基础上进行规划，才能有针对的解决当前网络存在的问题，这样就有必要对当前网络进行评估。

网络评估的内容包括路测 DT（Drive Test）和 CQT（Call Quality Test）测试。对于具备条件能够统计到后台数据的情况，还包括资源利用率的统计分析。

（1）路测指标

路测指标包括覆盖率、呼叫成功率、掉话率、话音质量和切换成功率等。

1）覆盖率。覆盖率通过 Tx Power、Rx Power、Ec/Io 等参数来衡量。

2）呼叫成功率。呼叫成功率包括起呼成功率和被呼成功率。

3）掉话率。统计路测过程中掉话次数和总呼叫次数的比例。

4）话音质量。包括前向误帧率和反向误帧率，反映空中无线信道的质量。

5）切换成功率。统计测试过程中的切换成功率。

（2）CQT 测试

CQT 测试包括覆盖率、呼叫成功率、掉话率、质差通话率和拨号后时延等内容。

1）覆盖率。通过各测试点统计到的 Tx Power、Rx Power、Ec/Io 等参数来衡量。

2）呼叫成功率。呼叫成功率包括起呼成功率和被呼成功率。

3）掉话率。统计 CQT 测试掉话次数和总呼叫次数的比例。

4）质差通话率。定点测试过程中，根据主观感觉来评价通话质量，对于出现未接通、掉话、无声、单通、串话、断续、变音、回声和背景噪声等现象的通话，视为话音质量不好，统计所有定点测试呼叫中，话音质量不好的呼叫在所有呼叫中所占比例。

5）拨号后时延。根据实地通话测试，对时延取平均值和标准值对比。

网络评估过程中，网络规划工程师负责组织分区测试及撰写分区的报告，项目经理组织撰写全局的评估报告。该报告需要归档。

4．无线环境测试

无线环境测试包括两方面：一是对规划区域进行频谱扫描，确保频率资源可用；二是根据规划区域地形地貌和模型库的情况，对不能采用现有模型的环境进行电测站点选择、电测及模型校正，得到合适的无线传播模型。

（1）频谱扫描

CDMA 通常采用的频段见表 6-1。

表 6-1　CDMA 通常采用的频段

频段	上行频段范围/MHz	下行频段范围/MHz	上下行间隔/MHz
800M	824～849	869～894	45
1.9G	1850～1910	1930～1990	80

实际扫频时，扫描范围根据客户准备申请的频点或正在使用的频点调整：以目标频点为中心，前后各扫一段频谱。对不同频段进行扫频时，上下行都需要扫描。

扫频的测试方式包括路测和定点测试。

1）路测。

路测的目的是找出可能存在干扰的区域。用仪器在事先规划好的路线上测试，通过 GPS 定位，记录频谱随位置变化的情况；一般将分辨率带宽（RBW）设为 10k，扫描范围则设为需要扫频的上行或下行频段。需要注意的是：

① 采用全向天线测试，和 GPS 天线一起置于车顶。

② 记录测试数据随位置实时变化情况。

③ 选择的测试路线应到达所有需要覆盖的区域。

2）定点测试。

定点测试的目的是找出干扰的频点、大致的位置及干扰的强度。在选定的位置，用八木天线进行测试，包括时变测试和峰值保持状态测试两种方式。

① 时变测试：测试方式设为频谱随时间动态变化的方式，用于测量是否存在恒定干扰，测试过程如下，将八木天线缓慢旋转一周（时间应该在 1min 以上），记录是否存在恒定的干扰，如果存在某方向有恒定干扰，将八木天线正对该方向，小范围旋转找出干扰最强的

方向，记录干扰源方位、频率和强度。

②　峰值保持状态测试：主要用于记录时变干扰，测试分方向进行，用指南针确定八木天线指向，一般可以按每 45°记录一组数据，分 0°、45°、90°、135°、180°、225°、270°和315°进行测试，记录各方向是否存在干扰，以及干扰的频率和强度；分辨率带宽（RBW）设为 10kHz；在满足 RBW 的前提下，扫频范围根据设备要求设置，可以设为需要扫频的整个频段，也可以整个频段分几次完成；上行和下行都要进行扫频；设备许可的情况下，可以同时进行上、下行的扫频。

3）底噪过高情况的测试。

如果测试过程中，出现底噪比较高的情况，并且确认不是由于设备精度低导致，则需要加宽扫频范围，一直扩到找到真正的底噪，如果确定是一个宽谱的干扰，且干扰强度超过底噪 3dB 以上，肯定对系统产生干扰。

（2）电测及模型校正

对于每个需要规划或优化的区域，首先找出各种典型的环境，将规划或优化区域和典型环境对应起来，找出当前规划或优化区域需要采用的无线传播模型。根据现有模型库的情况，如果有能够适用于当前环境的模型，则对应环境不必作电测校模；如果客户能够提供合适的模型，对应环境也不必作电测校模；其他情况下都需要作电测校模，也就需要作电测站点选择。

电测站点必须在能够反映规划区地貌特点的区域中选择，应该是具有典型意义的站点。电测站点需要满足如下条件：

1）站点周围的地形地貌应与需要校正的模型代表的环境地形地貌一致。

2）站点能够达到的天线挂高应和该模型适用区域大致需要采用的天线挂高接近。

3）站点应高于周围建筑物，但不能高出太多。

4）电测站点周围不能有严重遮挡。

5）电测站点周围应包含有规划区内大多数的地物类型，并有相当数量的道路以便测试时各种地物都能到达。

6）电测站点楼面不能太大，如果楼面较大，需要天线离楼顶较高，否则楼面（尤其是女儿墙）对电测信号传播影响比较大。

5．网络拓扑结构设计

网络拓扑结构设计阶段主要工作是站点分布规划。站点分布规划的任务是：根据规划区域的无线传播环境，选择合适的模型，得到满足覆盖要求的覆盖半径；根据规划区域的容量需求，得到满足容量需求的覆盖半径；两个半径中比较小的一个为比较合适的覆盖半径；根据得到的覆盖半径进行站点分布规划，得到规划站点大致位置，基本确定规划站点无线参数；仿真验证。

如果之前已经进行可提供站点勘察，站点分布规划可以基于选择后的可提供站点给出，但并不局限于可提供站点。只有在可提供站点满足容量和覆盖要求，以及满足网络拓扑结构才选用。

搭建网络拓扑结构时，用如下的方法计算站点覆盖半径：没有模型的情况，用链路预算得到；对于有模型的情况，用校模结果修改链路预算的公式后计算得到。

站点分布规划需要仿真确认，确保规划出来的站点满足客户需求。

对于搬迁项目，站点分布规划应基于现有网络覆盖及容量情况，首先考虑客户的建网思路：如果客户要求基于现有网络，尽量使用现有站点，除非站点存在的问题很难解决；如果要求不考虑现有网络，则根据实际情况尽量选择最佳方案，对于不合适的站点，如存在过高、容量负担过重之类问题的站点不再使用。

对于扩容网络，基于现有网络基础，首先添加合适的客户提供站点，有空缺位置再加规划站点。

站点分布规划必须综合考虑覆盖和容量因素。容量因素基于这样的思想：如能得到现有无线或固定网络的话务分布，以此为基础，按照一定比例关系折算出本期网络大致的容量分布，得出各区域大致的站点需求。对于话务量特别高的区域，可以考虑使用多载频等手段满足容量需求，采用多载频时应尽量成片添加，以减少载频之间切换引起的掉话，提高网络性能。

站点分布规划时，应根据规划区域的实际无线传播环境，合理运用宏基站、微蜂窝、射频拉远和光纤直放站等设备综合组网。

6．规划站点勘察

网络规划过程中，涉及可提供站点的勘察和规划站点的勘察。其中可提供站点通过需求分析阶段和客户交流得到，规划站点在站点分布规划阶段得到。

不是所有的客户可提供站点都在可提供站点勘察阶段完成勘察，根据对规划区域地形地貌环境的把握程度，确定是否对部分或全部客户可提供站点进行勘察，可能只对关键位置的部分可提供站点进行勘察，作为网络拓扑结构的基础，其余的可提供站点在规划站点勘察阶段确定是否勘察。对于满足网络拓扑结构要求的可提供站点，规划站点勘察阶段作为首选候选站点。

在农村/公路的网络规划过程中，客户可提供站点一般比较分散，勘察阶段对所有可提供站点进行勘察比较难实现。这时可以根据具体情况，以客户可提供站点的分布情况为基础搭建网络拓扑结构，在规划站点勘察阶段完成可提供站点勘察，只有在客户可提供站点不合适的条件下，才选择其他站点。

7．规划汇报

规划站点勘察完成后，需要向客户汇报规划情况。

与客户交流基于勘察得到的站点，介绍规划的过程及所有或部分站点的情况，听取客户对这些站点的意见，对客户认为存在问题的站点，协商后确定是否调整或重新勘察，如应避免选用客户认为肯定租不下来的站点，减少规划出现反复的可能。在充分考虑客户意见的基础上，网络规划工程师根据地形地貌、站点勘察、现有无线网络话务量分布、路测结果、扫频结果及规划站点勘察过程中的仿真，提出较合适的备选方案。

8．仿真

仿真基于下面的过程：将电子地图输入仿真软件；将备选方案的站点信息输入仿真软件；基于备选方案中参数执行仿真；调整部分无线参数，如扇区朝向、机械下倾角、天线挂高、天线型号等，使仿真结果尽量满足客户要求；仿真所有备选方案；根据仿真结果选择最能满足客户要求的方案。

仿真的目的主要是选取最佳方案，得到合适无线参数。

网络规划有3个阶段涉及仿真：

1）网络拓扑结构设计阶段。确保规划站点满足覆盖和容量要求，为规划站点勘察提供参考。

2）规划站点勘察阶段。确保勘察得到的站点满足要求。

3）仿真阶段。确保整个网络满足覆盖容量要求，选用合适站点，得到合理无线设计参数。

所有站点勘察完成后，需要和客户交流，汇报站点勘察情况。根据客户意见提出一种或多种备选方案，通过仿真对备选方案进行选择。仿真阶段对各备选方案进行仿真，从中选择最能满足覆盖和容量需求的方案；对于达不到要求的区域，调整无线参数（扇区朝向、下倾角、天线挂高和天线类型等），直到满足客户需求。如果只有一种方案，在规划站点勘察阶段的最后一次仿真基础上，将网络性能调整到最能满足客户需求，输出各站点的无线设计参数即可。

9. PN 规划及邻区列表设置

（1）PN 规划

同一系统中，如果延迟估计出错，其他导频有可能被错误解调，影响网络质量。需要保证不同导频有一定的隔离，避免出现不同小区之间由于导频解调错误产生干扰。

从避免邻 PN_Offset 干扰和同 PN_Offset 干扰两个角度考虑相位差（PILOT_INC，每个单位对应 64 个码片）设置：避免邻 PN_Offset 干扰，要求邻 PN_Offset 间的间隔比传播时延造成的不同大得多；避免同 PN_Offset 干扰，要求传播时延造成的不能大于导频搜索窗尺寸的一半。综合考虑这两方面的要求，可以得出 PILOT_INC 的合理的参数设置。

选定 PILOT_INC 后，有两种方法设置导频：

1）连续设置，即同一个基站的 3 个扇区的 PN 分别为（$3n+1$）×PILOT_INC、（$3n+2$）×PILOT_INC、（3n+3）×PILOT_INC。

2）同一个基站的 3 个导频之间相差某个常数，各基站的对应扇区（如都是第一扇区）之间相差 n 个 PILOT_INC。如 PILOT_INC=3 时，同一个站点 3 个扇区的 PN 偏置设为 n×PILOT_INC、n×PILOT_INC+168、n×PILOT_INC+336；PILOT_INC=4 时，3 个扇区的 PN 偏置设为 n×PILOT_INC、n×PILOT_INC+192、n×PILOT_INC+384。

导频规划时，必须保留一部分导频资源作为保留集，用做以后扩容。为此，初期规划时，将 PILOT_INC 扩大一倍设置导频：一方面减少初期网络由于基站覆盖范围比较大导致导频之间传输延迟产生干扰的可能性；另一方面为后期扩容留出足够多的 PN 资源。

合理分配导频，可用固定数量的小区组成一个导频复用集，在其余区域按同样的顺序作导频复用。小区数可以小于且接近 [512/（2×PILOT_INC×3）]（每个小区 3 个扇区、PN 预留一半）的某个值。如 PILOT_INC=4，复用集可以是 20 个小区，复用距离大于 6 倍小区半径；PILOT_INC=3，复用集可以是 25 个，复用距离大于 8 倍小区半径。

实际网络 PN 规划时，首先选择 PILOT_INC，然后用前面两种导频设置方法中的一种设置各扇区的导频。

（2）邻区列表设置

PN 设定后，需要进行邻区列表设置，邻区列表设置是否合理影响基站之间的切换。

系统设计时初始的邻区列表设置：同一个站点的不同小区必须相互设为邻区；接下来的第一层相邻小区和第二层小区基于站点的覆盖选择邻区，当前扇区正对方向的两层小区设为邻区，小区背对方向第一层可设为邻区。系统正式开通后，根据切换次数调整邻区列表。

下面是一个邻区列表设置的例子，如图 6-3 所示。PILOT_INC 设为 4，PN 规划按照前面介绍两种方法中的第一种设置；图 6-3 中间是当前小区，3 个扇区导频号分别设为 4/8/12；外围分别是第一层小区和第二层小区。

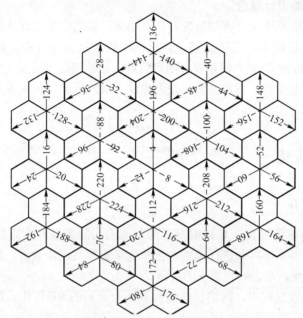

图 6-3　邻区列表设置举例

当前小区的邻区列表设置见表 6-2。

表 6-2　邻区列表设置举例

扇区号	导频号	邻 区 列 表
1-1	4	8 (1-1)、12 (1-2)、32 (3-2)、48 (4-3)、88 (8-1)、92 (8-2)、100 (9-1)、108 (9-3)、112 (10-1)、128 (11-2)、140 (12-2)、144 (12-3)、156 (13-3)、196 (17-1)、200 (17-2)、204 (17-3)、208 (18-1)、220 (19-1)

图 6-3 中用虚线表示的即为当前扇区的邻区，其余扇区的邻区设置依此类推。

（3）邻区配置的原则

1）根据各小区配置的邻区数情况及互配情况，调整邻区，尽量做到互配，邻区的数量不能超过 18 个，邻区互配率必须大于 90%。调整的顺序是首先调整不是完全正对方向的第二层小区，然后是正对方向的第二层小区。

2）对于站点比较少的业务区（6 个以下），可将所有扇区设置为邻区，只要邻区数目不超过 18 个。

3）对于载频之间的切换，需要设置临界小区和优选小区。将两载频到单载频边界处的非基本载频小区设为临界小区。优选邻区设置有两种方法，一种是 handover 方式，设置 3 个覆盖和本扇区重叠比较多的小区，切换时直接切到这 3 个小区上，由于切换方向不包括本小区的基本载频，切换成功率低一些；另一种是 hand-down 方式，设置两个覆盖和本小区重叠比较多的小区，切换时往这两个小区及本小区的基本载频上切，成功率比较高，一般用后一种切换方式。

对于搬迁网络，在现有网络邻区设置基础上，根据路测情况调整。如果存在邻区没有配置导致的掉话等问题，在邻区列表中加上相应的邻区，调整后的邻区列表作为搬迁网络的初始邻区。

10．提交无线网络设计报告

项目负责人根据勘察情况、路测情况及仿真结果，向客户汇报此次网络规划结果，并提交最终的无线网络设计报告。无线网络设计报告一般包括理论分析，如网规原理、仿真原理、链路预算、容量计算和 PN 规划等；勘察信息，如勘察站点信息、路测及结果分析、备选方案及各方案的考虑因素、仿真结果及规划建议（最终选站建议）等内容；总结中需要给出各种站型选用情况。

6.2 无线网络优化

6.2.1 网络优化简介

无线网络优化简称为网优，是指根据无线系统的实际表现和实际性能，对系统进行分析，在此基础上通过对系统参数进行调整，使系统性能得到逐步改善，在现有系统配置下提供尽可能好的服务质量，满足客户需求的过程。

整个无线网络建设过程中，网络优化包括基站开通后的 RF 优化、放号后的维护优化，以及运行过程中的网络运营分析。

在整个网络优化过程中，按照执行的顺序，网络优化过程如图 6-4 所示。

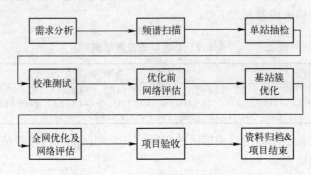

图 6-4　网络优化过程

基于图 6-4 所示的网络优化过程，可以得到具体的网络优化实施流程，如图 6-5 所示。说明：

1）图 6-5 给出的是网络优化的全局流程，实际项目根据需要裁减。

2）本流程是已经完成项目预研工作条件下网络优化的实施流程。

3）子项目的执行流程在子流程中细化。

4）流程中的岗位根据项目组的组织结构确定。

5）实际项目基于网络优化合同的规模组建项目组，按照合同规定的验收标准，执行合同中规定的子项目，达到验收标准后组织验收测试，对于没有通过验收的情况，根据实际情况返回相应的位置重新处理。

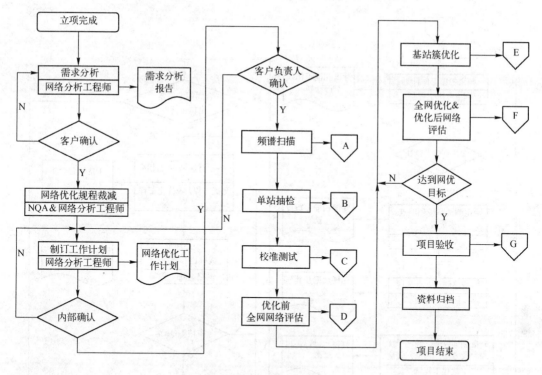

图 6-5　网络优化实施流程

6.2.2　网络优化流程

1．需求分析

需求分析的目的是获取项目具体信息及客户对本期网络效果的要求。一般需要了解以下需求信息：

1）了解优化区域的具体范围、重点覆盖区域范围、大致环境等信息，尤其是对话音和数据有特殊需求的区域信息；对于数据业务，不同区域可能有不同的需求，可以请客户具体提供。

2）了解各站点相关参数，如：经纬度、站型、天线挂高、扇区朝向、下倾角、天线型号和馈线长度等。

3）了解系统参数设置，包括和数据业务相关的参数，如 PCF、PDSN 参数配置和网络 IP 地址配置方案等。

4）了解客户反映的现有网络中存在的严重问题，也就是客户最不能容忍的问题，可以在优化过程中重点解决。

5）了解各项目的验收标准，该标准应该在合同中体现，或者在合同审核阶段有所了解，需求分析阶段主要是进行确认。

6）了解客户对测试的具体要求，如时间段要求、测试过程中测试点和路线的选择标准、呼叫方式设置要求等，侧重了解客户对项目验收的相关要求。

7）确认和客户的分工界面，明确客户应该承担的工作及客户需要提供的资源。

2．频谱扫描

频谱扫描的目的是确定系统工作的频段是否存在干扰。频谱扫描子流程如图 6-6 所示。

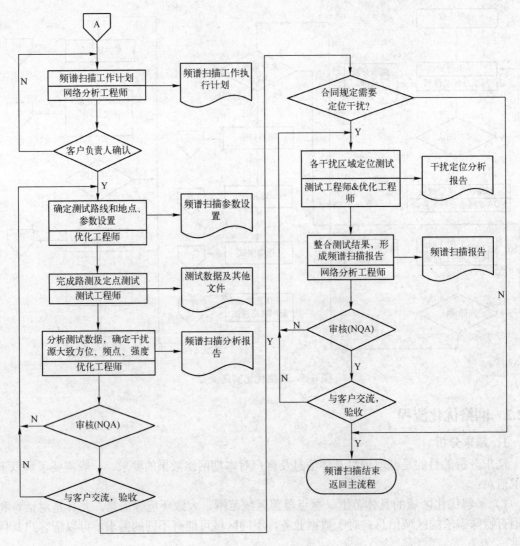

图 6-6　频谱扫描子流程图

说明：

1）频谱扫描是为了确保系统工作的无线环境正常，排除环境导致的网络问题。

2）图中给出的频谱扫描包括扫描和干扰源查找两个部分，实际项目中一般只包括扫描的内容，因为干扰源查找只能由无线电管理委员会执行，其他单位没有相应授权。

3）如果网络已正式运营，只能对反向进行扫描，前向扫描需要关闭整个系统才能进行。

4）根据需求分析确定的有关频谱扫描的信息，如扫频区域、频段范围等，网络分析工程师组织制订测试计划，客户确认后开始执行。

5）优化工程师根据需求分析中确定的测试路线和测试点选用原则，选择测试路线和测试点，测试点的选择可以根据路测结果进行调整。

6）测试工程师执行路测和定点测试。

7）优化工程师根据测试数据分析干扰情况，如果存在干扰，找出干扰的大致方位、频点及强度，形成报告。

150

8）报告提交 NQA 审核后再提交客户进行验收确认，如果 NQA 或客户认为测试报告不能反映测试区域的频段使用情况，沟通后确定是否重新测试。

9）如果合同中规定需要进行干扰源查找，执行下面的步骤，否则子项目完成，返回主流程。

10）测试工程师和优化工程师一起对干扰进行测试定位，每个干扰源形成一个干扰定位分析报告。

11）网络分析工程师根据频谱扫描分析报告和所有干扰定位分析报告，形成频谱扫描报告，包括扫描及干扰定位的内容。

12）报告提交 NQA 审核，通过后再提交客户验收，需要进行交流。

13）验收通过后，频谱扫描项目结束，返回主流程，执行下一步操作。

3. 单站抽检

单站抽检的目的是确保优化测试前系统中单站工作正常。

网络优化启动之前，所有站点应该已经完成检查调整，都应该工作正常；实际存在由于单站检查不严或没有检查等原因导致的信息不全或不准确等问题，需要对单站进行抽查。

单站抽检包括无线参数、参数指标、话音业务功能和数据业务功能等方面的内容，如经纬度、天线挂高、扇区朝向和下倾角、馈线长度、单板软件版本、PN 规划和邻区列表、搜索窗口、后台告警、话音呼叫、话音切换、驻波比、数据呼叫、Ping PDSN 和数据业务更软切换等方面的内容。

单站抽检子流程如图 6-7 所示。

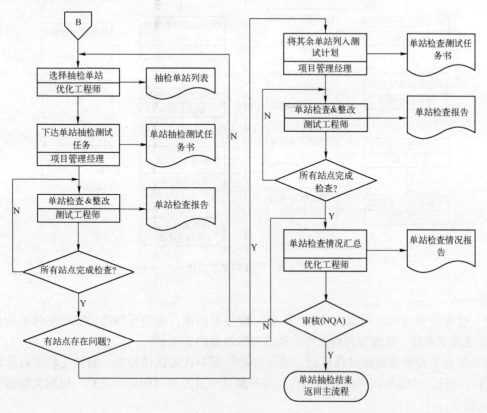

图 6-7　单站抽检子流程

说明：

1）单站抽检用于确保单个站点工作正常，单站工作正常是网络优化的前提。

2）优化工程师首先根据项目规模及网络情况，选择准备抽检的站点。

3）项目管理经理基于优化工程师选择的站点制订抽检计划。

4）测试工程师根据计划进行检查，根据抽检站点存在的问题，优化工程师提出需要整改的信息；数据业务方面的检查内容包括是否能 Ping 通 PDSN、是否正常发起前反向数据业务呼叫，以及数据业务的更软切换是否正常等。

5）所有抽检站点检查完毕后，如果有约 20%以上抽检站点不合格，需要对没有抽检的所有站点进行复检，如果没有问题，跳过复检。

6）如果是作为第三方优化的项目，给客户提交单站需要整改的信息，由客户联系相关人员执行整改及复检，也可以通过签署补充协议，用收费的方式，由项目组执行复检。

7）优化工程师根据单站检查情况撰写《单站抽检情况报告》，单站抽检子流程结束，返回主流程；如果单站抽检在合同中作为单独收费的项目，需要通过客户的验收。

4．校准测试

校准测试用于测试各种环境的相对损耗，以便根据一种环境下的测试数据推导出另一种环境下的覆盖效果。校准测试的流程如图 6-8 所示。

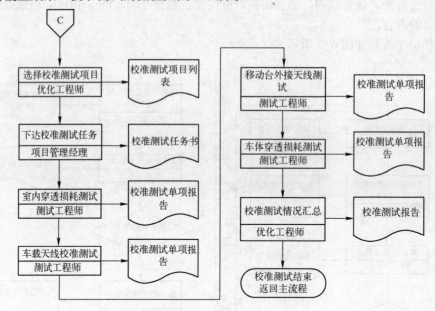

图 6-8　校准测试子流程

说明：

1）校准测试包括室内穿透损耗、车载天线校准测试、移动台外接天线和车体平均穿透损耗测试等子项目，具体项目根据实际情况选择需要的子项目。

2）优化工程师选定测试项目后，项目管理经理制订测试任务书，测试工程师对选定的项目进行测试，并给出相应的单项报告，这些测试项目没有时间先后关系，根据实际需要安排测试顺序。

3）优化工程师根据各单项测试报告，撰写校准测试报告。

4）校准测试子流程完成，返回主流程。

5．优化前网络评估

优化前网络评估的目的是得到现有网络的实际运行状况。

优化前网络评估的测试项目包括话音的覆盖、呼叫成功率、掉话率、切换成功率、呼叫延时和话音质量等，数据的呼叫成功率、前反向平均速率、切换成功率、Dormant→Active转换成功率和激活延时和呼叫延时等。

优化前网络评估的流程如图 6-9 所示。

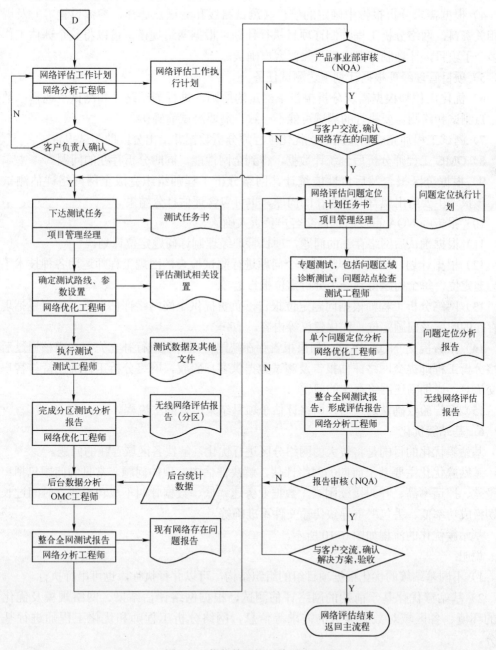

图 6-9　优化前网络评估子流程

说明：

1）优化前网络评估及相应的优化过程可以分为 3 个阶段：无线网络性能评估与测试、无线网络优化与咨询建议和无线网络优化工程方案与实施指导。

2）优化前网络评估分为查找问题和问题定位两个阶段。优化前网络评估可能需要和基站簇优化、全网优化等阶段结合执行。

3）网络评估项目的选择取决于与客户协商或合同约定，可能包括 DT 测试、CQT 测试和后台数据分析，其中 DT 和 CQT 还可能包含数据方面的内容。

4）根据需求分析报告中确定的信息（测试路线和测试点选择、参数设置等）及现有网络相关资料，网络分析工程师制订项目执行计划。根据网络规模，可以将整个评估工作划分为多个子项目，计划制订完成后，需要客户确认。

5）项目管理经理根据计划下达测试任务。

6）优化工程师根据需求分析报告中确定的原则，进行测试路线和测试点选择；数据业务定点测试和路测需要执行的测试可能不一致，需要测试前确认。

7）测试工程师完成相关测试，优化工程师分析数据并给出分区的测试报告。

8）OMC 工程师分析后台统计数据，得到全网性能，同时分析存在的问题。

9）根据分区报告及后台性能统计，网络分析工程师组织完成全网网络评估测试的报告，该报告主要给出现有网络存在的问题，也可包含评估打分结果。

10）报告经 NQA 审核后，提交客户负责人确认。

11）根据确认后网络存在的问题，项目管理经理制订问题定位计划。

12）根据计划，测试工程师对单个问题进行测试检查，网规工程师运用各种技术手段进行问题定位，每个问题得到一个分析定位报告。

13）网络分析工程师根据问题定位报告，负责提供全网网络评估报告，主要包括现有网络存在的问题及问题定位、优化建议等内容。

14）报告提交 NQA 审核，如果报告存在缺陷，项目组进行补充完善；审核通过后，由网络分析工程师提交网络评估报告及测试数据供客户验收，网络分析工程师主持与客户的技术交流会，详细阐述网络存在的问题。

15）客户验收确认通过后，网络评估子项目结束，返回主流程。

6. 基站簇优化

基站簇优化的目的是将较大的网络分区进行优化，解决各区域存在的问题。

基站簇优化主要基于前期的网络评估，解决评估中发现的问题。常见的问题包括：话音质量差、掉话率高、呼叫接续困难、数据业务速率低、数据呼叫不成功或建立时间过长、数据切换成功率低、丢包严重导致传输文件不准确等。

基站簇优化的流程如图 6-10 所示。

说明：

1）不同基站簇的优化根据项目组的组织结构，可以并行执行，也可串行执行。

2）基站簇优化基于前期的网络评估测试，根据网络评估结果、网络规模及优化业务区的环境、各区域对数据业务的需求等信息，网络分析工程师和优化工程师进行基站簇划分。

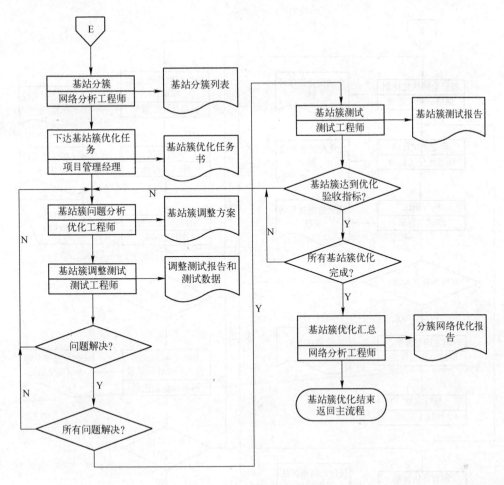

图 6-10　基站簇优化子流程

3）根据可提供资源、时间要求及基站簇划分情况，项目管理经理制订基站簇优化任务书。

4）根据优化前的网络评估报告，优化工程师对负责的基站簇进行问题定位分析，根据存在的问题给出调整方案。

5）根据调整方案，测试工程师负责对相应站点进行调整，OMC 工程师对后台参数进行调整；调整完成后，测试工程师对存在问题的区域进行测试。

6）问题解决后，进入下一个问题，否则返回。

7）当前基站簇所有问题解决后，测试工程师执行对整个基站簇的测试，收集验收关注的指标，如果达到验收标准，转入下一基站簇的优化，否则重新分析。

8）所有基站簇都达到网络优化的验收标准后，进入全网优化。

7. 全网优化及优化后网络评估

目的是解决全网存在的问题，了解优化后的网络性能。全网优化及优化后网络评估流程如图 6-11 所示。

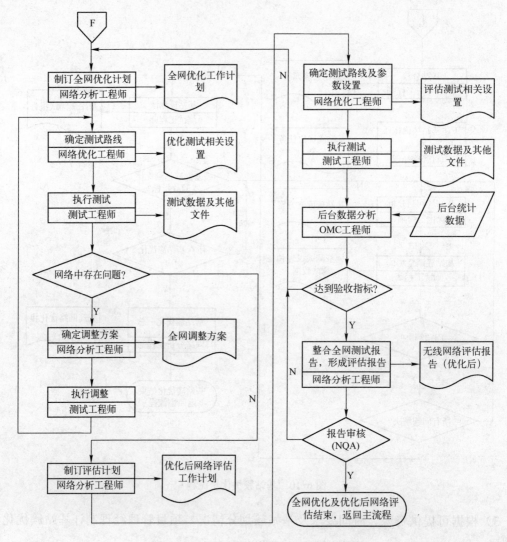

图 6-11　全网优化及优化后网络评估流程

说明：

1）全网优化在基站簇优化已经完成的基础上进行，主要对基站簇之间可能存在的问题进行调整优化，如越区切换的优化、邻区互配、导频复用等。

2）网络分析工程师制订测试计划、优化工程师确定测试路线后，测试工程师对全网执行测试。

3）如果存在问题，网络分析工程师根据测试数据确定调整方案，OMC 工程师执行后台参数的调整，测试工程师负责组织相关人员对天馈执行调整，调整后重新测试；如果影响网络性能的所有问题都已解决，进入优化后评估。

4）全网优化后组织评估，本次评估主要关注合同中约定的验收项目，只有在网络性能达到验收指标后，才进入下一步的项目验收。

5）网络分析工程师制订评估的工作计划；优化工程师选择测试路线、测试点；测试工程师执行测试，得到实地测试数据；OMC 工程师对后台数据进行统计，得到后台数据。

6）对数据进行分析，如果达到了验收指标，撰写优化后评估报告；如果没有达到验收指标，通过分析存在的问题，返回相应的位置进行处理。

7）达到验收标准后，网络分析工程师组织撰写优化后无线网络评估报告，提交 NQA 审核后，该子流程完成，返回主流程。

8．项目验收

项目验收的项目包括数据和话音方面的内容，具体流程如图 6-12 所示。

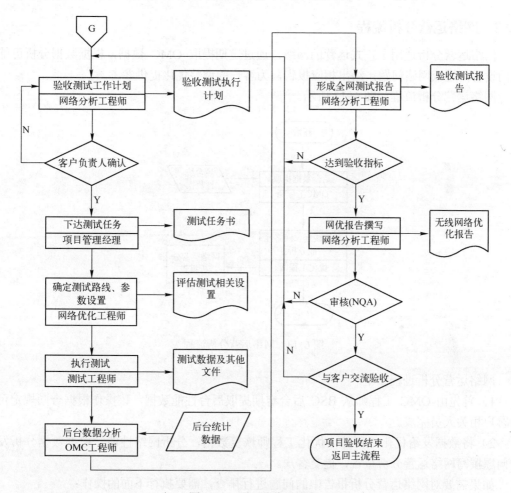

图 6-12　项目验收子流程

说明：

1）项目验收子流程用于网络优化项目的验收，验收的标准需和客户协商确定。

2）网络分析工程师制订工作计划，客户负责人确认后，开始验收测试。

3）项目管理经理下达测试任务后，优化工程师确定测试路线，进行参数设置，测试路线和参数设置根据合同约定确定，如果合同中没有规定，和客户协商确定；根据合同约定可能需要进行 CQT 测试。

4）测试工程师执行测试，OMC 工程师对后台数据进行统计，网络分析工程师根据测试数据撰写《验收测试报告》，若网络指标达到验收标准，网络分析工程师组织撰写《无线网络优化报告》，若达不到验收标准，分析后返回存在问题的位置进行处理；测试和数据分析过程需要客户相关人员参与。

5）报告经 NQA 审核合格后，再提交客户交流验收；网络分析工程师介绍项目执行的过程、最终的结果等情况，客户相关负责人根据《验收测试报告》和《无线网络优化报告》进行审核确认。

6）验收合格后，项目验收子流程结束，返回主流程。

6.2.3 网络运营分析流程

网络运营分析适用于正式运营的网络，通过定期提取 OMC 数据，根据数据分析可能存在的设备问题或网络问题，给出相应报告，为客户的调整优化提供参考。

网络运营分析流程如图 6-13 所示。

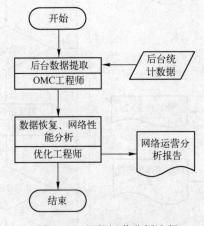

图 6-13 网络运营分析流程

网络运营分析过程如下：

1）首先由 OMC 工程师从 BSC 后台定期提取后台性能数据，该操作根据合同规定可以由客户相关人员完成。

2）将数据发给优化工程师，优化工程师恢复数据，分析网络性能，根据数据分析发现的问题撰写网络运营分析报告，提交客户。

如果需要对网络运营分析报告中的问题进行排查，需要执行下面的操作：

1）基站工程师根据网络运营分析报告对可能存在问题的基站进行检查排障，根据排障结果撰写故障排除报告，每个故障写一个报告。

2）OMC 工程师从后台观察问题是否解决，如果没有解决，返回相应位置进行操作，如果问题解决，进入下一个故障。

3）问题都解决后，优化工程师撰写相应报告。

6.3 无线网络测试技术

无线网络测试包括路测（特指驾车上路测试基站无线信号的覆盖情况）和定点测试。

6.3.1 路测目的

路测（Driving Test，DT）是指借助测试仪表或测试手机以及测试车辆等工具，沿着特定的线路进行无线网络参数、话音质量指标的测定和采集。测试设备可以记录无线环境参数以及移动台与基站之间信令消息，路测系统具有对测试记录数据的分析与回放功能。它的目的是模拟移动用户的呼叫状态，记录数据并分析这些数据，把这些数据与原来的网络设计数据相比较，若有差异及异常的呼叫信息，则设法修改各种参数，以便优化网络。路测是网络优化的重要手段，路测所采集的参数、呼叫接通情况以及测试者对通话质量的评估，为运营商提供了较为完备的网络覆盖情况，也为网络运行情况的分析提供了较为充分的数据基础。由于路测可以记录并回放测试过程中的所有信息，这对于故障定位和效果评估有非常大的作用，特别是对于掉话点的定位上。

路测在网络优化过程中起着重要作用。首先是网络质量的评估，其次是对于定点优化的测试。当进行全网质量评估时，路测可以模拟高速移动用户的通话状态。由于路测设备可以记录测试全过程以及测试路线上的所有无线参数，通过路测可以全面完整地评估网络质量。当进行定点优化时，路测的作用是对故障点、掉话点的定位和优化后的效果进行验证。

6.3.2 路测设备

1．硬件测试设备

1）路测车辆。

2）笔记本电脑。

3）GPS 天线。

4）手机数据线。

5）12V/300W 逆变器。

6）测试手机。

2．软件测试工具

1）TEMS Investigation。

2）测试区基站数据信息。

3）测试区电子地图。

6.3.3 路测步骤

在准备好进行路测之后，需要明确路测的工作程序和内容。

1．选择路线

在选择测试线路的时候，要遵循下列原则：

1）沿途有尽可能多的基站。

2）经过不同的电波传播环境。

3）路线应该穿越不同基站的重叠覆盖区域。

4）网络覆盖区内的主要交通干线、国道、高速公路。

5）沿途为话务热点地区、中心商业区 CBD、供电部门、政府等重要通信保障路段。

6）沿途为用户投诉反映问题较为严重和集中的地区，话务统计显示异常的地区。

2．测试数据的采集

接下来是测试数据的采集，包括诊断监视器 DM 数据的采集和呼叫拨打测试数据的采集。

DM 数据的采集：在使用诊断监视器 DM 进行网络故障诊断监视时，DM 软件实时显示诊断监视信息的同时，将收集到的移动台收发信号情况、空中接口信息以及 GPS 数据等写入笔记本电脑硬盘，完成 DM 数据的采集。

拨打测试数据的采集：为掌握系统的运行情况，还应该定期地进行移动电话到固定电话的呼叫，固定电话到移动电话的呼叫以及移动电话到移动电话的呼叫，同时记录呼叫次数、呼叫成功次数、呼叫失败次数、掉话次数、阻塞次数和掉话集中区等。呼叫拨打测试的通话时长为每次 3min 左右。另外，在每次通话过程中，应该记录此次呼叫的通话质量。通话质量一般分为 4 类：很好的音质；好的音质及有少量的断续，可懂度好；较差即通话尚能保持，但中断较多；差即可懂度较低，断续较多。

注意，数据采集完成以后，要记录相关的信息并且做出分析，形成路测报告，然后针对性的分析解决问题。

3．路测前及路测中的注意事项

在路测开始前，必须注意以下一些注意事项以避免问题的发生。

1）每次路测开始时，要观察 GPS 是否工作正常，否则就白测，具体方法为当车开动以后，看屏幕上能否显示车速，正常时应该能显示。

2）最好在打开 TEMS 测试软件以后再连接 GPS，避免出现鼠标闪动，否则只能重启笔记本电脑。

3）每次开始之前，应该尽量让 BSC 工程师确认相关的基站处于正常的工作状态，以便测试其覆盖范围和与相邻基站的切换情况。

4）TEMS 可以定时自动保存路测 LOG 文件，建议将此值设为 5min 一次，这样可以防止由于笔记本电脑死机等问题造成文件全部丢失，减少损失。

6.3.4　路测内容与要求

1．路测的内容

在明确路测步骤之后，接下来的重点就是明确测试的内容。路测内容通常要包括接通率、掉话率、通话质量和网络覆盖率等衡量网络性能的指标，具体包括：

1）通过路测，确认 BTS 天线的 TX、RX 连接正确与否，特别是新站，要注意小区天馈是否接反或者为鸳鸯线，查看各小区天线的方向是否平行，天线的俯仰角是否一致，抱杆安装是否垂直。

2）通过路测，调整基站天线的高度、倾斜角、方位角，以达到较好的覆盖效果。

3）记录前向链路的接收误帧率 FER、前向导频的 Ec/Io，测试线路上手机的接收信号功率电平 RxPwr（dBm）、发射信号功率电平 TxPwr（dBm）以及功率调整电平 PwrAdj（dBm），Layer3 消息等；通常不同区域下获得稳定的覆盖需要达到一定的标准，见表 6-3（注意：该表以 CDMA 制式为参考标准）。

表 6-3　稳定的无线环境覆盖标准

稳定的覆盖	前向连接		反向连接
	Rx/dBm	Ec/Io/dB	Tx/dBm
路上覆盖	>-101	>-12	<+20
车里覆盖	>-95	>-12	<+14
密集的市区建筑覆盖	>-71	>-12	<-10
郊区建筑里覆盖	>-81	>-12	<0
乡下建筑里的覆盖	>-87	>-12	<+6

注：上述标准仅供参考。在室内和地形复杂地区会有变化。具体标准以所优化地区客户要求为准。

1）路面的覆盖。

达到稳定的覆盖要求，Rx 的功率要大于-101dBm （在前向和反向没有强烈的干扰情况下），E_C/I_O 大于-12dB。

2）汽车内的覆盖。

达到稳定的覆盖要求，Rx 的功率要大于-95dBm（在前向和反向没有强烈的干扰情况下），E_C/I_O 大于-12dB。

3）密集的市内的建筑物内覆盖。

对于市内建筑物的覆盖，通过评估得出在建筑物所在的道路的汽车上接收功率为-71dBm时可以满足用户需求，如果接收功率高于这个值，而且 E_C/I_O 大于-12dB，那么在这条街两旁的建筑物里的覆盖会完全满足用户的需求。

4）郊区建筑物内的覆盖。

对于郊区建筑物的覆盖，通过评估得出在建筑物所在的道路的汽车上接收功率为-81dBm时可以满足用户需求，如果接收功率高于这个值，而且 E_C/I_O 大于-12dB，那么在这条街两旁的建筑物里的覆盖会完全满足用户的需求。

5）乡下建筑物内的覆盖。

对于乡下建筑物的覆盖，通过评估得出在建筑物所在的道路的汽车上接收功率大于-87dBm时可以满足用户需求，如果接收功率高于这个值，而且 E_C/I_O 大于-12dB，那么在这条路两旁的建筑物里的覆盖会完全满足用户的需求。

2．路测工作的要求

1）记录手机的切换及掉话情况，如掉话位置、当时的信号情况、越区切换点、越局切换点和掉话点地理环境等。

2）记录沿途的主要地理、人口情况，特别注意记录话务分布信息、无线环境分布信息以及频率干扰情况。

3）经常观察路测信息与手机通话状况，如手机信号突然消失或者 PN 码突然变为 0 等这些异常情况。

4）经常观察手机是否正常呼叫，手机和 GPS 电量是否足够。

5）路测过程中，注意观察导频的 Active 集合，看是否有超过 3 个 PN，以观察是否存在导频污染现象（当手机接收到超过 3 个以上的导频，且最强导频小于-12dB 时为导频污染。此时该覆盖区内没有主导频。在此情况下，前向误帧率增大，切换时效性变差从而有可能引起掉话）。

3．高速路测和针对性的路测

另外，考虑到网络运行中遭遇的外部环境的变化而引起的实际状况的不同，必要时还要进行高速路测和针对性测试。

高速测试就是在车速在 80km/h、100km/h 和 120km/h 时，分别测试、记录手机的通话状态，以观察 CDMA 系统性能，如切换、掉话和功率控制等指标。

针对性的路测则是遇到下列情况时进行：

1）网络结构或者参数变动以后。

2）话务统计显示小区指标异常时。

3）网络运行质量突然恶化导致大量用户投诉时。

4）本地区有重大政治、经济、体育盛会时。

6.3.5 CQT 测试

1．CQT 测试概述

CQT 测试是使用两部手机（分别做主/被叫）慢速移动或定点测试接通情况以及通话质量。由于测试手机条件所限，CQT 测试时通常只能看到 Ec/Io、FER、激活集的 PN、邻集的 PN、剩余集的 PN 等有限的参数。通常 CQT 测试也要包括接通率、掉话率和通话质量（话音断续、单方通话、串话的比例）等指标。

2．CQT 测试的作用

CQT 测试在网络优化中也起到一定的作用。首先是网络质量的评估，其次是定点优化的测试。CQT 测试可以在路测车辆无法进入的建筑物内部等区域测试，从用户的角度对网络质量进行评估。当进行定点优化时，CQT 测试也可以对故障点、掉话点的定位和优化后的效果进行验证，因此 CQT 测试也可以说是路测的良好补充。但是 CQT 测试得到的数据较少，而且对于发现故障点有一定的随机性。

3．CQT 测试中的部分手机的测试功能介绍

CDMA 手机进行 CQT 测试时，待机状态界面如图 6-14 所示。

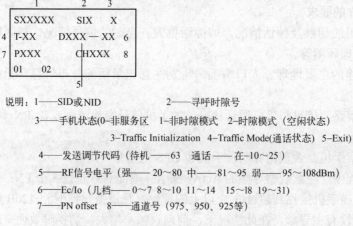

图 6-14 CQT 测试时手机待机状态界面

162

CQT 测试时手机通话状态界面如图 6-15 所示。

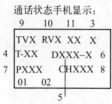

通话状态手机显示：
```
     9   10   11   3
   ┌─────────────────┐
   │ TVX RVX XX  X    │
 4 │ T-XX    DXXX-X 6 │
 7 │ PXXX    CHXXX 8  │
   │ 01   02          │
   └─────────────────┘
          5
```

说明：9——发送解码率(8-full rate 1–1/8 说话–4/8 安静–1/2)
　　　10——接收解码率(对方说话–4/8 对方安静–1/2)
　　　11——Walsh 码 (用于传输通道上)

图 6-15　CQT 测试时手机通话状态界面

一些常用测试手机的操作方法如下：

（1）SAMSUNG X199、X659、X319、X339、X359 等 CDMA 测试界面

1）主菜单→设置→*→输入组文密码：123580→数据选项。

2）退出时重复以上过程。

3）新版本手机有所改动，例如：主菜单→设置→#→数据设置选自动或 1X。

4）查看手机软件版本的方法：主菜单→设置→*→输入组文密码：123580→选择软件版本。

（2）SAMSUNG A399 测试界面

1）主菜单→*→输入组文密码：123580→数据选项。

2）退出时重复以上过程。

3）查看手机软件版本的方法：主菜单→*→输入组文密码：123580→#→选择软件版本。

（3）京瓷手机 K2235 测试界面

1）输入 111111→Debug→输入组文密码：000000→Debug screen→Basic。

2）退出时重复以上过程。

（4）LG 手机测试界面

1）LG2300:MENU，8，0，输入密码之后可以看到基站的 PN 码和接收的功率电平数值。

2）LG-SP510：##33284，SAVE，OK，可看 PN 码和接收的功率电平数值。

3）LG KX206：输入******159753 进入测试模式。

（5）摩托罗拉 V680 手机测试界面

1）输入*→#→左侧录音键 3 下→确定键两下→取消，可看 PN 码和接收的功率电平数值。

2）退出时重复以上过程。

6.4　实训　无线网络信号测试

1．实训目的

1）熟悉无线网络信号测试的过程。

2）掌握鼎利路测分析软件的使用方法。

3）深入理解路测参数并掌握路测数据分析方法。

2. 实训器材和工具

1）笔记本电脑（配电源线）。

2）路测软件、mapinfo 地图、工参表。

3）测试手机、数据线、SIM 卡。

3. 实训过程及要求

1）安装 Pioneer 前台软件。

2）安装 Navigator 后台软件。

3）安装手机和 GPS 驱动。

4）启动数据采集软件 Pioneer。

5）设置路测软件参数窗口，如图 6-16 所示。

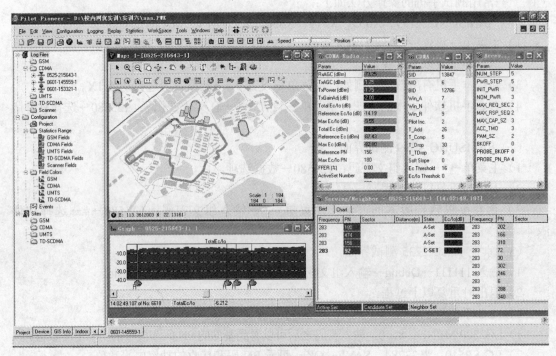

图 6-16　设置路测软件参数窗口

6）创建新的工程，选择工程测试数据的存放目录。

7）连接手机和 GPS 接收机。

8）按照工程要求合理设置各项拨号参数。

9）地图数据的导入。

10）网络工参表导入。

11）上路测试，开始记录测试数据，"Map"窗口里应出现路途轨迹和代表接收信号强弱的颜色路段。

12）观察各个窗口的路测数据，并理解其含义。

13）启动 Navigator 软件。

14）打开路测数据文件。

15）操作数据分析项目。

① 频繁切换分析。

② Delay 分析。

③ UMTS 状态窗口。

16）操作数据统计项目。

① 自动报表。

② 评估报表。

6.5 习题

1. 什么是网规和网优？两者有何区别？
2. 简述网规的主要流程。
3. 网规路测的指标有哪些？
4. 网络优化有哪些主要流程？
5. 单站抽检和基站簇优化的目的是什么？
6. 无线网络路测需要什么设备和工具？
7. 路测的主要步骤是什么？
8. 在什么情况下需要进行针对性路测？

学习情境 7 直放站与室内覆盖系统

　　直放站是随着移动通信的发展而出现的一种无线通信设备，直放站的应用在第 1 代移动通信系统（即模拟系统）建立时就已经开始，当时的设备体积大，价格高，指标较差，使用中经常造成对网络的干扰。目前使用的直放站设备外观和指标已经大大改善，但调试不好也会影响系统的性能，直放站的大量应用是第 2 代移动通信系统，制造厂家明显增多，各种各样的直放站应运而生，直放站已经成为无线网络覆盖中的重要设备。

　　室内覆盖（也称为室内分布）是针对室内用户群、用于改善建筑物内移动通信环境的一种成功的方案，在全国各地的移动通信运营商中得到了广泛应用。其原理是利用室内覆盖系统将移动基站的信号均匀分布在室内每个角落，从而保证室内区域拥有理想的信号覆盖。

7.1 直放站原理与应用

　　直放站也称为转发器或中继器，它实际上是一种双向信号放大器，起着延伸基站覆盖范围和补盲的作用。直放站作为一种网络辅助手段，在完善蜂窝网覆盖、改善服务质量、提高运营效益方面起着十分重要的作用。它既可以应用于室外局部盲点覆盖，也可以作为信号源应用于室内分布系统。

7.1.1 直放站原理

　　直放站是由施主天线、主机和覆盖天线组成的。与基站不同，直放站没有基带处理电路，不解调无线信号，没有容量扩展，仅仅是双向中继和放大无线信号，它的工作原理如图 7-1 所示。其中，主机包含的电路模块主要有双工器、低噪声放大器、滤波器、功率放大器（简称为功放）、电源和监控电路等。直放站中，朝向基站的天线称为施主天线，用于基站和直放站之间的链路，一般采用方向性很强的定向天线（如抛物面天线）。朝向用户的天线称为覆盖天线，用于直放站和移动用户之间的链路，一般采用具有一定张角的定向天线（如板状天线）。

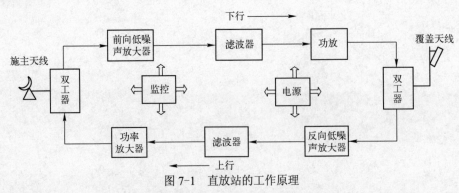

图 7-1 直放站的工作原理

直放站工作时，首先是经施主天线接收来自基站的下行信号，信号进入双工器后，被滤除带外的无用信号，再由低噪声放大器将信号放大，经滤波后送入末级功放，放大至所需功率，最后由覆盖天线发射出去。上行信号同下行信号的处理过程相似，只是频率不同、方向不同。移动用户信号经由覆盖天线接入并经相应放大处理后，再由施主天线发送到基站。

双工器的作用是保持收发信号之间的隔离度并滤除杂波信号。双工器一般采用腔体的方式构成。腔体的性能如何，对于杂散辐射、带外抑制、邻频抑制都是很重要的。

低噪声放大器（简称为 LNA）的特点是本身的噪声系数很低，并具有良好的放大微弱信号的能力。

功放是直放站的核心部件，其主要功能是把要转发的信号放大到需要的功率上。为保证输出信号的质量，功放应工作在线性放大区。目前，常采用固态线性功放模块，其饱和功率输出一般在+43～+47dBm。不要一味追求高功率输出，这样必然增加成本，如采取预失真、预均衡等复杂技术手段。在实际应用中，直放站输出功率很难达到+35dBm 以上。

为确保直放站的正常工作，及时发现设备的问题，并能将直放站的工作情况汇总至网管中心，在直放站内一般均设有监控电路。监控电路可以检测直放站内部各个部件的工作情况、参数变化情况，并能够对主要参数进行设置。通过无线 Modem，还可以将信息传送至远端的监控终端或网管中心。

大部分直放站使用交流电源，同其他设备共站时也可能使用直流电源。在经常断电的区域，还可以采用蓄电池，以浮充方式供电。在一些能源短缺的偏远山区，还可以使用太阳能电源或风力电源。

7.1.2 直放站的类型

移动通信直放站的分类方式有多种，常用的有以下一些。

1）按系统制式来分：有 GSM 直放站、CDMA 直放站和 3G 直放站。

2）按安装场所来分：有室外直放站和室内直放站。

3）按信号带宽来分：有宽带直放站和选频直放站。

4）按载频数目来分：有单载频直放站和多载频直放站。

5）按输出功率来分：有大功率直放站（$P_o \geqslant 40dBm$）、中功率直放站（$30dBm \leqslant P_o \leqslant 40dBm$）和小功率直放站（$P_o \leqslant 30dBm$）。

6）按供电方式来分：有交流供电直放站、直流供电直放站、蓄电池供电直放站、太阳能供电直放站和风力供电直放站。

7）按传输方式来分：有同频直放站、移频直放站及光纤直放站。图 7-2 示出了同频、移频及光纤 3 种直放站在构成上的区别。

同频直放站主要由放大器和滤波器组成，无需中间的传输链路，应用灵活，实施简便。它主要特点是将收到的信号经放大处理后重新发送出去，施主天线接收到的信号与覆盖天线再发射的信号在频率上是一致的。缺点是容易引起反向干扰、噪声提高等负面影响。施主天线与覆盖天线之间需要的较大空间隔离度很难实现；同时，施主天线接收到的信号比较杂。因此，只建议应用在偏远地区或室内小范围区域的覆盖补充。

移频直放站由一个近端机和一个（或多个）远端机组成，其一点对多点覆盖应用方式适合于某些特殊地区或环境。由于收发天线之间采用不同的频率，因而对空间隔离度要求不高，同时可以很快解决覆盖问题。但其造价偏高，故在实际应用中数量不多。

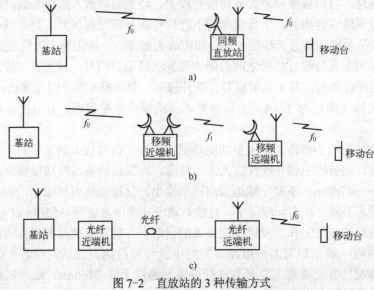

图 7-2　直放站的 3 种传输方式

a) 同频直放站　b) 移频直放站　c) 光纤直放站

　　光纤直放站是将基站的耦合信号通过光纤传送到远端（一般不超过 15km），光电转换后再放大发射。它的优点是避免了无线直放站可能引起的无线干扰等情况，可以实现全向覆盖，不存在施主天线与覆盖天线之间的隔离度问题，不用考虑施主天线所取信号的纯净性；缺点是需要占用光缆纤芯，要考虑时延问题，同时价格较高。

7.1.3　直放站的应用

　　在进行蜂窝网络基站工程设计时，由于基站的发射功率远大于手机，因此，计算基站的覆盖距离时，往往是计算上行链路的传播衰耗。但在直放站的工程安装调测中，为方便起见，我们仍以手机接收到的基站信号强度进行估算（在下面的几个例子中，所涉及的电平值均为手机接收信号功率值）。以下是直放站的几种典型应用。

1．交通沿线的覆盖

交通沿线一般地形狭长，覆盖距离长，话务量很分散。对于比较平直的高速公路、铁路、河道等，重点解决长距离覆盖；对于蜿蜒曲折和遮挡多的道路等，重点是解决盲区覆盖。

　　例如，在郊区某一基站东侧，有一主要公路交通干道，在基站东侧 14km 处安装一直放站，覆盖天线高度约为 55m。直放站覆盖天线的输出口接一个 2∶1 的功率分配器，分别接两个 16dBi 的板状天线。未装直放站时，直放站所在地信号在−100dBm 左右，通信时通时断，效果非常不好。直放站开通后，直放站西侧 3～5km 路段的信号明显改善，直放站东侧使通信距离又延伸了 8～10km。

2．偏远乡镇的覆盖

这些地方地域辽阔，热点分散，话务量一般非常小。有时虽然只有几部手机用户，但必须满足用户的正常通话要求。

　　例如，某村镇离基站 5～6km，由于该镇经济条件较好，手机用户较多。无直放站时，室外手机信号在-95～-90dBm，室外通信正常，但无法保证室内通信。安装直放站后，覆盖天线高 30m 左右，采用全向天线，地面接收的基站信号电平提高了约 20dB，可以解决半径 500～800m 内的室内覆盖。

3．地形起伏遮挡区域的覆盖

在山区、丘陵地区，由于地形、地貌高低起伏较大，造成无线信号被遮挡或出现快衰落，而阴影地区有比较重要的部门、厂矿等需要覆盖。

例如，某一风景区位于山谷中，距离基站不到 4km，但由于被山脉阻挡，手机根本无法工作。在山脉的尽头安装一直放站，由于直放站接收信号的方向和发射信号的方向成一定的角度，相当于基站的电波在直放站处有一交叉。依靠山体的阻挡，直放站的施主天线和重覆盖天线分别放在山体的两侧，隔离度很大，直放站的性能可以充分发挥，不但很好地解决了该风景区用户的通信问题，还使该基站的通信距离向山谷里延伸了 6km。

4．隧道、地铁内的覆盖

因为深度衰减，基站信号难以覆盖到狭长的隧道或地铁内部。但因为这些地区是热点区域，必须进行覆盖。

5．临时性会议地点的应急覆盖

郊区某大型宾馆组织会议，由于信号较弱，在会议室和宾馆底层房间均不能通信。由于是临时会议，而且时间紧迫，在宾馆安装室内分布系统不太可能。经现场考察，在宾馆顶层信号较强，且信号单一，安装直放站不会引起同频干扰。覆盖天线放在楼群中间，利用楼体的隔离可以有效地控制直放站的覆盖。因宾馆面积不大，直放站的增益设置较小，使直放站工作很稳定。直放站半天即安装完毕，马上收到效果，不但会议室内信号明显增加，而且地下室也可以实现通信。

6．开阔地域的覆盖

地广人稀的开阔地域往往是使用直放站进行覆盖的典型场合。当直放站采用全向天线时，只要有一定的铁塔高度，在直放站工作正常的情况下，3km 内可以明显地感觉到直放站的增益作用。但距离超过 5km 以后，直放站的增益作用就迅速消失，用手机进行基站接收信号电平测试，无论直放站是否工作，接收电平都没有明显变化。此时，可以将直放站的天线改为高增益多波束天线进行覆盖，将会取得明显效果。

7.2 直放站的调试与优化

直放站加入移动网要达到的基本要求是：不对基站系统产生干扰，满足覆盖要求。为达到这些要求，性能指标的调测是相当重要的。

7.2.1 直放站的技术指标

通常，对直放站的要求主要是以基站的技术要求为依据。

1．工作频带

直放站的工作频带是指直放站在线性输出状态下的实际工作频率范围，例如 GSM 直放站上行工作频带应为 890～915MHz 和 1805～1880MHz，下行工作频带应为 935～960MHz 和 1710～1785MHz。

应注意的是，对于信道选择型直放站的实际工作频带，该指标规定的是设备选择某个载波后的实际工作带宽，如 GSM 单载频直放站的工作带宽为 200kHz，即工作频带为 $f_c-100kHz\sim f_c+100kHz$，$f_c$ 为某个载波的频率。

2. 输出功率

直放站设备的输出功率 P_o 是指直放站在线性工作区内所能产生的最大功率。最大输出功率应包括上行和下行输出两个不同方向。一般情况下，用下行功率来表示该直放站的功率输出。为了达到网内运行的设备指标，直放站内部均设有过功率告警电路，当输出功率超过规定的功率时，会发出告警信号，同时还会关断功放。

通常最大输出功率在不超过国家无线电管理委员会规定的最大限值的情况下，应分成若干等级供用户选用，下行主要考虑覆盖，上行应保证基站能良好接收。因此，下行功率一般大于上行功率。

3. 直放站设备增益

直放站设备的增益 G 是指直放站在线性工作范围内对输入信号的最大放大能力，包括上行和下行两个方向的增益。直放站安装开通后，增益是可以调整的重要指标。入网检测标准规定，G 网（GSM 网络）不得超过 113dB。为使直放站能够适应各种复杂场合，直放站的增益均具有不小于 30dB 的可调范围，调节步长为 1dB。

为了保证输出功率稳定和避免非线性输出，一般直放站都带有不小于 10dB 的自动增益控制（AGC）。

4. 带内平坦度

带内平坦度是指直放站对带内信号均匀放大能力，反映了直放站的幅频特性。带内平坦度会影响覆盖区手机信号的稳定性，如果手机信号在接收过程中出现跳跃，则很可能是带内平坦度不好。带内平坦度的指标一般为 2～3dB，工程应用中使用带有跟踪源的频谱仪可以很方便地测量这个参数。

5. 线性特性

直放站主要是由低噪声放大器、功率放大器等有源器件组成，必要时还可能采用中频滤波处理方式，使用变频器、中频放大器等器件。这些放大器的线性特性是影响设备性能指标的关键因素。如果线性特性不好，将会引起设备三阶互调过大，多载波应用时造成带内、带外杂散过高，带外抑制度不够等问题。国家无线电管理委员会在型号核准时对此指标已有明确规定。即使是符合指标的设备，如果增益设置不合理，也有可能工作在非线性区而使得线性指标变差。在工程现场，往往因无法携带完整的仪器而难以测量，最简易的方法是利用频谱仪观察在输入信号变化时，输出信号是否也随之相应变化，只有这样，才可以保证设备工作在线性区域。如果设备没有工作在线性区，经直放站放大的信号质量必然恶化。

6. 隔离度

工程实施中的直放站隔离度是指直放站的输入端口对输出端信号的抑制度（或衰减度）。这个隔离度与直放站设备本身没有关系，它取决于施主天线和覆盖天线的安装位置，与垂直及水平的距离、相向的角度有关。施主天线与覆盖天线之间必须达到较大的隔离度，才能提高直放站增益，获得较大的输出功率。经常采用的方法是将两个天线垂直拉开 15m 和水平拉开 20m，尽量使天线背靠背，或利用山体、水塔和建筑物等地形地物阻隔。此外，还可通过加装隔离网增加隔离度。隔离度的大小会影响增益的设置，一般要求直放站的增益比隔离度小 10～15dB。一个无线直放站安装调测前，必须测出隔离度的数值。图 7-3 所示利用带有跟踪源的频谱仪测量隔离度是工程中常用的测量方法。

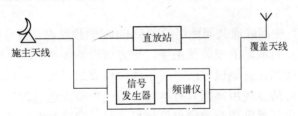

图 7-3　利用带有跟踪源的频谱仪测量隔离度

7. 底部噪声

底部噪声（简称为底噪）是直放站的某一输入端无有用信号输入时，输出端所呈现的噪声信号。相对于基站而言，直放站具有上行及下行的底噪。需要指出的是，上行底噪对系统的影响较大。

一个直放站在安装应用时，底噪主要由两部分组成。一部分来自于机器内部，实际上是由直放站接收机内部的电阻热噪声和有源器件（主要是低噪放和功放）的散弹噪声，这部分噪声可以称为静态噪声。底噪的另外一部分由动态噪声组成，主要来自于外部的环境噪声，如自然噪声和人为噪声。自然噪声指大气、太阳和银河噪声等；人为噪声则源于各种电气设备的电磁辐射，如电力线、汽车发动机和工业设备等。

对于基站接收机而言，接收灵敏度是一个非常重要的指标，只有高于接收灵敏度的信号才可以被正确接收。因此，直放站在安装时，必须保证到达基站接收机输入端的底部噪声功率不影响接收灵敏度。一般情况下，基站接收灵敏度为−120dBm，所以要控制直放站的底噪到达基站接收机的输入端时不超过此数值。控制底部噪声功率的方法有：降低噪声系数、调整设备增益。噪声系数在设备出厂后就确定了，一般不会变化，在工程现场调测时，调整设备的增益就非常重要了。

7.2.2　直放站的干扰

直放站大量应用后，明显提高了移动通信的网络覆盖，但也随之出现了一些干扰。只有解决好这些干扰问题，才能更好地应用直放站。

1. 对基站的干扰

直放站对基站的干扰主要体现为：反向（上行）噪声及自激信号。

当直放站的底部噪声进入基站超过灵敏度（−120dBm）时，就构成了反向噪声。反向噪声过大会使基站服务半径缩小，使用的用户数量减少，严重时还会使基站告警，甚至无法工作。控制反向噪声的主要方法是控制进入直放站的噪声功率或调整直放站增益。

对于无线同频直放站而言，自激一直是设备生产、工程安装中的大忌。因为设备本身的自激在生产过程中一般均会排除，因此，天线间的隔离度，直放站的增益在工程调试中是要严格控制的。因为自激信号一旦产生，对基站的干扰是非常严重的。为了消除自激，首先从设计上应选择合适的安装位置，保证施主天线和覆盖天线间的隔离度，一旦出现了自激，解决的途径为：调整两个天线间的水平或垂直距离、方向角以及降低设备的增益。当由于施主天线安装的近场有遮挡（如高大建筑物、山体）而出现了自激现象时，靠上述的调整则无效果，此时应调整直放站的安装位置。

2．边带干扰

由于在中国移动、中国联通共同使用的 GSM900 的频段内，信号比较拥挤，极易造成相互间的干扰，所以在直放站的安装使用中，一方面设备要符合国家的有关规范和标准，另一方面调试中也要适当注意调试方法。对于选频直放站，当在室内建筑物使用时，若两个运营商的信号均靠近边缘使用，则只有将其中的一个带宽适当调偏，以保证不将另外一边的信号放大。如果出现紧靠边带的频点信号很强时，则需要在信号的输入端加入相应的滤波器。

3．三阶互调干扰

大部分生产直放站的厂家都是采用一块功放完成多信道共同放大，由于功放的工作非线性，尤其是三阶互调产物较强，其频率又位于移动通信频段，对通话质量有较大影响，应通过降低上、下行输出功率，从而降低三阶互调产物。根据国际电信联盟（ITU）建议，蜂窝移动通信载噪比应大于 17dB，我们应调整下行输出三阶互调不大于−15dBc。在工程施工中，使用频谱仪观察直放站的输出信号频谱是非常必要的。

7.2.3　直放站的优化

直放站在移动通信网中所起的作用主要是解决信号覆盖问题，在扫除盲区、延伸覆盖的同时，还可以调配（均衡）话务容量。直放站加入网络覆盖后，改变了覆盖特性，也要求基站的参数做相应调整，这些也是网络优化所需要关注的内容。直放站是相对于移动通信的基站主设备的补充设备，在扩大覆盖应用中，依然是价廉物美的选择。

当前，在直放站的使用中有一个误区，就是靠抬高直放站的发射功率去压制其他干扰信号，其结果很可能造成恶性循环。在这种情况下，建议首先进行网络优化，对基站的覆盖进行调整后，再决定是否采用直放站。否则，一旦基站参数进行优化调整，这个直放站的用处可能就不大了。

任何一个直放站的应用，均希望达到使用的效果，那么，如何判定应用效果呢？这种判断可以采用主观判断、仪表判断或使用路测仪。

1）主观判断。利用测试手机提供的测试功能看覆盖的效果，并进行电话拨打测试，观察通话效果，确定几个固定的点比较直放站开通前后的区别。这种方法比较粗糙，很容易遗漏一些测试项目和问题，只能作为初步判断。

2）仪表判断。在覆盖区域内，利用频谱仪或移动信号分析仪，观察上、下行信号的幅度，频谱的形状，周边信号是否有干扰信号存在。同时，利用手机拨打观察信号的变化情况，使用仪表基本上可以确认直放站的工作情况是否正常。

3）使用路测仪。对于直放站工作情况的判断，使用路测仪是比较好的办法，路测仪可以提供全面、完整的测试结果，尤其是经后台处理后，可以直观地给出覆盖区域的各种效果图。建议对竣工的直放站使用这种方法来进行验收，对于室内分布系统，则可以采用步测的方式进行验收检测。

直放站在整个移动通信网络中只是一种补充，比起基站等主设备其技术含量不高。直放站在网络中应用性能的好坏及对整个网络的影响，更多是依靠工程技术人员在设计、安装、调试等各个环节中的把握。

7.3　直放站的集中监控

为解决移动通信网络覆盖和降低运营成本引入直放站是一种不可多得的方法。为有效提高移动网网络运维和服务水平，减少维护成本，建设直放站集中监控管理系统，实现对众多厂家提供的不同类型的直放站进行"集中控制，统一监管"，建设一套行之有效的直放站监控管理系统是十分必要的。

7.3.1　总体要求

1．设计原则

直放站集中监控管理系统，一般以省级为单位建设，集团公司的统一直放站管理协议为建设集中式的直放站监控系统提供了规范和建设依据。

直放站集中监控管理系统的设计须遵循电信管理网（TMN）规范和相关技术规范，且要充分考虑到直放站集中监控管理系统发展的平稳性以及通过短信中心的通信能力，实现不同厂商直放站设备（包括现网运行和将来新增）的接入和统一管理，具备灵活地网元接入方式和组网方式。随着直放站集中监控和管理功能要求的提高，直放站集中监控管理系统可以随之进行扩充，满足不断增长的网络管理需求。

直放站集中监控管理系统应具有开放性和兼容性，并且要求有很强的稳定性和强大的处理能力，满足无人值守的需要，提供标准的对外接口，以方便与其他系统的集成和信息共享，提供完善的存贮、管理方式和强大的数据处理、统计分析功能以及友好、方便的管理、操作维护界面，便于系统维护。

系统提供完善的系统框架，便于系统扩容。

2．功能要点

直放站集中监控管理系统可以对全省的直放站实行"集中控制，统一监管"。从管理功能上，直放站集中监控管理系统必须实现以下基本的管理功能：拓扑管理与网络监控、配置管理与配置统计分析、告警监控及故障管理、报表管理与自定义报表、操作管理、定时轮巡、系统自身管理、安全管理。

7.3.2　网管系统平台特点

移动通信网网管系统平台为构建一个完整的网元管理解决方案提供了基本的框架模块，通过加载不同的采集逻辑、业务处理逻辑以及上层应用便可以构建出不同类型的网络管理系统解决方案。

网管系统平台体系结构采用严格的分层设计思想、程序处理逻辑与处理程序分离技术，构建了网元接入层、数据映射层、业务处理层以及上层应用的逻辑层次，对于每个逻辑层系统都提供相应的基础模块。

当前市面上成熟的移动通信网络管理系统基本上采用图 7-4 所示的软件体系架构，它主要分为 3 个层次的结构，底层为数据采集与接口设备，主要负责从网元收集数据以及为其他网络管理系统提供接口；中间为数据处理层设备，完成系统数据存储，数据处理功能，它采用了数据库与消息平台双通道的方式，保证了数据处理的实时性，分担了系统的负载；上层为应用业务处理设备，用于完成面向用户业务需求的应用处理功能。

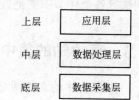

上层	应用层
中层	数据处理层
底层	数据采集层

图 7-4　网管系统的软件体系架构

底层的数据采集层，使用了采集逻辑和采集模块分开的技术，并致力于提供一套完整的工具来支持各种网元的接入，如码流、文件、数据库和消息等接入方式。只需简单修改或新增直放站网元的采集处理逻辑单元即可快速接入网元，搭建完成直放站集中监控系统的框架，而且可以灵活的利用高级用户通过配置文件的方式来实现采集逻辑的客户化。

中间的数据处理层承担了核心层数据的汇总、转换工作和消息的分发及后处理操作。用户可以根据自己的需要，通过直放站集中监控管理系统提供的自定义数据汇总模板，来实现简单的数据汇总，包括：忙时过滤、简单的网元级汇总。该层次基本无需做调整，只需简单转换相应的映射关系即可。

上层的应用层提供一系列现成的应用模块来直接服务于直放站监控的应用功能需求，如监控模块、智能巡检、集中操作和配置管理等。

7.3.3　系统整体方案

1．总体结构

系统建设通常以省为单位，在省级网管中心建设一套省监控中心，该监控中心提供通过短信网关（SMG）与短信业务中心（SMSC）的连接，短信网关的连接支持标准的 SMPP3.3 协议和 SGIP1.2 协议，有利于采集直放站的状态信息和告警信息，并和直放站交换短信等控制信息。各直放站和直放站集中监控管理系统还可采用无线数据传输的方式交互信息。系统总体结构见图 7-5。

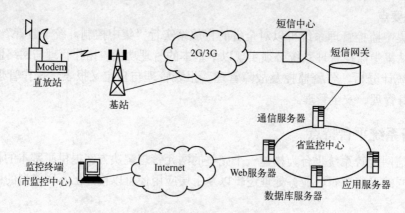

图 7-5　系统总体结构

1）省监控中心可配置高性能的硬件服务器，以完成直放站状态数据的采集、数据库运行和实现管理直放站的操作等系统功能，管理全省的直放站设备。各地市级监控中心通过现有的网管系统 DCN 资源与省监控中心进行连接，完成数据的传输。各地市级监控中心不配置任何硬件服务器，只需配置一台本地维护终端登录到省监控中心，即可完成对直放站的管理。

2）系统中心服务器（含通信服务器、数据库服务器和应用服务器）主要负责系统的数据管理、数据采集、消息传递和故障处理等，是直放站集中监控管理系统的核心部分。

3）Web 服务器负责处理用户前端机发出的各种管理请求，并将处理结果以 Web 的方式返回给前端工作站，如定时轮巡的智能巡检功能定制和管理信息发布等，采用 PC 服务器。

4）PC 终端分为省中心监控终端和地市监控终端，省中心监控终端运行网管应用程序，提供管理员与网管系统之间的人机接口，集中监控、统一管理；地市监控终端访问网管中心应用服务器，实现对本管辖区域内的直放站进行监控、维护调试管理，同时通过 Web 浏览器，可以查看和增删改相关的直放站配置，实时监控直放站的告警信息，查询直放站定时轮巡结果以及相关的报表数据等。

直放站集中监控系统在硬件平台设计时充分考虑到系统的可扩展性，针对直放站网元种类多，数量大的情况设计了可分布的采集阵列，从而保证监控系统的接入能力，能够提供平滑的功能扩展，同时可以面向运营商的进一步功能需求开发新的应用。

2．直放站接入方案

（1）以短信方式接入

直放站和监控服务器之间通过无线通信链路，直放站内置的 Modem 以短信的方式和监控中心主服务器建立通信联络。直放站的主服务器采用 SMPP 或 SGIP 协议和短信网关通信，经过短信网关和直放站以短信的方式通信。直放站监控系统以 SP 的形式接入短信网关。

（2）以无线数据传输方式接入

在早期的直放站设备中，存在部分无线数据传输方式通信的直放站设备。此类设备通过直放站集中监控系统的中心服务器侧和直放站设备侧的无线 Modem 交互数据，在数据采集或监控维护时，向直放站侧进行无线拨号，建立无线通信连接，实现信息的交互。当直放站设备侧发生故障，则由直放站侧 Modem 向网管中心拨号，实现将告警信息发送到网管中心。

还有一部分直放站，在本地设置有自己的监控终端，称为前置机。这类直放站通过其前置机提供上级网管接口，与省中心直放站集中监控系统的中心服务器通过无线 Modem 等数传方式接入，实现直放站的监控和管理。

3．与短信中心的连接

从不同系统间的安全性考虑，配置一套独立的网络设备，增加一个路由器和交换机，直放站集中监控管理系统通过路由器接入短信中心的短信网关。

短信网关须为直放站监控系统分配 SP 接入号码、企业代码、系统登录的账户和密钥等信息。

4．与移动综合网管的连接

与移动综合网管系统的接入，主要是从移动综合网管中获取直放站集中管理系统所需要的 BSC、BTS 和 CELL 等配置信息（如小区经纬度信息），根据直放站信息的指配，可以实现直放站基于数字地图的监控、维护管理。同时，也可避免因手工录入或导入 BSC、BTS、CELL 等数据的延迟和工作量大等问题。由于与综合网管的接入，因此，需要综合网管系统开放有关无线数据的接口权限，提供无线相关网元的配置数据等。

7.3.4 软件功能

建立在成熟网管系统平台架构上的直放站集中监控系统，很容易实现直放站监控的基本功能要求，并且开发周期大大缩短，稳定性得到保证。

1. 基本功能

1) 针对直放站配置的管理，通过分析统计全网资源配置和利用率，使管理者能采取有效的措施，发挥网络资源的最大效益。

2) 实现直放站的告警集中监控和处理，采集各类网元的告警信息和网络事件，将收集的告警及事件入库保存，供告警统计和查询的需要，进行故障的统计分析。

3) 实现对直放站的集中配置和管理，包括业务配置、网络配置等，充分拓展技术骨干的支持范围。

4) 通过智能巡检实现直放站的定时轮巡，并将结果上报给实时监控系统，方便及时发现网络故障，变故障监控由被动为主动发现网络故障。并将轮巡结果入库，供后分析处理。

5) 通过对直放站管理域、用户组、用户权限的设定，保证设备接入、用户登录和数据操作的安全管理。

6) 管理系统自身的配置、运行状况、备份和系统安全等情况，主要包括节点配置管理、网络监视、系统进程管理、系统备份和恢复和系统日志管理等。

2. 软件功能

1) 拓扑管理与网络监控。

以拓扑连接、导航树等多种拓扑表现手段完成将业务区内直放站状况以图形化的形式直观显示，实现各直放站与相应基站的拓扑信息相互关联的一种拓扑关系的管理功能。

2) 配置管理与配置统计分析。

完成对直放站设备静态属性的配置、操作维护功能，并且能够统计全网直放站设备配置情况。通过短信或点对点等接口方式，实现对直放站进行远程控制（如通过向短信中心发送控制消息，实现对各直放站的维护操作）以及实现对配置信息指配、查询、修改、创建和删除等管理功能。

3) 告警监控及故障管理。

实时监视多种被管直放站上报的告警信息，完成对告警进行显示、前转处理、告警级别过滤和相关性分析等管理功能，监控网络重大告警的处理情况。同时通过故障处理平台，实现对直放站的故障处理等维护操作。

故障综合管理包括各直放站的故障收集、故障管理支持、故障综合分析与处理等功能。

4) 报表管理与自定义报表。

依据网络配置数据和系统采集的告警数据，可定制满足多种条件查询报表、统计报表和分析报表等。

5) 操作管理与智能巡检。

提供对多种网元设备的集中仿真终端监控管理。可灵活按厂家、地市、网络类型、直放站的类型（光纤、宽带、移频和干放等）组合选择实现远端控制和查询等命令操作直放站，如上、下行功放的查询及门限设置、上、下行低噪放故障的查询及告警门限设置、直放站运行状态的查询及功率参数获取等。

6) 智能巡检（定时轮巡）。

通过智能巡检实现对直放站的定时轮巡功能，主动发现网络故障，实现面向用户和业务的维护机制，降低维护人员工作量，提高工作效率。

7）告警短信自动通知。

实现直放站网元告警事件上报到监控系统后自动报告给运维工程师，而且可以灵活设置告警前转到手机或 Email，并可按告警级别、网络类型和设备归属等组合灵活控制前转，而且可分层通知，即在规定的时间内故障得不到处理，短信通知更高级的层面。

8）系统自身和安全管理。

从对网管系统自身的监控出发，包含主机设备管理、网络设备管理、软件模块管理、应用进程管理、数据库管理以及网管系统数据管理等。

从系统自身安全考虑出发，包含用户管理、日志管理和登录管理等。

7.4 室内覆盖系统

随着城市移动用户的飞速增长以及高层建筑的增多，话务密度和覆盖要求也不断上升。这些建筑物规模大、质量好，对移动电话信号有很强的屏蔽作用。在大型建筑物的低层、地下商场、地下停车场等环境下，移动通信信号弱，手机无法正常使用，形成了移动通信的盲区和阴影区；在中间楼层，由于来自周围不同基站信号的重叠，产生乒乓效应，手机频繁切换，甚至掉话，严重影响了手机的正常使用；在建筑物的高层，由于受基站天线的高度限制，无法正常覆盖，也是移动通信的盲区。另外，在有些建筑物内，虽然手机能够正常通话，但是用户密度大，基站信道拥挤，手机上线困难。特别是移动通信的网络覆盖、容量、质量是运营商获取竞争优势的关键因素。网络覆盖、网络容量、网络质量从根本上体现了移动网络的服务水平，是所有移动网络优化工作的主题。室内覆盖系统（室内分布系统）正是在这种背景之下产生的。

7.4.1 概述

室内覆盖系统的建设，可以较为全面地改善建筑物内的通话质量，提高移动电话接通率，开辟出高质量的室内移动通信区域。决定是否建设室内覆盖系统主要看三个方面：一是覆盖方面，在一些大型建筑、停车场、办公楼、宾馆和公寓等区域，由于建筑物自身的屏蔽和吸收作用，造成了无线电波较大的传输衰耗，形成了移动信号的弱场强区甚至盲区；二是容量方面，一些话务量高的大型室内场所，如车站、机场、商场、体育馆和会议中心等区域，由于移动电话使用密度过大，局部网络容量不能满足用户需求，无线信道常常发生拥塞现象；三是质量方面，在一些高层建筑的顶部，极易存在无线频率干扰，服务小区信号不稳定，出现乒乓切换效应，话音质量难以保证，并出现掉话现象。

为提高移动通信服务质量，各家运营商均对室内覆盖提出了明确的要求，如中国移动通信集团公司提出："加强城市室内覆盖建设是吸收话务量、提高通话质量的有力手段，各省要结合无线网络规划，确定必须建设室内覆盖的建筑。要求以下重要场所实现覆盖（即室内面积 95%以上信号强度大于-94dBm）：移动用户在 10 万以上的城市的政府办公场所、新闻中心；飞机场候机楼、火车站候车厅；地铁；三星级以上酒店、高档商业办公楼、娱乐中心；营业面积超过 2 万平方米的大型商场；其他移动运营商有覆盖的场所；话务量大或用户投诉多的地方。"

7.4.2 信号源

室内覆盖系统主要由信号源和信号分布系统两部分构成，如图 7-6 所示。室内覆盖系统通过信号源接收基站信号，再通过信号分布系统将基站信号传送到室内的每一个区域，最后通过小型天线发射基站信号，从而达到消除室内覆盖盲区、抑制干扰的目的，为室内的移动通信用户提供稳定、可靠的信号，使用户在室内也能享受高质量的个人通信服务。

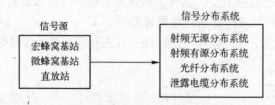

图 7-6　室内覆盖系统的构成

室内覆盖系统的信号源按接入方式可分为以下 3 种。

1．宏蜂窝方式

宏蜂窝方式是以室外宏蜂窝作为室内覆盖系统的信号源。宏蜂窝方式的主要优势在于信号源容量大、覆盖范围广、信号质量好、容易实现无源分布、网络优化简单；但宏蜂窝成本较为昂贵，且需有传输通路，建设周期长。宏蜂窝基站在室内的应用如图 7-7 所示。目前，这种方式的应用场合较少。

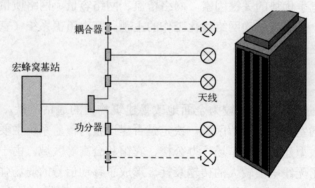

图 7-7　宏蜂窝基站应用示意图

2．微蜂窝方式

微蜂窝方式是以室内微蜂窝系统作为室内覆盖系统的信号源，微蜂窝基站在室内的应用如图 7-8 所示。

在实际设计中，微蜂窝作为无线覆盖的补充，一般用于宏蜂窝覆盖不到又有较大话务量的地点，如地下会议室、娱乐室、地铁和隧道等。作为热点应用的场合一般是话务量比较集中的地区，如购物中心、娱乐中心、会议中心、商务楼和停车场等地。

微蜂窝设备体积小，容易安装，因此应用灵活，可直接在需要的地方进行建设，从而快速解决覆盖盲点、热点地区通信问题。

3．直放站方式

直放站方式是利用施主天线接收基站信号，再利用主机对接收到的信号进行放大，从而为室内覆盖系统提供信号源。直放站接收基站信号的途径可以是光纤，也可以是无线通道。使用直放站作为室内覆盖系统的信号源时，应该选择信号质量好的基站作为馈入源，并且保证基站容量有足够的富余，否则将引入拥塞。在实际应用中，由于直放站具有安装调试简单，开通快捷，安装环境要求低和基建投资少等特点。直放站在室内的应用如图7-9所示。

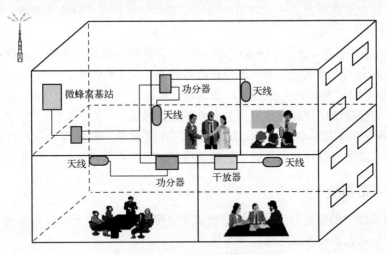

图7-8　微蜂窝基站应用示意图

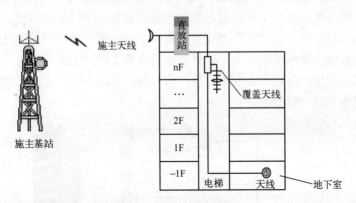

图7-9　直放站应用示意图

　　由于利用微蜂窝解决室内问题也存在很大的局限性，设备投入与工程周期都较大，因此只适合在话务量集中的高档会议厅或商场使用。在这种情况下，直放站以其灵活简易的特点成为解决简单问题的重要方式。直放站不需要基站设备和传输设备，安装简便灵活，设备型号也丰富多样，在移动通信中正扮演越来越重要的角色。

4．信号源的选择

室内覆盖系统信号源的选择原则如下。

1）在信号杂乱且不稳定的室内无线环境中，避免使用室内直放站引入基站信号，代之以微蜂窝作为信号源。例如，在开放型的高层建筑中，通常选择微蜂窝作为室内分布系统的信号源，来达到抑制干扰，保证通话质量的目的。

2）在室内信号较弱或为覆盖盲区的环境中，如果通过定向天线可以取得较纯净且稳定的基站信号，可以考虑采用直放站作为室内分布系统的信号引入设备。用户多的采用大容量的直放站，用户少的采用小容量的直放站，但必须考虑宿主基站的容量和直放站对室外覆盖的干扰问题。

3）在室内用户集中，话务拥塞的条件下，又不便通过增加室外宏基站的容量和数量的方式来解决，可以考虑通过建设大容量的微蜂窝室内分布系统来分流话务量，改善用户通信质量。

4）对于话务需求量不大、面积较小的场所，宜采用直放站作信源引入设备，同轴电缆作为信号传送媒介的无源系统方案，既保证覆盖效果，又节约投资。

5）对于话务需求量大的大型场所，如商场、机场、火车站、汽车站、展览中心和会议中心等场所，宜直接选用微蜂窝作室内分布系统的信号源。

6）对于通信质量要求特别高的高档酒店、写字楼和政府机构等场所，可以考虑采用微蜂窝基站做信号源的光纤分布系统或是射频电缆分布系统方案，来保证高质量的覆盖效果。

7.4.3　信号分布系统

室内覆盖系统中的信号分布系统根据传输媒介可分为：射频无源分布系统、射频有源分布系统、光纤分布系统和泄露电缆分布系统。

1．射频无源分布系统

射频无源分布系统主要由分/合路器、功分器、耦合器、馈线和天线组成，如图 7-10 所示。无源系统中的所有器件在工作时都不需要配电源设备，所以故障率低、可靠性高、几乎不需要维护、且容易扩展。但信号在馈线及各器件中传递时产生的损耗无法得到补偿，因此覆盖范围受信号源输出功率影响较大。信号源输出功率大时，无源系统可应用于大型室内覆盖工程，如大型写字楼、商场和会展中心等；信号源功率较小时，无源系统仅应于小范围区域覆盖，如小型地下室、超市等。

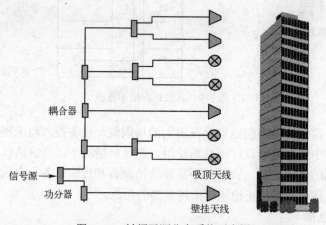

耦合器

信号源 →
功分器

吸顶天线
壁挂天线

图 7-10　射频无源分布系统示意图

2．射频有源分布系统

射频有源分布系统主要由干线放大器、功分器、耦合器、馈线和天线组成。其中的干线放大器为有源设备，可以有效补偿信号在传输中的损耗，从而延伸覆盖范围，受信号源输出功率影响较小。有源系统广泛应用于各种大中型室内覆盖系统工程，如图 7-11 所示。

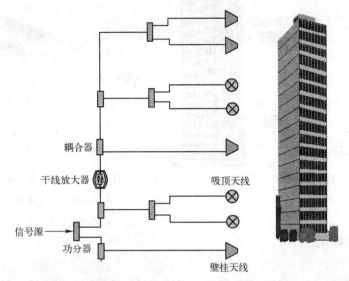

图 7-11　射频有源分布系统示意图

　　使用干线放大器时，要考虑噪声系数、互调、带内平坦度、增益和输出功率等指标，应避免干线放大器的多级串联而引起的信噪比的下降，一般来说接入的干线放大器不超过 5 台。干线放大器的引入，除了设备本身的指标外，系统的调测也非常重要，特别要注意上下行平衡问题。一般上行衰减要比下行衰减多 3～8dB，尽可能降低对系统上行噪声的抬升。目前的干线放大器一般都具备自动电平控制功能（ALC），在调测时要注意，比如 10W 干线放大器最大输出功率为 40±1dBm，应将下行 ALC 门限设置为 39dBm，目的是为了保证下行线性输出，上行的设置方法同下行。

　　3．光纤分布系统

　　光纤分布系统是采用光纤作为传输介质，由近端机、远端机、光分/合路器件和天馈器件。由于光纤损耗小，适合于长距离传输，该系统广泛应用于大型写字楼、酒店、地下隧道和居民楼等室内覆盖系统的建设，如图 7-12 所示。

　　4．泄露电缆分布系统

　　信号源通过泄漏电缆传输信号，并通过电缆外导体的一系列开口，在外导体上产生表面电流，从而在电缆开口处横截面上形成电磁场，这些开口就相当于一系列的天线起到信号的发射和接收作用，如图 7-13 所示。它适用于隧道、地铁和长廊等地形。

　　总的来说，信号分布系统要根据覆盖区域的具体情况，组合无源、有源、光纤和泄漏等方式，进行综合性的设计。在实际使用中，室内覆盖系统可使每个微蜂窝覆盖范围增至几十层楼；如果加装干线放大器，覆盖范围还可大幅度增加。

7.4.4　功率分配设计

　　信号分布系统中的功率分配单元是由电缆、功分器、定向耦合器和天线等无源器件组成的。功率分配设计主要是考虑功率分配问题，即如何以最低能量损耗，将信号源功率合理地分配到每个天线上。因此，功率分配器件的选择和组合是设计的关键。

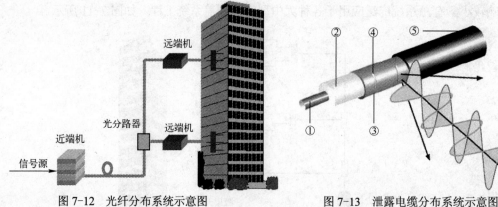

图 7-12　光纤分布系统示意图　　　　图 7-13　泄露电缆分布系统示意图
① 内导体　② 绝缘体　③ 外导体
④ 槽孔　⑤ 护套　⑥ 电磁波

1．功率分配器件的选择

（1）功分器

功分器全称为功率分配器，是一种将一路输入信号能量均分成两路或多路输出的器件，也可反过来将多路信号合成一路输出，此时也可称为合路器。一个功分器的输出端口之间应保证一定的隔离度。功分器的主要技术参数有功率损耗（包括插入损耗、分配损耗和反射损耗）、各端口的电压驻波比、功率分配端口间的隔离度、功率容量和频带宽度等。

（2）定向耦合器

定向耦合器是一种通用的射频器件，它的本质是将射频信号按一定比例进行功率分配。

功分器、耦合器在功率分配单元中用于信号功率的合路或分路。在运用时，除了选择合适的功分器和不同耦合度的耦合器外，还应注意以下几点。

1）选用插入损耗小的器件，以避免不必要的功率损耗。

2）器件驻波比要小于 1.5。

3）考虑承受功率、阻抗、接头类型和工作频段。

（3）射频电缆

射频电缆在室内覆盖系统中用于进行高频能量传输。它的电气性能的优劣、机械性能的好坏，对室内覆盖系统的效果影响很大，特别是射频电缆在室内覆盖系统中使用量很大，占整个工程造价比例较高。因此，选择合适的射频电缆，使系统达到最佳性价比，是设计中需认真考虑的问题。

在室内覆盖系统工程中，常用的射频电缆是波纹铜管电缆。这种电缆较易弯曲，一般尺寸较大、损耗低和电气性能优越。

电缆尺寸选择主要看使用场合，在需要覆盖面积大、走线长的地方，选用直径粗的电缆；在覆盖面积小、走线短的地方，可以选择直径细的电缆。在工程中常用的电缆尺寸有 8D、1/2"、7/8" 3 种。1/2"电缆可用做主干线和支线传输电缆；在施工条件允许的情况下，7/8"电缆可用做主干线传输电缆；8D 电缆因为损耗大，在工程中仅作为跳线用。在室内，电缆一般在吊顶棚上走线，为了防火安全，应该选用阻燃电缆。

（4）天线

室内用的覆盖天线都是低功率天线，设计时应根据安装位置和功能来选用不同型号的天线。全向、定向吸顶天线可安装在室内吊顶上；锥状对数天线、八木天线可以安装在电梯井道内；壁挂天线安装在墙壁或柱子上。选用天线除了考虑它的工作频段、增益大小、阻抗和驻波比等指标外，还应该考虑外观造型是否别致、与室内装修是否配套协调。

2．功率分配器件的技术指标

1）射频电缆。使用 7/8″电缆时，损耗＜4dB/100m；使用 1/2″电缆时，损耗＜8dB/100m；使用 8D 电缆时，损耗＜14dB/100m。

2）功分器。使用 4 功分器时，损耗＜7dB；使用 3 功分器时，损耗＜5dB；使用二功分器时，损耗＜3.5dB。

3）定向耦合器。使用耦合度为 5dB 的耦合器时，插入损耗为 2.2dB；使用 10dB 耦合器时，插入损耗为 0.7dB；使用 15dB 耦合器时，插入损耗为 0.5dB；使用 20～30dB 耦合器时，插入损耗为 0.3dB。

4）天线。吸顶天线增益为 2dB，壁挂式天线增益为 7dB，八木天线增益为 10dB。

3．功率分配设计举例

（1）无源功率分配单元设计

例：某室内覆盖项目，一、二层是餐厅，三、四层是办公室，各区域需要安装的位置、天线到主干线的馈线长度如图 7-14 所示。各天线口馈入功率要求在 10dBm 左右，现请进行功率分配单元设计和功率计算。

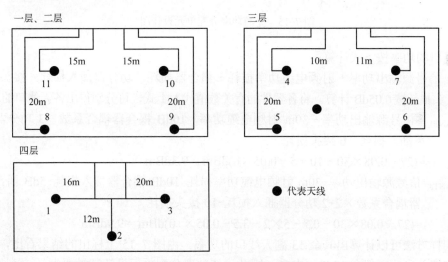

图 7-14　天线安装位置平面图

首先，估算各区域需要的功率：第一、二层共 8 副天线，每副天线要求馈入功率 10dBm（即 10mW），则该区域需要功率 80mW；第三层共 4 副天线，每副 10dBm，则该区域需要功率 40mW；第四层 3 副天线，每副 10dBm，则该区域需要功率 30mW。4 层共需要功率 150mW（约 22dBm），再加上馈线、功分器、耦合器的插入损耗，估算约 5dB，则总功率需要 27dBm（=22+5），因此，信号源接入按 27dBm 考虑。

其次，选用器件：馈线选用 1/2″射频电缆；耦合器选用 10dB 一只，5dB 两只；功分器选用 2 功分三只，3 功分一只，4 功分两只；天线选用吸顶天线 15 副。

该项目功率分配单元设计如图 7-15 所示。

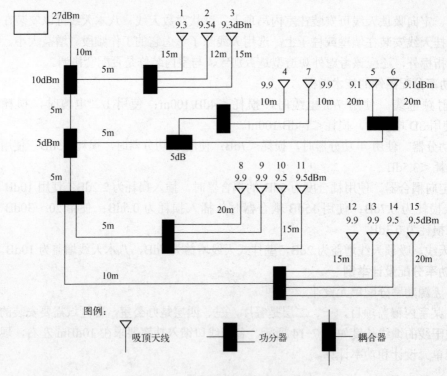

图例：

▽ 吸顶天线 ▬ 功分器 ▮ 耦合器

图 7-15　无源功率分配单元设计图

天线口的功率按下式计算：

P_{ANT} = 信号源输出功率 - 射频电缆功率损耗 - 耦合器损耗 - 功分器插入损耗 - 接头损耗

其中，接头损耗按 0.05dB 计算。将各器件的有关数值代入上式，可分别得出各天线口的功率：

P_{ANT1} = 信号源输出功率 - 30m 射频电缆功率 - 10dB 耦合器耦合系数 - 3 功分器

插入损耗 - 6 接头损耗

= (27 - 0.08×30 - 10 - 5 - 0.05×6)dBm = 9.3dBm

P_{ANT4} = 信号源输出功率 - 30m 射频电缆功率损耗 - 10dB 耦合器插入损耗 - 5dB 耦合

器耦合系数×2 - 2 功分器插入损耗 - 10 接头损耗

= (27 - 0.08×30 - 0.7 - 5×2 - 3.5 - 0.05×10)dBm = 9.9dBm

用同样方法可以计算出其余 13 副天线口的功率。由图 7-15 上标出的结果看出，基本上每副天线馈入口功率都在 10dBm 左右，因此，该功率分配单元设计满足要求。

天线口功率和天线数量应根据不同覆盖区域所要求的边缘场强进行合理分配，同时，考虑电磁波对人体的影响，一般设计室内覆盖系统天线口功率在 0~10dBm。

（2）有源功率分配单元设计

例如，某写字楼共 15 层，每层安放两副吸顶天线，两部电梯需要覆盖，信号源为微蜂窝基站，输出功率 30dBm/CH，机房设在 F5 层。电梯覆盖采用在电梯井道内安放八木天线方式，要求每副天线口馈入功率在 10dBm 左右（电梯内天线除外）。

根据覆盖要求，微蜂窝功率带 34 副天线，用无源分配单元显然功率是不够的。通过计算需要在 F10 层处加一台干线放大器来提升功率，图 7-16 所示是写字楼室内覆盖系统的有源功率分配单元设计图。

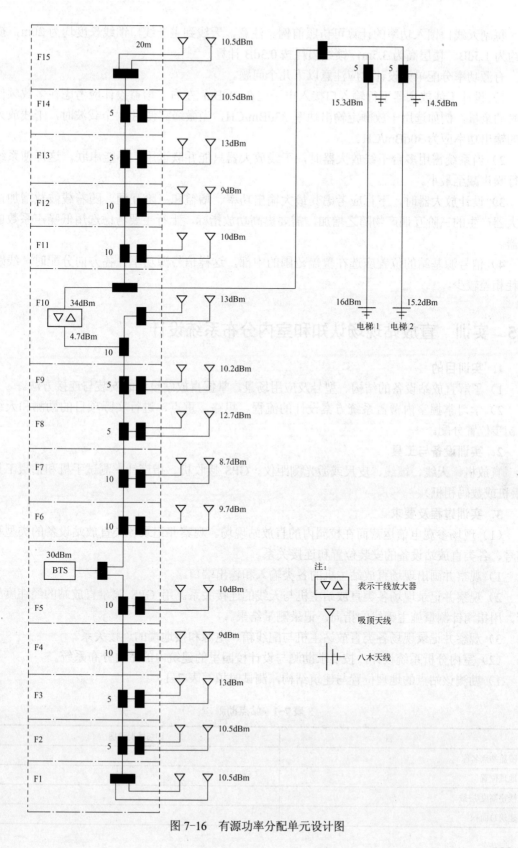

图 7-16　有源功率分配单元设计图

每副天线口馈入功率的计算可仿照前例。注意，天线到主干线口馈线长度均为 20m，损耗约为 1.5dB。楼层高为 3.5m，馈线损耗按 0.3dB 计算。

有源功率分配单元设计时应注意以下几个问题。

1）设计干线放大器下行输入口接入电平应在 0dBm 左右，增益设计应考虑在多载频使用时的余量。例如选用干放额定输出功率 33dBm/CH，当微蜂窝使用 4 个载波时，干线放大器的输出功率应为 30dBm/CH。

2）当系统需用多台干线放大器时，干线放大器只能并联运用，不能串联，这样使系统上行噪声减至最小。

3）设计放大器时，下行应考虑其最大输出功率、增益和三阶互调。随着载波数增加，放大器产生的三阶互调产物随之增加，需要提高功放指标，上行主要考虑选用低噪声系数放大器。

4）信号源基站的位置应选在覆盖范围的中部，这样信号源功率往各方向分配时，线路损耗相差较少。

7.5 实训 直放站现场认知和室内分布系统设计

1．实训目的

1）了解直放站设备的结构、型号及应用场景，掌握直放站设备的安装与连接方法。

2）学习掌握室内覆盖系统方案设计的流程、思路、重点，进行实际项目的勘测和天线的初步位置分配。

2．实训设备与工具

直放机、天线、馈线、皮尺或激光测距仪、GPS 接收机、指南针、测试手机和拍摄工具（手机或数码相机）。

3．实训过程及要求

（1）现场参观电信运营商在校园内的直放站现场。观察并记录各类直放站设备的类型和型号、各类直放站设备的安装位置和连接关系。

1）观察并画出现场直放站主机的各类输入和输出端口。

2）观察并记录现场各类直放站主机与天线的连接关系。用 GPS 测量直放站的经纬度坐标，用指南针测量施主天线的指向，记录测量结果。

3）观察并记录现场各类直放站主机与配线箱、电源和接地端的连接关系。

（2）室内分析系统设计，按要求勘测与设计校园里的建筑内的室内分布系统。

1）勘测该站点的地理位置与建筑结构，测试时填写表 7-1。

表 7-1　站点勘测

项　　目	详细情况说明
覆盖站点名称	
地理位置	
楼宇高度/层数	
建筑总面积	

项　　目	详细情况说明
电梯间位置和数量，电梯共井情况、通达楼层高度	
目标施主基站位置	
电气竖井、位置数量、走线位置的空余空间	
房内部装修情况，天花板上部结构，能否穿线缆	

2）绘制出各标准层、裙楼层和地下层等的建筑结构简图，并分别对面积（楼层、总面积和单层面积）和功能方面进行描述。注意标注楼宇通道、楼梯间、电梯间位置和数量。

3）测试覆盖区域信号情况，填写表 7-2。

表 7-2　覆盖测试

测　试　项　目	情　况　说　明
目标施主基站频道号、频率	
接收信号场强	
通话质量	
邻小区频道号	
是否有频繁切换的区域	
是否有盲区	

4）拍摄建筑的外观、内景与周围环境（360°）。

5）绘制天线的分布图。

6）绘制室内分布系统结构图。

7.6　习题

1．为什么要在移动通信网络中引入直放站？

2．试比较同频直放站和移频直放站各自的利弊。

3．直放站是否应考虑接地和避雷设施？

4．在建设基站时怎样防止"乒乓效应"的出现？

5．怎样提高直放站的隔离度？

6．为什么直放站要采用集中监控系统？

7．直放站接入监控中心的方式有哪几种？

8．什么地方需要室内覆盖？

9．信号源的提取除了微蜂窝和直放站方式以外，还有没有其他方式？

10．设计室内覆盖系统时，如何计算出信号的传输损耗？

11．信号分布有哪几种方式，各有什么优点？

12．无源分布和有源分布有什么区别？

13．为什么有时手机显示信号很强却无法接通？

14．设计室内覆盖系统时应遵循哪些原则？

学习情境 8　天馈线结构与应用

移动通信系统是有线与无线的综合体，它是移动网络在其覆盖范围内，通过空中接口（无线）将移动台与基站联系起来，并进而与移动交换机相联系（有线）的复合体。在移动通信系统中，空间无线信号的发射和接收都是依靠天线来实现的。因此，天线对于移动通信网络来说，有着举足轻重的作用，如果天线的选择（类型、位置）不好，或者天线的参数设置不当，都会直接影响整个移动通信网络的运行质量。尤其在基站数量多、站距小、载频数量多的高话务量地区，天线选择及参数设置是否合适，对移动通信网络的干扰、覆盖率、接通率及全网服务质量都有很大影响。不同的地理环境、不同的服务要求需要选用不同类型、不同规格的天线。天线调整在移动通信网络优化工作中起很大的作用。

天线与馈线的连接如图 8-1 所示。

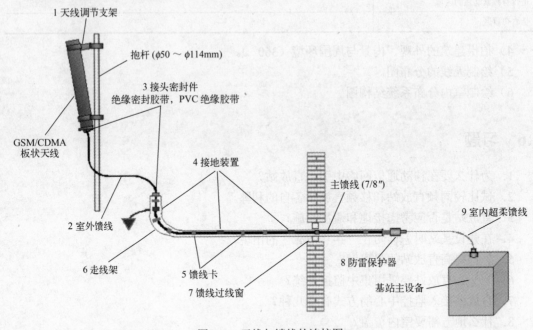

图 8-1　天线与馈线的连接图

8.1　天线结构与应用

8.1.1　天线的基本概念

1. 天线的作用

天线是发射机发射无线电波和接收机接收无线电波的装置，发射天线将传输线中的高频电磁能转换为自由空间的电磁波，接收天线将自由空间的电磁波转换为高频电磁能。因此，天线是换能装置，具有互易性。天线性能将直接影响无线网络的性能。

2．天线辐射电磁波的基本原理

导线载有交变电流时，就可以形成电磁波的辐射，辐射的能力与导线的长短和形状有关。当两导线的距离很近、电流方向相反时，两导线所产生的感应电动势几乎可以抵消，因而辐射很微弱；如果将两导线张开，这时由于两导线的电流方向相同，由两导线所产生的感应电动势方向相同，因而辐射较强。当导线的长度远小于波长时，导线上的电流很小，辐射很微弱；当导线的长度增大到可与波长相比拟时，导线上的电流就大大增加，因而就能形成较强的辐射。天线辐射电磁波的原理如图 8-2 所示。

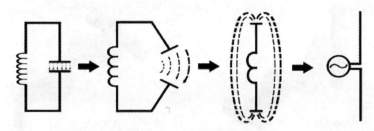

图 8-2　天线辐射电磁波原理图

通常将上述能产生显著辐射的直导线称为振子。两臂长度相等的振子称为对称振子。每臂长度为 1/4 波长的称为半波振子；全长与波长相等的振子，称为全波对称振子；将振子折合起来的，称为折合振子，如图 8-3 所示。实际天线是由一个或多个振子叠放组成的。

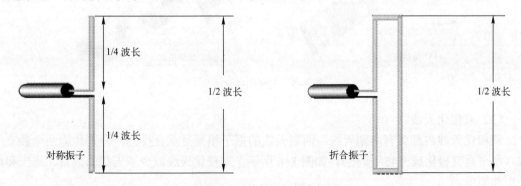

图 8-3　对称振子与折合振子

3．天线的极化

（1）电磁波的极化

电磁波在空间传播时，其电场方向是按一定的规律而变化的，这种现象称为电磁波的极化。电磁波的电场方向称为电磁波的极化方向。如果电磁波的电场方向垂直于地面，就称为垂直极化波；如果电磁波的电场方向与地面平行，则称为水平极化波，如图 8-4 所示。

（2）天线的极化

天线辐射的电磁波的电场方向就是天线的极化方向，如图 8-5 所示。垂直极化波要用具有垂直极化特性的天线来接收；水平极化波要用具有水平极化特性的天线来接收。当来波的极化方向与接收天线的极化方向不一致时，在接收过程中通常都要产生极化损耗。

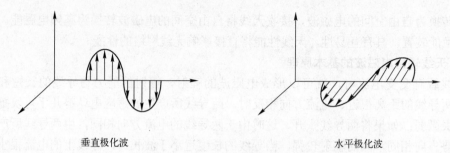

垂直极化波　　　　　　　　　　　　　　水平极化波

图 8-4　电磁波的极化方向

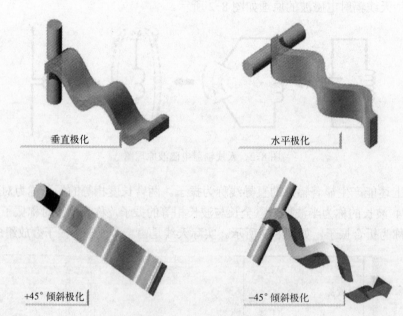

垂直极化　　　　　　　　　　　　　　水平极化

+45°倾斜极化　　　　　　　　　　　　-45°倾斜极化

图 8-5　天线的极化方向

（3）双极化天线

双极化天线内部含有两副天线，两副天线的振子相互呈垂直排列，分别传输两个独立的波（水平垂直极化或±45°极化），如图 8-6 所示。双极化天线减少了天线的数目，施工和维护更加简单。

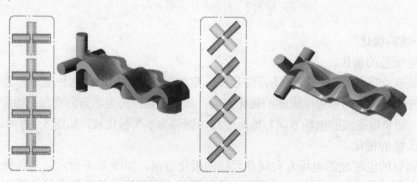

图 8-6　双极化天线原理图

8.1.2　天线的性能参数

表征天线性能的主要参数包括电性能参数和机械性能参数。

电性能参数有工作频段、输入阻抗、驻波比、极化方式、增益、方向图、水平垂直波束宽度、下倾角、前后比、旁瓣抑制与零点填充、功率容量、三阶互调和天线口隔离等。

机械参数有尺寸、重量、天线罩材料、外观颜色、工作温度、存储温度、风载、迎风面积、接头形式、包装尺寸、天线抱杆和防雷等。

这里主要讨论电性能参数。

1. 天线的方向性

天线的方向性是指天线向一定方向辐射或接收电磁波的能力。对于接收天线而言，方向性表示天线对不同方向传来的电波所具有的接收能力。

垂直放置的半波对称振子具有平放的"面包圈"形的立体方向图（见图 8-7a）。立体方向图虽然立体感强，但绘制困难，图 8-7b 与图 8-7c 给出了它的两个主平面方向图。平面方向图可描述天线在某指定平面上的方向性。从图 8-7b 可以看出，在振子的轴线方向上辐射为零，最大辐射方向在水平面上；而从图 8-7c 可以看出，在水平面上各个方向上的辐射一样大。

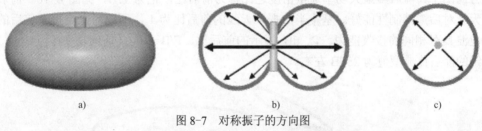

a)　　　　　　　　　　　b)　　　　　　　　　　　c)

图 8-7　对称振子的方向图

a) 立体方向图　b) 垂直面方向图　c) 水平面方向图

若干个对称振子组阵能够控制辐射，产生"扁平的面包圈"，把信号进一步集中到在水平面方向上。图 8-8 是 4 个半波对称振子沿垂线上下排列成一个垂直四元阵时的立体方向图和垂直面方向图。

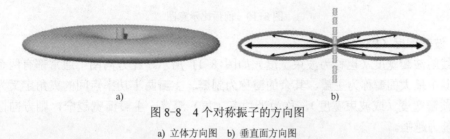

a)　　　　　　　　　　　b)

图 8-8　4 个对称振子的方向图

a) 立体方向图　b) 垂直面方向图

也可以利用反射板可把辐射能控制到单侧方向。平面反射板放在阵列的一边构成扇形区覆盖天线。图 8-9 所示的水平面方向图说明了反射面的作用，反射面把功率反射到单侧方向，提高了增益。抛物反射面的使用，更能使天线的辐射，像光学中的探照灯那样，把能量集中到一个小立体角内，从而获得很高的增益。

191

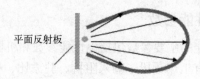

平面反射板

图 8-9　带反射板的对称振子方向图

2．天线的增益

增益是用来表示天线集中辐射的程度。其在某一方向的定义是指在输入功率相等的条件下，实际天线与理想的辐射单元在空间同一点处所产生的场强的平方之比，即功率之比。增益一般与天线方向图有关，方向图主瓣越窄，后瓣、副瓣越小，增益越高。

增益的单位用"dBi"或"dBd"表示。一个天线与各向同性辐射器相比较的增益用"dBi"表示；一个天线与对称振子相比较的增益，用"dBd"表示。dBi=dBd+2.15。

天线增益是用来衡量天线朝一个特定方向收发信号的能力，它是选择基站天线最重要的参数之一。天线增益对移动通信系统运行极为重要，因为它决定蜂窝边缘的信号电平。增加增益就可以在一确定方向上增大网络的覆盖范围，或者在确定范围内增大增益余量。

3．前后比

方向图中，前后瓣最大功率通量密度之比称为前后比，记为 F/B，见图 8-10。前后比大表示天线对后瓣抑制性能好。基本半波振子天线的前后比为 1，所以对来自振子前后的相同信号电波具有相同的接收能力。以 dB 表示的前后比，F/B=10lg（前向功率/后向功率），定向天线的前后比典型值为 25dB 左右。

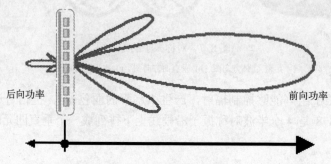

后向功率　　　　　　　　　　　　　　前向功率

图 8-10　前后比示意图

4．波瓣宽度（BW）

天线的波瓣宽度（也称为波束宽度）如图 8-11 所示，在方向图中通常都有两个瓣或多个瓣，其中最大的瓣称为主瓣，其余的瓣称为副瓣。主瓣两半功率点间的夹角定义为天线方向图的波瓣宽度（或波束宽度），称为半功率（角）瓣宽。主瓣瓣宽越窄，则方向性越好，抗干扰能力越强。

移动通信中不同应用下的天线增益和波束宽度的选择见表 8-1。

表 8-1　不同应用下的天线增益和波束宽度的选择

水平 BW		天 线 长 度	最 大 增 益	应　　　用
-3dB	-10dB			
33°	60°	0.25m	12 dBi	高速公路低覆盖

水平 BW		天 线 长 度	最 大 增 益	应 用
-3dB	-10dB			
33°	60°	1m	18 dBi	高速公路大覆盖
65°	120°	0.25m	9 dBi	城市微蜂窝覆盖
65°	120°	2m	17 dBi	城市和乡村宏蜂窝覆盖
90°	180°	2.5m	16.5 dBi	农村覆盖

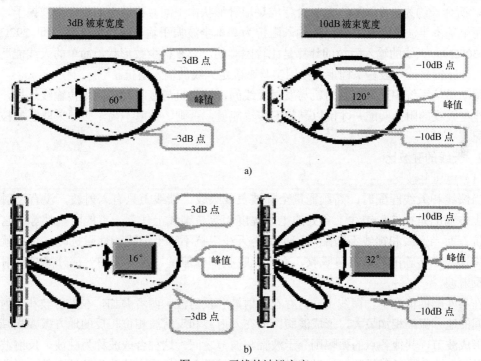

图 8-11　天线的波瓣宽度

a) 水平面波瓣宽度　b) 垂直面波瓣宽度

一般 20°、30° 的水平波束多用于狭长地带或高速公路的覆盖；65° 水平波束多用于密集城市地区典型基站三扇区配置的覆盖（用得最多），90° 水平波束多用于城镇郊区典型基站三扇区配置的覆盖。

5. 天线的工作频率范围（带宽）

无论是发射天线还是接收天线，它们总是在一定的频率范围内工作的。通常，工作在中心频率时天线所能输送的功率最大（谐振），偏离中心频率时它所输送的功率都将减小（失谐），据此可定义天线的频率带宽。有几种不同的定义：一种是指天线增益下降 3dB 时的频带宽度；一种是指在规定的驻波比下天线的工作频带宽度。在移动通信系统中是按后一种定义的，具体来说，就是当天线的输入驻波比≤1.5 时天线的工作带宽。

当天线的工作波长不是最佳时天线性能要下降。在天线工作频带内，天线性能下降不多，仍然是可以接受的。

6. 天线的输入阻抗

天线和馈线的连接端，即馈电点两端感应的信号电压与信号电流之比，称为天线的输入阻抗。输入阻抗有电阻分量和电抗分量。输入阻抗的电抗分量会减少从天线进入馈线的有效信号功率，因此，必须使电抗分量尽可能为零，使天线的输入阻抗为纯电阻。

输入阻抗与天线的结构、尺寸和工作波长有关，基本半波振子，即由中间对称馈电的半波长导线，其输入阻抗为（73.1+j42.5）Ω。当把振子长度缩短 3%～5% 时，就可以消除其中的电抗分量，使天线的输入阻抗为纯电阻，即使半波振子的输入阻抗为 73.1Ω（标称为 75Ω）。而全长约为一个波长，且折合弯成 U 形管形状由中间对称馈电的折合半波振子，可看成是两个基本半波振子的并联，而输入阻抗为基本半波振子输入阻抗的 4 倍，即 292Ω（标称为 300Ω）。天线的输入阻抗的计算是比较困难的，只有极少数形状最简单的天线能严格地按理论计算出来，一般在工程上直接用实验来确定天线的输入阻抗。

移动通信系统中通常在发射机与发射天线间，接收机与接收天线间用传输线连接，要求传输线与天线的阻抗匹配，才能以高效率传输能量，否则，效率不高，必须采取匹配技术实现匹配。

7. 天线的驻波比

（1）电压驻波比

当馈线和天线匹配时，高频能量全部被负载吸收，馈线上只有入射波，没有反射波。馈线上传输的是行波，馈线上各处的电压幅度相等，馈线上任意一点的阻抗都等于它的特性阻抗。而当天线和馈线不匹配时，也就是天线阻抗不等于馈线特性阻抗时，负载就不能全部将馈线上传输的高频能量吸收，而只能吸收部分能量。入射波的一部分能量反射回来形成反射波。

在不匹配的情况下，馈线上同时存在入射波和反射波。两者叠加，在入射波和反射波相位相同的地方振幅相加最大，形成波腹；而在入射波和反射波相位相反的地方振幅相减为最小，形成波节，其他各点的振幅则介于波腹与波节之间。这种合成波称为驻波。反射波和入射波幅度之比称为反射系数 $\varGamma$。驻波波腹电压与波节电压幅度之比称为驻波系数，也称为电压驻波比（$VSWR$）。电压驻波比与反射系统的关系是：

$$VSWR=(1+\varGamma)/(1-\varGamma)$$

终端负载阻抗和特性阻抗越接近，反射系数越小，驻波系数越接近于 1，匹配也就越好。工程中一般要求 $VSWR<1.5$，实际中一般要求 $VSWR<1.2$。

（2）回波损耗 RL

它是反射系数的倒数，以分贝表示。RL 的值在 0dB 到无穷大之间，回波损耗越小表示匹配越差，反之则匹配越好。0dB 表示全反射，无穷大表示完全匹配。在移动通信中，一般要求回波损耗大于 14dB（对应 $VSWR=1.5$）。

$$RL = 10\lg\ (入射功率/反射功率)$$

例如 $P_f=10W$，$P_r=0.5W$，则 $RL=10\lg$（10/0.5）=13dB。

8. 天线下倾角

当天线垂直安装时，天线辐射方向图的主波瓣将从天线中心开始沿水平线向前。为了控制干扰，增强覆盖范围内的信号强度，及减少零凹陷点的范围，一般要求天线主波束有一个下倾角度。天线下倾有两种方式：机械方式和电调方式。

天线下倾角变化对覆盖小区形状的影响如图 8-12 所示。由图可见，天线倾角在一个小的范围内变化，天线波束发生的畸变较小。若机械下倾角度过大，会造成波束的畸变。

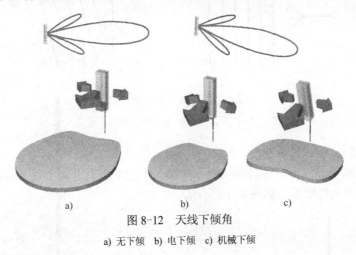

图 8-12　天线下倾角

a) 无下倾　b) 电下倾　c) 机械下倾

8.1.3　天线类型

天线的种类很多，按工作频带分有 800MHz、900MHz、1800MHz 和 1900MHz；按极化方式分有垂直极化天线、水平极化天线、45°线极化天线和圆极化天线；按方向图分有全向天线和定向天线；按下倾方式分有机械下倾和电调下倾；按功能分有发射天线、接收天线和收发共用天线。天线的发展趋势是向多频段、多功能和智能化方向发展。

根据所要求的辐射方向图（覆盖范围），可以选择不同类型的天线。下面简要地介绍移动通信基站中最常用的天线类型。

1．机械天线

机械天线即指使用机械调整下倾角度的移动天线。机械天线安装好后，如果因网络优化的要求，需要通过调整天线背面支架的位置改变天线的倾角。在调整过程中，虽然天线主瓣方向的覆盖距离明显变化，但天线垂直分量和水平分量的幅值不变，所以天线方向图容易变形。实践证明：机械天线的最佳下倾角度为 1°～5°；当下倾角度在 5°～10°之内变化时，其天线方向图稍有变化但变化不大；当下倾角度在 10°～15°变化时，其天线方向图变化较大；当机械天线下倾超过 15°以后，天线方向图形状改变很大。机械天线下倾角调整非常麻烦，一般需要维护人员爬到天线安装处进行调整。

2．电调天线

电调天线即指使用电子线路调整下倾角度的移动天线。电调下倾的原理是通过改变天线阵天线振子的相位，改变垂直分量和水平分量的幅值大小，改变合成分量场强强度，从而使天线的垂直面方向图主瓣下倾。由于天线各方向的场强强度同时增大和减小，保证在改变倾角后天线方向图变化不大，使主瓣方向覆盖距离缩短，同时又使整个方向图在服务小区内减少覆盖面积但又不产生干扰。电调天线下倾原理如图 8-13 所示，无下倾时信号在馈电网络中路径长度相等，有下倾时信号在馈电网络中路径长度不相等。

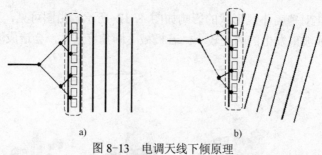

图 8-13　电调天线下倾原理

a) 无下倾　b) 下倾

3．全向天线

全向天线在水平方向上有均匀的辐射方向图。不过从垂直方向上看，辐射方向图是集中的，因而可以获得天线增益。如图 8-14 所示。

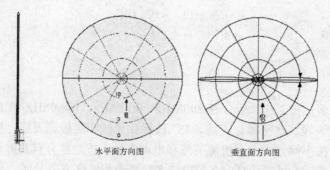

水平面方向图　　　　垂直面方向图

图 8-14　全向天线及方向图

把偶极子排列在同一垂直线上并馈给各偶极单元正确的功率和相位，可以提高辐射功率。偶极单元数每增加一倍（也就相当于长度增加一倍），增益增加 3dB。典型的增益是 6～9dBd。增大增益的限制因素主要是物理尺寸，例如 9dBd 增益的全向天线，其高度为 3m。

4．定向天线

定向天线这种类型天线的水平和垂直辐射方向图是非均匀的，它经常用在扇形小区，因此也称为扇形天线，如图 8-15 所示。它的辐射功率或多或少集中在一个方向，典型增益值是 9～16dBd。

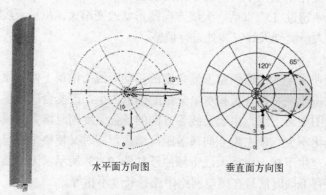

水平面方向图　　　　垂直面方向图

图 8-15　定向天线及方向图

移动通信中常使用一种八木定向天线（见图 8-16），它具有增益较高、结构轻巧、架设方便、价格便宜等优点，因此特别适用于点对点的通信，例如它是室内分布系统室外接收天线的首选天线类型。八木定向天线的单元数越多，其增益越高，通常采用 6～12 单元的八木定向天线，其增益可达 10～15dBi。

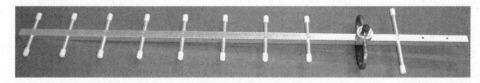

图 8-16　八木天线

5. 其他类型的天线

其他类型的天线如图 8-17 所示。

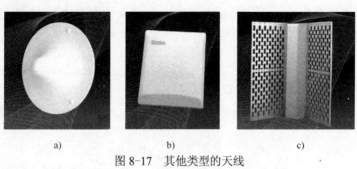

a)　　　　　　　　　　b)　　　　　　　　　　c)

图 8-17　其他类型的天线

a) 室内吸顶天线　b) 室内壁挂天线　c) 定向板状天线

8.1.4　天线的选择方法

对于天线的选择，应根据移动网的信号覆盖范围、话务量、干扰和网络服务质量等实际情况，选择适合本地区移动网络需要的移动天线。在基站密集的高话务地区，应该尽量采用双极化天线和电调天线；在边远地区和郊区等话务量不高，基站不密集地区和只要求覆盖的地区，可以使用传统的机械天线。我国目前的移动通信网在高话务密度区的呼损较高，干扰较大，其中一个重要原因是机械天线下倾角度过大，天线方向图严重变形。天线选择原则为：根据不同的环境要求，选择不同类型、不同性能的天线适应于不同的环境，满足不同用户需求。

1. 城区内话务密集地区

在话务量高度密集的市区，基站间的距离一般在 500～1000m，为合理覆盖基站周围500m 左右的范围，天线高度根据周围环境不宜太高，选择一般增益的天线，同时可采用天线下倾的方式。选择内置电下倾的双极化定向天线，配合机械下倾，可以保证位置改变半功率宽度在主瓣下倾的角度内变化较小。

2. 在农村地区

在话务量很低的农村地区，主要考虑信号覆盖范围，基站大多是全向站。天线可考虑采用高增益的全向天线，天线架高可设在 40～50m，同时适当调大基站的发射功率，以增强信号的覆盖范围，一般平原地区-90dBm 覆盖距离可达 5km。

3．在铁路或公路沿线

在铁路或公路沿线主要考虑沿线的带状覆盖分布，可以采用双扇区型基站，每个扇区180°，天线宜采用单极化 3dB 波瓣宽度为 90°的高增益定向天线，两天线相背放置，最大辐射方向与高速路的方向一致。

4．在城区内的一些室内或地下

在城区内的一些室内或地下，如高大写字楼内、地下超市和大酒店的大堂等，信号覆盖较差，但话务量较高。为了满足这一区域用户的通信需求，可采用室内微蜂窝或室内分布系统，天线采用分布式的低增益天线，以避免信号干扰，影响通信质量。

8.1.5　天线的安装与调整

1．天线的安装

目前的天线主要分为全向天线与定向天线。全向天线为圆柱形，一般为垂直安装，如图 8-18 所示。

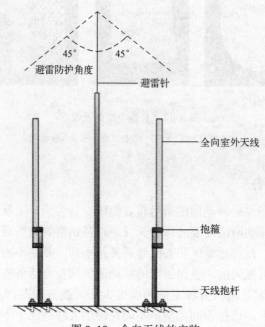

图 8-18　全向天线的安装

定向天线为板状形，有两个数据：方位角与下倾角。方位角为正北与天线指向的夹角（按顺时针旋转），下倾角为天线与垂直方向的夹角。定向天线的安装如图 8-19 所示。

硬馈线弯角不应大于 90°，软馈线可以盘起，但半径应大于 20cm。室内与室外的接地是分开的，室内采用市电引入的地线，室外采用大楼地网，接地点应在尽量接近地网处，而且应在下铁塔转弯之前 1m 处接地，或者是在下天台（楼顶）转弯之前 1m 处接地，一个接地点不应超过两条馈线的接地，接硬馈线的接地点采用生胶密封，而接地网的接地点应用银油涂上。室内外接地示意图如图 8-20 所示。

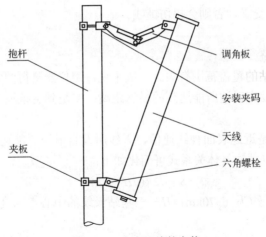

图 8-19 定向天线的安装

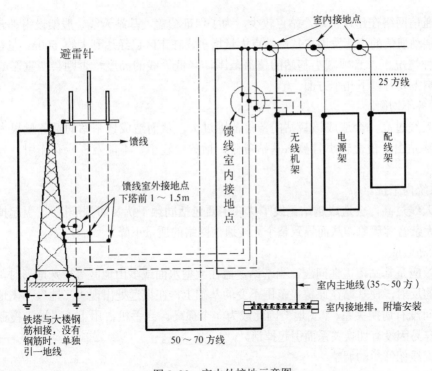

图 8-20 室内外接地示意图

注意:

1）室外地线与室内地线不可汇接后再下地,这样会把雷电引入机房内,有可能会烧坏机架。正确的方法是:室外与室内地线在下地之前分开。

2）每一条馈线的两头都要有明显的标志,以防安装天线时出错。另外也有利于以后的维护工作。

3）室外的馈口一定要加生胶。即内层为电工胶（左旋）、中间一层为生胶（右旋）、外层为电工胶（左旋）。

4）拖拉馈线时不能交叉，否则会扭伤馈线。

2．天线的调整

（1）天线高度的调整

天线高度直接与基站的覆盖范围有关。一般来说，用仪器测得的信号覆盖范围受两方面因素影响：一是天线所发直射波所能达到的最远距离；二是到达该地点的信号强度足以为仪器所捕捉。

900MHz 移动通信是近地表面视线通信，天线所发直射波所能达到的最远距离（S）直接与收发信天线的高度有关，具体关系式可简化如下：

$$S = \sqrt{2R}(\sqrt{H} + \sqrt{h})$$

其中：R——地球半径，约为 6370km；H——基站天线的中心点高度；h——手机或测试仪表的天线高度。

由此可见，基站无线信号所能达到的最远距离（即基站的覆盖范围）是由天线高度决定的。

移动通信网络在建设初期，站点较少，为了保证覆盖，基站天线一般架设得都较高。随着近几年移动通信的迅速发展，基站站点大量增多，在市区已经达到大约 500m 左右一个基站。在这种情况下，必须减小基站的覆盖范围，降低天线的高度，否则会严重影响网络质量，其影响主要有以下几个方面。

1）话务不均衡。

基站天线过高，会造成该基站的覆盖范围过大，从而造成该基站的话务量很大，而与之相邻的基站由于覆盖较小且被该基站覆盖，话务量较小，不能发挥应有作用，导致话务不均衡。

2）系统内干扰。

基站天线过高，会造成越站无线干扰（主要包括同频干扰及邻频干扰），引起掉话、串话和有较大杂音等现象，从而导致整个无线通信网络的质量下降。

3）孤岛效应。

孤岛效应是基站覆盖性问题，当基站覆盖在大型水面或多山地区等特殊地形时，由于水面或山峰的反射，使基站在原覆盖范围不变的基础上，在很远处出现"飞地"，"飞地"与相邻基站之间没有切换关系，"飞地"因此成为一个孤岛。当手机占用上"飞地"覆盖区的信号时，很容易因没有切换关系而引起掉话。

（2）天线俯仰角的调整

天线俯仰角的调整是网络优化中的一个非常重要的环节。选择合适的俯仰角可以使天线至本小区边界的射线与天线至受干扰小区边界的射线之间处于天线垂直方向图中增益衰减变化最大的部分，从而使受干扰小区的同频及邻频干扰减至最小；另外，可以调整覆盖范围，使基站实际覆盖范围与预期的设计范围相同，同时加强本覆盖区的信号强度。

在目前的移动通信网络中，由于基站的站点的增多，使得我们在设计市区基站的时候，一般要求其覆盖范围大约为 500m，而根据移动通信天线的特性，如果不使天线有一定的俯仰角（或俯仰角偏小）的话，则基站的覆盖范围是会远远大于 500m 的，如此则会造成基站实际覆盖范围比预期范围偏大，从而导致小区与小区之间交叉覆盖，相邻切换关系混乱，系统内频率干扰严重；另一方面，如果天线的俯仰角偏大，则会造成基站实际覆盖范围比预期范围偏小，导致小区之间的信号盲区或弱区，同时易导致天线方向图形状的变化（如从鸭梨形变为纺锤形），从而造成严重的系统内干扰。因此，合理设置俯仰角是保证整个移动通信网络质量的基本保证。

一般来说，俯仰角的大小可以由以下公式推算：

$$\theta = \arctan(H/R) + A/2$$

其中：θ 为天线的俯仰角，H 为天线的高度，R 为小区的覆盖半径，A 为天线的垂直面半功率角。

上式是将天线的主瓣方向对准小区边缘时得出的，在实际的调整工作中，一般在由此得出的俯仰角角度的基础上再加上 1°～2°，使信号更有效地覆盖在本小区之内。

（3）天线方位角的调整

天线方位角的调整对移动通信的网络质量非常重要。一方面，准确的方位角能保证基站的实际覆盖与所预期的相同，保证整个网络的运行质量；另一方面，依据话务量或网络存在的具体情况对方位角进行适当的调整，可以更好地优化现有的移动通信网络。

在现行的 GSM 系统中，定向站一般被分为 3 个小区。

A 小区：方位角 0°，天线指向正北。

B 小区：方位角 120°，天线指向东南。

C 小区：方位角 240°，天线指向西南。

在移动通信网络建设及规划中，一般按照上述的规定对天线的方位角进行安装及调整，这也是天线安装的重要标准之一，如果方位角设置与之存在偏差，则易导致基站的实际覆盖与所设计的不相符，导致基站的覆盖范围不合理，从而导致一些意想不到的同频及邻频干扰。

在实际的移动通信网络中，一方面，由于地形的原因，如大楼、高山和水面等，往往引起信号的折射或反射，从而导致实际覆盖与理想模型存在较大的出入，造成一些区域信号较强，一些区域信号较弱，这时可根据网络的实际情况，对所在地天线的方位角进行适当的调整，以保证信号较弱区域的信号强度，达到网络优化的目的；另一方面，由于实际存在的人口密度不同，导致各天线所对应小区的话务不均衡，这时可通过调整天线的方位角，达到均衡话务量的目的。当然，在一般情况下，并不赞成对天线的方位角进行调整，因为这样可能会造成一定程度的系统内干扰。但在某些特殊情况下，如当地紧急会议或大型公众活动等，导致某些小区话务量特别集中，这时可临时对天线的方位角进行调整，以达到均衡话务，优化网络的目的；另外，针对郊区某些信号盲区或弱区，也可通过调整天线的方位角达到优化网络的目的。

（4）天线位置的优化调整

由于后期工程、话务分布以及无线传播环境的变化，在优化中会遇到一些基站很难通过天线方位角或下倾角的调整来改善局部区域覆盖，提高基站利用率。为此就需要进行基站搬迁，换句话说也就是基站重新选点过程。

（5）天线安装设计时的一些经验

1）基站初始布局。

基站布局主要受场强覆盖、话务密度分布和建站条件 3 方面因素的制约，对于一般大中城市来说，场强覆盖的制约因素已经很小，主要受话务密度分布和建站条件两个因素的制约较大。基站布局的疏密要对应于话务密度分布情况。

但是，目前对大中城市市区还做不到按街区预测话务密度，因此，对市区可按照：繁华商业区；宾馆、写字楼、娱乐场所集中区；经济技术开发区、住宅区；工业区及文教区等进行分类。

一般来说，前两类地区应设最大配置的定向基站，如 8/8/8 站型，站间距在 0.6～1.6km；第三类地区也应设较大配置的定向基站，如 6/6/6 站型或 4/4/4 站型，基站站间距取 1.6～3km；第四类地区一般可设小规模定向基站，如 2/2/2 站型，站间距为 3～5km；若基站位于城市边缘或近郊区，且站间距在 5km 以上，可设为全向基站。

以上几类地区内都按用户均匀分布要求设站。郊县和主要公路、铁路覆盖一般可设全向或二小区基站，站间距离 5～20km。

结合当地地形和城市发展规划进行基站布局。基站布局要结合城市发展规划，可以适度超前；有重要用户的地方应有基站覆盖；市内话务量热点地段增设微蜂窝站或增加载频配置；在基站容量饱和前，可考虑采用 GSM900/1800 双频解决方案。

2）站址选择与勘察。

在完成基站初始布局以后，网络规划工程师要与建设单位以及相关工程设计单位一起，根据站点布局图进行站址的选择与勘察。市区站址在初选时应做到房主基本同意用作基站。初选完成之后，由网络规划工程师、工程设计单位与建设单位进行现场查勘，确定站址条件是否满足建站要求，并确定站址方案，最后由建设单位与房主落实站址。选址要求如下：交通方便、市电可靠、环境安全及占地面积小；在建网初期设站较少时，选择的站址应保证重要用户和用户密度大的市区有良好的覆盖；在不影响基站布局的前提下，应尽量选择现有电信枢纽楼、邮电局或微波站作为站址，并利用其机房、电源及铁塔等设施；避免在大功率无线发射台附近设站，如雷达站、电视台等，如要设站应核实是否存在相互干扰，并采取措施防止相互干扰；避免在高山上设站。高山站干扰范围大，影响频率复用。在农村高山设站往往对处于小盆地的乡镇覆盖不好；避免在树林中设站，如要设站，应保持天线高于树顶；市区基站中，对于蜂窝区（R=1～3km）基站宜选高于建筑物平均高度但低于最高建筑物的楼房作为站址，对于微蜂窝区基站则选低于建筑物平均高度的楼房设站且四周建筑物屏蔽较好；市区基站应避免天线前方近处有高大楼房而造成障碍或反射后干扰其后方的同频基站；避免选择今后可能有新建筑物影响覆盖区或同频干扰的站址；市区两个网络系统的基站尽量共址或靠近选址；选择机房改造费低、租金少的楼房作为站址。如有可能应选择本部门的局、站机房、办公楼作为站址。

8.2 馈线结构与应用

连接天线和收发信机端口的导线称为传输线或馈线。馈线的主要任务是有效地传输信号能量。因此它应能将天线接收的信号以最小的损耗传送到接收机输入端，或将发射机发出的信号以最小的损耗传送到发射天线的输入端，同时它本身不应吸取或产生杂散干扰信号。这样，就要求馈线必须屏蔽或平衡。

8.2.1 馈线的种类

超短波段的馈线有两种：平行线馈线和同轴电缆馈线。平行线馈线通常由两根平行的导线组成，是对称式或平衡式的馈线，这种馈线损耗大，不能用于 UHF 频段。同轴电缆馈线的两根导线为芯线和屏蔽铜网，因铜网接地，两根导体对地不对称，因此称为不对称式或不平衡式馈线，同轴电缆工作频率范围宽，损耗小，对静电耦合有一定的屏蔽作用，但对磁场的干扰却无能为力，使用时切忌与有强电流的线路并行走向，也不能靠近低频信号线路。

微波波段的馈线有两种：波导管和微带线。波导管是一种空心的、内壁十分光洁的金属导管或内敷金属的管子，用来传送超高频电磁波，通过它脉冲信号可以以极小的损耗被传送到目的地，波导管内径的大小因所传输信号的波长而异，多用于厘米波及毫米波的无线电通信、雷达、导航等无线电领域。微带线是位于接地层上由电介质隔开的印制导线，它是一根带状导线（信号线），印制导线的厚度、宽度、与接地层的距离以及电介质的介电常数决定了微带线的特性阻抗，适合作微波集成电路的平面结构传输线。

8.2.2 馈线的工作参数

1. 特性阻抗

无限长馈线上各点电压与电流的比值等于特性阻抗，用符号 Z_0 表示。同轴电缆的特性阻抗

$$Z_0 = (138/\sqrt{\varepsilon_r}) \times \log(D/d)$$

式中，D 为同轴电缆外导体铜网内径；d 为其芯线外径；ε_r 为导体间绝缘介质的相对介电常数。

由上式不难看出，馈线特性阻抗与导体直径、导体间距和导体间介质的介电常数有关，与馈线长短、工作频率以及馈线终端所接负载阻抗大小无关。通常 Z_0 为 50Ω 或 75Ω。

2. 馈线的衰减常数

信号在馈线里传输，除有导体的电阻损耗外，还有绝缘材料的介质损耗。这两种损耗随馈线长度的增加和工作频率的提高而增加。因此，应合理布局尽量缩短馈线长度。损耗的大小用衰减常数表示，单位用 dB/m 或分贝/百米表示。

8.2.3 馈线选取

常用馈线类型有 1/2"、7/8"、5/4" 3 种。在 900MHz 频段，馈线长度大于 80m 时采用 5/4"馈线，小于 80m 时采用 7/8"馈线；在 1800MHz 频段，馈线长度大于 50m 采用 5/4"馈线，小于 50m 采用 7/8"馈线。馈线弯曲曲率不宜过大，外导体要求接地良好。常用馈线的一些参数指标见表 8-2。

表 8-2　常用馈线的参数指标

型　　号	衰减 dB/100m　频率/MHz				VSWR	弯曲半径 /m	生产厂家
	890	1000	1700	2000			
LDF5-50A（7/8）	4.03	4.3	5.87	6.46	1.15	0.25	ANDREW
LDF6-50（5/4）	2.98	3.17	4.31	4.77	1.15	0.38	ANDREW

型 号	衰减 dB/100m 频率/MHz				VSWR	弯曲半径/m	生产厂家
	890	1000	1700	2000			
M1474A（7/8）		4.3		6.6	1.15	0.22	ACOME
SYFY-50-22（7/8）	4.03		5.87	6.46	1.15	0.3	609 厂
HFC22D-A（7/8）		4.47		6.7	1.15	0.25	LG

8.3 射频传输器件

本节介绍传输馈线上的部分无源器件，包括器件的外观、作用、种类、主要技术指标定义和范围等。

8.3.1 功分器

功分器的作用是将功率信号平均地分成几份，给不同的覆盖区使用。

功分器的种类一般有二功分、三功分和四功分 3 种。

功分器从结构上一般分为微带和腔体两种，如图 8-21 所示。微带功分器是由几条微带线和几个电阻组成，从而实现阻抗变换；腔体功分器内部是一条直径由粗到细呈多个阶梯递减的铜杆构成，从而实现阻抗的变换。

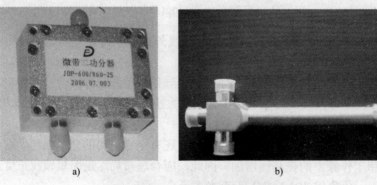

a)   b)

c)

图 8-21 功分器的外形与内部结构

a) 微带型 b) 腔体型 c) 微带型功分器的内部结构

功分器的主要指标包括分配损耗、插入损耗、隔离度、输入输出驻波比、功率容限、频率范围和带内平坦度。以下对各项指标进行说明。

1. 分配损耗

分配损耗指的是信号功率经过理想功率分配后和原输入信号相比所减小的量。此值是理论值，比如二功分器是 3dB，三功分器是 4.8dB，四功分器是 6dB。因功分器输出端阻抗不同，使用端口阻抗匹配的网络分析仪，能够测得与理论值接近的分配损耗。

分配损耗的理论计算方法：比如输入一个 30dBm 的信号，转换成功率是 1000mW，将此信号通过理想二功分器分成两份，每份功率=1000÷2=500mW，将输出的 500mW 转换成 dBm 值，即得 $10\lg 500 = 27$dBm，那么理想分配损耗 = 输入信号 − 输出信号 = (30-27)dB=3dB。同样可以算出三功分器是 4.8dB，四功分器是 6dB。

2. 插入损耗

插入损耗指的是信号通过功分器后实际输出的功率和原输入信号相比所减小的量（即分配损耗的实际值），再减去分配损耗的理论值。插入损耗的取值范围一般是：腔体在 0.1dB 以下；微带则根据二、三、四功分器的不同对应为 0.4~0.2dB、0.5~0.3dB、0.7~0.4dB。

插入损耗的计算方法：通过网络分析仪可以测出输入端 A 到输出端 B、C、D 的分配损耗实际值，假设三功分器是 5.3dB，那么，插入损耗=实际分配损耗-理论分配损耗=5.3dB-4.8dB=0.5dB。

微带功分器的插入损耗略大于腔体功分器，一般为 0.5dB 左右，腔体的一般为 0.1dB 左右。由于插入损耗不能使用网络分析仪直接测出，所以一般都以整个路径上的损耗来表示（即分配损耗+插损），如 3.5dB/5.5dB/6.5dB 等分别来表示二、三、四功分器的插损。

3. 隔离度

隔离度指的是功分器各输出端口之间的隔离，通常也会根据二、三、四功分器不同，而对应为 18~22dB、19~23dB、20~25dB。

隔离度可通过网络分析仪直接测出各个输出端口之间的损耗。

4. 输入/输出驻波比

输入/输出驻波比指的是输入/输出端口的匹配情况。由于腔体功分器的输出端口不是 50Ω，所有对于腔体功分器没有输出端口的驻波要求，对输入端口要求一般为：1.3~1.4，甚至有 1.15 的。微带功分器则每个端口都有要求，一般范围为输入：1.2~1.3。输出：1.3~1.4。射频传输系统特别要注意使驻波比达到一定要求，因为在宽带运用时频率范围很广，驻波比会随着频率而变，应使阻抗在宽范围内尽量匹配。

5. 功率容限

功率容限指的是可以在此功分器上长期通过（而不损坏）的最大工作功率容限，一般微带功分器为 30~70W 平均功率，腔体的则为 100~500W 平均功率。

6. 频率范围

频率范围一般标称都是写 800~2200MHz，实际上要求的频段是：824~960MHz 加上 1710~2200MHz，中间频段不可用。有些功分器还存在 800~2000MHz 和 800~2500MHz 频段。

7. 带内平坦度

带内平坦度指的是在整个可用频段内插入损耗（含分配损耗）的最大值和最小值之间的

差值，一般为：0.2～0.5dB。

8.3.2 耦合器

耦合器的作用是将信号不均匀地分成两份，称为主干端和耦合端（也有的称为直通端和耦合端）。

耦合器型号较多，如 5dB、10dB、15dB、20dB、25dB 和 30dB 等。

结构上耦合器一般分为微带和腔体两种。微带耦合器内部是两条微带线，组成的一个类似于多级耦合的网络；腔体耦合器内部则是两条金属杆，组成一级耦合。腔体耦合器和微带耦合器外形如图 8-22 所示。

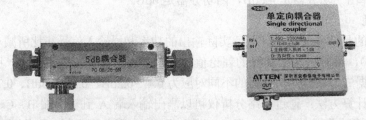

图 8-22　腔体耦合器和微带耦合器外形图

耦合器的主要指标有耦合度、隔离度、方向性、插入损耗、输入/输出驻波比、功率容限、频段范围和带内平坦度。以下对各项指标进行说明。

1．耦合度

信号功率经过耦合器，从耦合端口输出的信号功率和输入信号功率之间的差值即为耦合度，一般都是理论值，如 6dB、10dB 和 30dB 等。

耦合度的计算方法：比如输入信号 A 为 30dBm 而耦合端输出信号 C 为 24dBm 则耦合度=C-A=(30-24)dB=6dB，所以此耦合器为 6dB 耦合器。实际上耦合度没有这么理想，一般有个波动的范围，比如标称为 6dB 的耦合器，实际耦合度可能为：5.5～6.5dB。

2．隔离度

隔离度指的是输出端口和耦合端口之间的隔离。一般此指标仅用于衡量微带耦合器，并且根据耦合度的不同而不同：如：5～10dB 耦合器的隔离度为 18～23dB，15dB 耦合器为 20～25dB，20dB 耦合器（含以上）为 25～30dB；腔体耦合器的隔离度非常好，所以没有此指标要求。

隔离度测量方法：使用网络分析仪将信号由输出端输入，测耦合端减小的量即为隔离度。

3．方向性

方向性指的是输出端口和耦合端口之间隔离度的值再减去耦合度的值所得的值。由于微带的方向性随着耦合度的增加逐渐减小，最后 30dB 以上基本没有方向性，所以微带耦合器没有此指标要求；腔体耦合器的方向性一般为：1700～2200MHz 时 17～19dB，824～960MHz 时 18～22dB。

方向性计算方法：方向性=隔离度-耦合度。例如，6dB 耦合器的隔离度是 38dB，耦合度实测是 6.5dB，则方向性=隔离度-耦合度=(38-6.5)dB=31.5dB。

4. 插入损耗

插入损耗指的是信号功率经过耦合器至输出端出来的信号功率减小的值，再减去分配损耗的值所得的数值。对于微带耦合器，插入损耗根据耦合度不同而不同，一般为：10dB 以下的 0.35～0.5dB，10dB 以上的 0.2～0.5dB。

插入损耗的计算方法：由于实际耦合器的内导体是有损耗的，以 6dB 耦合器为例，在实际测试中假设输入 A 是 30dBm，耦合度实测是 6.5dB，输出端的理想值是 28.349dBm（根据实测的输入信号，和耦合度可以计算得出），再实测输出端的信号，假设是 27.849dBm，那么，插入损耗=理论输出功率-实测输出功率=(28.349-27.849)dB=0.5dB。

5. 输入/输出驻波比

输入/输出驻波比指的是输入/输出端口的匹配情况，各端口驻波比要求一般为：1.2～1.4。

6. 功率容限

功率容限指的是可以在此耦合器上长期通过（而不损坏）的最大工作功率容限，一般微带耦合器为：30～70W 平均功率。腔体的则为：100～200W 平均功率。

7. 频率范围

频率范围一般标称都是写 800～2200MHz，实际上要求的频段是：824～960MHz 加上 1710～2200MHz，中间频段不可用。有些耦合器还存在 800～2000MHz 和 800～2500MHz 频段。

8. 带内平坦度

带内平坦度指的是在整个可用频段耦合度的最大值和最小值之间的差值，微带耦合器平坦度：10dB 以下一般为 0.5dB，10～20dB 一般为 1.5dB，20～30dB 一般为 2.0dB；腔体耦合器的平坦度：由于腔体耦合器的耦合度是一条类似于抛物线的曲线，所以平坦度非常差，实际使用中表示起来比较困难。

9. 耦合损耗

理想的耦合器输入信号为 A，耦合一部分到 B，则输出端口 C 必定就要有所减少。耦合器和功分器均为无源器件，在工作中不需要电源（即不消耗能源），没有功率补充，因为能量是守恒的，输入信号与多个输出信号之和相等（不计插入损耗）。

耦合损耗计算方法是：首先将所有端口的"dBm"功率转换成"mW"功率，比如，A 输入端的功率原来是 30dBm，转换成 mW 是 1000mW，而耦合端的输出是 25.5dBm（先假设用的是 6dB 耦合器，并且 6dB 耦合器实际耦合度是 6.5dB），将 25.5dBm 转换成 mW 是 316.23mW。再假设此耦合器没有其他损耗，那么剩下的功率应该是(1000-316.23)mW= 683.77mW，全部由输出端输出。将 683.77mW 转换成 dBm 是 28.349dBm。那么，此耦合器的耦合损耗就等于输入端功率（dBm）-输出端的功率（dBm）=30dBm-28.349dBm= 1.651dBm，这个值指的是耦合器没有额外损耗（器件损耗）的情况下的耦合损耗。

功分器与耦合器在实际工程案例中的应用如图 8-23 所示。

8.3.3 合路器和电桥

合路器的主要作用是将几路信号合成起来，其种类分为双频合路器和电桥合路器两种。双频合路器又可分为 GSM/CDMA 两网合路器和 GSM/DCS 两网合路器。

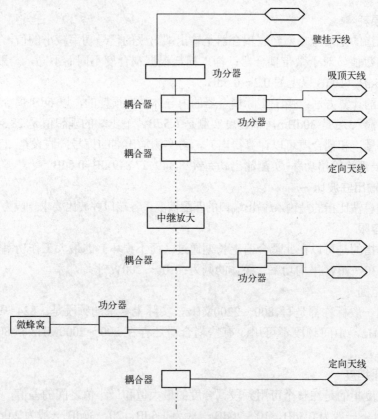

图 8-23　功分器与耦合器的应用案例

　　双频合路器的工作原理类似于双工器，但要求被合成的信号不在同一频段范围内，比如 G 网和 C 网、G 网和 D 网，有 C 网和 D 网之间的合路均可以采用双频合路器，而且双频合路器具有插损低（有的只有零点几 dB）、隔离度大（大于 70～90dB）等特点。由于 C 网二次谐波落在 D 网内，因此，C 网和 D 网的隔离度比其他种类的小约 10dB。

　　当被合路的信号在同一频段内时就只能采用电桥合路器了。电桥合路器有合路损耗，比如 2 合 1 有 3dB 的合路损耗，而且电桥合路器的隔离度远远低于双频合路器，一般只有 20dB 左右。

8.4　实训　射频传输器件指标测量

1. 实训目的

1）了解耦合器、衰耗器等射频传输器件的技术指标特征。

2）熟悉频谱仪的使用和操作。

2. 实训设备及工具

频谱仪及信号源，连接电缆及 N 型转接头，待测耦合器、衰耗器若干。

3. 实训过程及要求

1）草拟连接图，设计好测试流程及测量数据表格，检查连接电缆、转接头是否可行。

2）按照仪表可接受的功率电平范围设置信号源的大小（通常信号源的输出小于 0dBm，综测仪的输出设为-21dBm）。

3）未加待测器件（DeVice Under Test，DUT）前实施自环测试；记录测试电平值 P_0（dBm）。（注：此时如果测试点不多，可以在单一频率点测试；如果要测试多点连续频谱特性，可以先测自环状态下的频谱特性；切记连接好 DUT 后再开信号源。）

4）按照连接图将 DUT 接入后，记录在频谱仪端测得的同样频率信号下的电平值 P_1（dBm）。

5）由此测得 $P_x = P_0(\text{dBm}) - P_1(\text{dBm})$。

6）根据 DUT 的频率/指标范围计划信号源的频率起始点，并测量其带宽及带内特性曲线。根据信号源和频谱仪的频率范围设定 DUT 的频率范围，通常取 400MHz～2.5GHz。

8.5　习题

1．天线的性能参数有哪些？
2．请简单介绍移动机站中最常用的天线类型。
3．请简单介绍天线的选择方法。
4．馈线的种类及工作参数是什么？
5．请简述天线的调整方法及影响。
6．请简述射频传输器件中无源器件的主要种类及其技术指标。

参 考 文 献

[1] 高健，刘良华，王鲜芳. 移动通信技术 [M]. 2 版. 北京：机械工业出版社，2012.

[2] 许圳佳，王田甜，胡佳，等. TD-SCDMA 移动通信技术 [M]. 北京：人民邮电出版社，2012.

[3] 许圳佳，王田甜，胡佳，等. WCDMA 移动通信技术 [M]. 北京：人民邮电出版社，2012.

[4] 许圳佳，王田甜，胡佳，等. CDMA2000 移动通信技术 [M]. 北京：人民邮电出版社，2012.

[5] 丁奇. 大话无线通信 [M]. 北京：人民邮电出版社，2010.

[6] 宋燕辉. 第三代移动通信技术 [M]. 北京：人民邮电出版社，2009.

[7] 姚美菱. 移动通信原理与系统 [M]. 北京：人民邮电出版社，2011.

[8] 魏红. 移动通信技术 [M]. 2 版. 北京：人民邮电出版社，2009.

[9] 罗文茂，顾艳华，张勇. 3G 技术原理与工程应用 [M]. 北京：高等教育出版社，2012.

[10] TD-SCDMA 移动通信系统 [M]. 3 版. 北京：机械工业出版社，2009.